全国高等职业教育资源开发类与基础工程技术专业“十三五”规划教材
高等职业教育应用型人才培养规划教材

土力学与地基基础

主　编　李　晶　邢宏汞
副主编　贺　斌　钱玲玲　侯启超

黄河水利出版社
·郑州·

内容提要

本书是按照全国高等职业教育资源开发类与基础工程技术专业“十三五”规划教材大纲编写的。主要内容包括：土的物理性质及工程分类，土中的应力，土体的变形与地基沉降计算，土的抗剪强度，土压力计算，土坡稳定性分析，土在动荷载作用下的力学特性，浅基础设计，桩基础设计，软弱地基处理，土工试验。本书编写过程中注重理论知识与实践应用相结合，书中附有针对性较强的案例，并有详细的案例解析。

本书适合资源开发类与基础工程技术专业的高职高专学生及相关专业人员自学参考使用，也可供从事工程勘察、设计和施工的人员参考使用。

图书在版编目（CIP）数据

土力学与地基基础/李晶，邢宏汞主编. —郑州：黄河水利出版社，2016.9

全国高等职业教育资源开发类与基础工程技术专业“十三五”规划教材 高等职业教育应用型人才培养规划教材

ISBN 978-7-5509-1354-7

Ⅰ.①土… Ⅱ.①李… ②邢… Ⅲ.①土力学-高等职业教育-教材②地基-基础（工程）-高等职业教育-教材 Ⅳ.①TU4

中国版本图书馆 CIP 数据核字（2016）第 126316 号

策划编辑：陶金志 电话：0371-66025273 E-mail：838739632@qq.com

出 版 社：黄河水利出版社

地址：河南省郑州市顺河路黄委会综合楼 14 层 邮政编码：450003

发行单位：黄河水利出版社

发行部电话：0371-66026940、66020550、66028024、66022620（传真）

E-mail：hhslcbs@126.com

承印单位：河南省瑞光印务股份有限公司

开本：787 mm×1 092 mm 1/16

印张：17

字数：410 千字 印数：1—3 000

版次：2016 年 9 月第 1 版 印次：2016 年 9 月第 1 次印刷

定价：38.00 元

全国高等职业教育资源开发类与基础工程技术专业“十三五”规划教材
高等职业教育应用型人才培养规划教材

编审委员会

参与院校

（排名不分先后）

辽宁地质工程职业学院
江西应用技术职业学院
湖南工程职业技术学院
重庆工程职业技术学院
湖北国土资源职业学院
福建水利电力职业技术学院
河北工程技术高等专科学校
湖南安全技术职业学院
黄河水利职业技术学院
广东水利电力职业技术学院
河南工业和信息化职业学院
辽源职业技术学院
长江工程职业技术学院
内蒙古工程学校
陕西能源职业技术学院
石家庄经济学院
山西水利职业技术学院
郑州工业贸易学校
山西工程技术学院
安徽矿业职业技术学院
云南国土资源职业学院
兰州资源环境职业技术学院
甘肃工业职业技术学院
昆明冶金高等专科学校
河北地质职工大学
安徽工业经济职业技术学院
湖北水利水电职业技术学院
湖南有色金属职业技术学院
晋城职业技术学院
杨凌职业技术学院
河南建筑职业技术学院
江苏省南京工程高等职业学校
安徽水利水电职业技术学院
山西煤炭职业技术学院
昆明理工大学
河南水利与环境职业学院
云南能源职业技术学院
河南工程学院
吉林大学应用技术学院
辽宁交通高等专科学校

出版说明

为更好地贯彻执行教育部《关于加强高职高专教育人才培养工作的意见》，切实做好高职高专教育教材的建设规划，我社以探索出版内容丰富实用、形式新颖活泼、符合高职高专教学特色的专业教材为己任，在充分吸收既有教材建设成果的基础上，通过大胆改革、积极创新，出版了一批特色鲜明的高职高专教材，得到了广大使用院校的一致好评。我们在走访高校过程中发现，有不少教师反映资源开发类专业教材相对缺乏，应广大师生要求，我社于2012年开始着手该系列教材的前期调研工作。在这个过程中，我们深入走访全国50多座城市的近百所开设相关专业的高职院校，与近百位一线任课教师进行交谈，获得了大量的第一手资料，并最终确定了第一批拟编写的教材名称。当我们发出教材编写邀请函之后，得到了相关院校的积极响应，共有200多位老师提交了编写意愿。介于首批拟编写教材数量所限，此次我们只能邀请部分教师参与。在此，特向所有提交编写意愿的老师们表示深深的感谢，希望您们继续关心和支持我们的工作，争取在下一批教材出版中，能把更多专家和老师纳入我们的编写队伍中来。

经过前期的充分调研，2014年7月，我社组织召开了全国高等职业教育资源开发类与基础工程技术专业"十三五"规划教材大纲研讨会，共有30多所高职高专院校老师及相关专家100余人参加会议。为确保教材的编写质量，参会老师分组对每种教材的编写大纲逐一进行了充分的研讨，有些讨论甚至持续到深夜还在进行，这种敬业精神深深地激励着我们，也为教材的高质量出版提供了保障。

本套教材适合高、中等职业教育资源开发类专业教学使用。在形式上，采用项目化教学模式组织编写，突出实用性与新颖性。在内容上，尤其注重将新技术及新方法融入其中，使学生在课堂上就能接触到较前沿的信息，在保证学习理论知识的同时，提高实际动手能力和操作技能。

本套教材的出版，得到了很多相关院校领导及专家的支持和帮助。为确保教材的编写质量，成立了由相关院校校级领导任主任委员的编审委员会。得益于各位委员的大力支持，以及各位审稿专家不辞辛劳、认真细致的审稿，本教材才得以顺利出版。在此，我们再次向所有给予我们指导和帮助的各位领导和专家表示感谢！

尽管我们付出了百分之百的努力，但受条件所限，教材在编写及出版过程中难免还会存在一些问题和不足，恳请广大读者批评指正，以便教材再版时完善。

本套教材均附带教学课件，任课老师如有需要，请联系黄河水利出版社陶金志（电话：0371－66025273；邮箱：838739632@ qq. com）。本套教材建有学术交流群，内有相关资料及信息以供分享，欢迎各位老师积极加入，QQ 交流群号：8690768。

黄河水利出版社

2015 年 10 月

前　言

土力学与地基基础是资源开发类与基础工程技术专业的一门主要专业课程。它阐述了土力学的主要概念、基本原理和计算方法，以及地基基础的主要概念、设计与分析的基本方法。本书采用了国家(部)最新规范、规程和标准。

本教材在内容和难度上充分考虑高职高专学生的基础知识和任课老师专业教学的基本要求，结合目前教学改革发展的需要及实际工程中专业最新动态编写而成。在编写过程中注重理论联系实际，以应用为重点，结合案例，进行深入浅出的说明。

本书理论部分尽可能以够用为度，叙述简明、重点突出；根据课程要求，书中附有针对性较强的案例，并附有案例解析。本书不仅适用于高职高专教学，也可作为相关专业人员的自学参考教材。

本书编写人员及分工如下：辽宁交通高等专科学校李晶编写绪论、项目一至项目三，项目七单元二、三；甘肃工业职业技术学院钱玲玲编写项目四至项目五；辽源职业技术学院侯启超编写项目六、项目七单元一、项目十一；湖北国土资源职业学院邢宏汞编写项目八；辽宁地质工程职业学院贺斌编写项目九、项目十。本书由李晶、邢宏汞担任主编；由贺斌、钱玲玲、侯启超担任副主编；全书由李晶统稿。

由于编者水平有限，书中难免存在错误和疏漏之处，恳请读者批评指正。

编　者

2016 年 6 月

目　录

绪 论

一、土的基本概念

土是由地壳表层的整体岩石经受风化作用后形成的。风化作用包括物理风化、化学风化和生物风化三种。风化作用使整体岩石破碎成分散体,其矿物成分也可能发生变化,以及产生有机质的积聚。岩石风化后的产物还受到重力、流水、冰川和风等的挟带搬运,使土颗粒进一步破碎分散,并使得土颗粒变得浑圆和分选。土在搬运过程中随之产生沉积过程,使土体具有不同的结构和构造。上述风化、搬运和沉积的过程是交错进行的,经历了很长的地质历史年代,每一个过程都对土的性质产生影响。因此,可以认为土是自然历史的产物。土的性质与成因有关,土的最大特征是它的分散性。

在工程建设中,土往往是作为不同的对象进行研究的。如在土层上修建房屋、桥梁、道路、堤坝时,土用来支承建筑物传来的荷载,这时土是作为地基的;路堤、土坝等土工构(建)筑物,土就是作为建筑材料的;此外,如隧道、涵洞及地下建筑等,土是作为建筑物周围的介质或环境的。

土的主要特性是分散性、复杂性和易变性。土是由固体颗粒和孔隙组成的分散体系,土颗粒之间没有或只有很弱的连结,因此土的强度低,易变形。土的性质与成因有关,因此土的性质极易随外界环境(温度、湿度)的变化而变化。

二、土力学、地基及基础的概念

(一)土力学

土力学就是利用力学的一般原理和土工测试技术研究土的物理性质以及在所受外力发生变化时土的应力、变形、强度、稳定性和渗透性及其规律的一门学科。土力学是力学的一个分支,但由于土具有复杂的工程特征,必须借助工程经验、原位试验、室内试验等多种专门的土工试验技术研究,所以说,土力学是一门强烈依赖于实践的科学。

(二)地基

由于建筑物的兴建,导致岩土体中某一范围原来的应力状态发生了变化,这部分由建筑物荷载引起应力变化的岩土体叫作地基。换句话讲,承受建筑物全部荷载的那部分岩土体叫作地基。地基又分为持力层及下卧层两部分,直接与基础接触的岩土体叫持力层,持力层下部的岩土体叫下卧层。

地基可分为天然地基及人工地基两大类。天然地基是指在天然情况下不必经过人工加固就可满足建筑物要求的地基。人工地基是指在天然情况下不能满足建筑物要求,必须事先经过人工处理才能在它上面修建建筑物的地基。人工地基可分为人工土基及桩基两种。

(三)基础

建筑物的基础也可叫建筑物的下部结构,是指建筑物在地面以下的那一部分。它的作用是承受整个建筑物的重量及作用在建筑物上的所有荷载,并将它们传递给地基。因此,基础起着承上启下的作用。

基础按埋深(地面至基础底面的距离)可分为浅基础和深基础两大类。一般认为,埋深小于5 m者为浅基础,埋深大于5 m者为深基础。浅基础有单独基础、条形基础、筏片基础、箱形基础、大块基础和壳体基础等。深基础主要有沉井、沉箱、桩基础和地下连续墙等。在一般情况下,天然地基上的浅基础,往往是最为经济的,设计时首先应争取采用浅基础。深基础的造价高,施工复杂。一般在浅层地基的强度不够或基础荷载较大且较集中的情况下,需要把基础砌置在较深处的强度较高的硬层上,才采用深基础。

三、本学科的发展简介

土力学始于18世纪兴起了工业革命的欧洲。1773年,法国的库仑(Coulomb)发表了著名的砂土抗剪公式和土压力的滑楔理论。其后,英国的朗肯(Rankine,1869)又从强度理论方面提出与之结果相同且能应用于黏性土中的土压力理论。此外,法国的布辛奈斯克(Boussinesq,1885)得出了半无限弹性体在竖向集中力作用下的应力与变形的理论解答;法国的达西(Darcy,1856)通过水在砂土中的渗流试验,建立了达西定律;瑞典的费伦纽斯(Fellenius,1922)为解决铁路塌方等问题,提出了土坡稳定分析方法。这些古典的理论和方法,为土力学成为一门独立学科奠定了初步的理论基础。

1925年,美国著名土力学家太沙基(Terzaghi)的《土力学》专著问世,使土力学成为一门独立的学科。1936年成立了国际土力学和基础工程学会,并举行了第一次国际学术会议,以后每隔四年召开一次,至今已召开了数十次国际会议。每年还有若干次专题讨论会,提出了大量的论文和研究成果报告,使本学科得到了快速发展,特别是现代科技成就,尤其是电子技术渗入到了土力学与基础工程的研究领域,使其在基本理论、计算方法、试验技术及设备等诸方面都得到了革命性的发展。基本理论方面,如岩土本构关系的研究,将各种应力—应变—时间的非线性模型应用于实际问题;在计算方法方面,广泛采用计算机,用数值计算方法(如有限元法、差分法等)解决以往无法解决的复杂边界和初始条件以及不均匀土层问题;在试验技术和设备方面,采用静三轴仪、动三轴仪、离心模型机、触探仪、旁压仪等,广泛用计算机程序控制试验过程,并自动采集和加工试验数据。

目前,由于土木工程建设的需要,特别是计算机技术和有限元法的应用,基础工程理论和技术得以迅猛发展,新材料、新技术、新设备 、新工艺不断涌现,出现了如补偿式基础、桩-筏基础、桩-箱基础等新基础形式。强夯法 、砂井预压法、真空预压法、振冲法、旋喷法等都是近几十年创造和完善的地基处理方法。基坑支护技术也不断提高,出现了盾构、顶管、地下连续墙、深层搅拌水泥挡墙、杆支护结构形式。但是,由于基础工程是地下隐蔽工程,且地质条件极其复杂,随着高层结构的不断涌现,城市建筑的不断密集,给基础工程提出了新的挑战,同时也为基础工程的发展提供了新的机会。

四、本课程主要涉及土力学及基础工程的内容与学习要求

(一)课程主要内容

(1)土的工程性质及分类:主要介绍了土的组成和结构、土的物理性质指标及换算,土的毛细性、渗透性及土的稠度和塑性,土的工程分类等知识。

(2)土中应力计算:主要介绍了地基土在自重应力和建筑物荷载下的附加应力的计算

方法。

(3)土体的变形和地基沉降计算:主要介绍了土体的压缩变形性和地基沉降的常用计算方法。

(4)土体的强度与土坡稳定性:主要介绍了土体强度的概念、库仑定律、极限平衡理论、土压力的计算及土坡稳定分析等。

(5)土在动荷载下的力学性质:主要介绍了土的压实特性、土在动荷载下的力学性质、砂土液化的一般知识。

(6)浅基础设计:主要介绍浅基础形式、地基承载力确定、埋深、基础地面尺寸确定、各种基础结构设计等内容。

(7)桩基础设计:主要介绍桩基础类型、桩承载力特征值、桩基础设计等内容。

(8)软弱地基处理:主要介绍地基处理方法及对应工程案例。

(9)土工试验指导:依据规范介绍颗粒分析试验、土的密度试验、土的含水率试验、土的界限含水率试验、固结试验、直接剪切试验、三轴试验、击实试验,以及土工试验原理、步骤及结果处理方法等。

(二)课程基本要求

(1)掌握土的物理性质及物理性质指标的测定和计算方法。

(2)会计算地基土中自重应力和附加应力。

(3)掌握土的变形原理,会计算地基沉降量。掌握土体的强度理论,会分析土体的稳定性。

(4)掌握一般浅基础、桩基础的设计方法,会进行基础工程设计。

(5)掌握地基处理的一般方法。

(6)掌握土工试验的基本方法,会撰写试验报告。

项目一　土的物理性质及工程分类

学习目标

1. 了解土的组成与结构。
2. 会分析和表示土的粒度成分。
3. 会划分土的工程类别。
4. 会计算土的物理性质指标。
5. 会测定土的物理性质和物理状态指标。

【项目导入】

在研究土的工程性质时，首先应注意到土的物理特性(例如土粒的大小、形状等)、土的物理状态，以及土的三相比例关系，还要注意到土的三相组成空间的分布、排列及土粒的连结对土的性质的重要影响。

从物理的观点，可以定量地描述土粒的物理特性、土的物理状态及三相比例关系，即构成土的各种物理特性指标，利用这些物理特性指标，可对土进行鉴别和分类，间接地推测土的其他工程性质。

单元一　土的组成与结构

一、土的概念

土是地壳表层母岩经强烈风化作用而成为大小不等、未经胶结的一切松散物质，它包括土壤、黏土(泥巴)、砂、岩屑、岩块和砾石等。

土总的特性是颗粒与颗粒之间的连结强度较土粒本身强度低，甚至没有连结性。根据土粒之间有无连结性，大致可将土分为砂类土(砾石、砂)和黏性土两大类。因土质松散对建筑物的承载能力较差，受荷载后易于变形，对建筑物的稳定性有很大的影响。

土是地壳表层广泛分布着的物质，几乎无处不有。平原、海滨、河谷等处的土层厚度很大，在这些地区，人类的工程活动处处会遇到土的问题，因而对土的研究在工程地质中占有十分重要的地位。陆地上所见的土，多系陆相沉积物，只在滨海地区才有陆海交互相或浅海相沉积物。陆相沉积物的相变剧烈，土层在水平方向上延伸不远即行尖灭，层位厚度有很大变化，其性质也发生变化；在垂直方向上则形成不同土层互相穿插，交替频繁，其性质极不均一。因此，我们在评价建筑地基时，所涉及的就不是均匀土层，而是厚薄不等、性质各异的许多土层组合的土体。

二、土的三相组成

土的三相是指土的固相、液相和气相。土的矿物颗粒构成土的主体部分，为土的固相，它是土的“骨架”，也叫作“土粒”。

作为土骨架的土粒与土粒之间存在孔隙，如果孔隙全部被气体所充斥，就构成了土的气相部分；如果孔隙全部被水所充满，就构成土的液相部分。前者称为干土，后者称为饱和土。干土和饱和土分别由固相和气相、固相和液相组成，故都称为二相体系。

土粒之间的孔隙中，如果既有液相的水，又有气相的空气，这种土称为湿土。湿土介于饱和土和干土之间，由固相、气相和液相组成，故称为三相体系。

当孔隙中的水有一部分结冰时，也可看作四相体系，属于特殊情况。

总的来说，一般土都是由固相的土粒、液相的水和气相的空气所组成的，故合称为土的三相组成部分。

土的相系组成对土的状态和性质有着密切关系。如砂土，由土粒和空气组成二相体系的干砂土是松散的；由土粒和水组成二相体系的饱水砂土也是松散的，而三相体系的湿砂土则具有一定程度的连结性。黏性土随着相系组成的不同，其状态和性质的变化更为明显。

三、土的成分

土的成分包括粒度成分、矿物成分和化学成分三个方面。

（一）粒度成分

土的粒度成分是决定土的工程性质的重要内在因素之一，因而也是土的类别划分的依据。

1. 粒组及其划分方案

为了便于研究土粒的大小，通常按土粒的直径（简称粒径，以 mm 为单位）来划分几个粒径区段。每一粒径区段中所包含大小比较相似且工程地质性质基本相同的颗粒，称为粒组。每个粒组的区间内，常以其粒径的上、下限给粒组命名，如砾粒、砂粒、粉粒、黏粒等。各组内还可细分为若干亚组，现将我国常用交通部发布的《公路土工试验规程》（JTG E40—2007）和建设部发布的《建筑地基基础设计规范》（GB 50007—2002）及《岩土工程勘察规范》（GB 50021—2001）粒组划分方案列于表 1-1 和表 1-2。

表 1-1 交通部《公路土工试验规程》（JTG E40—2007）粒组划分

粒组范围（mm）	>200	200~60	60~20	20~5	5~2	2~0.5	0.5~0.25	0.25~0.075	0.075~0.002	<0.002
粒组名称	巨粒组		粗粒组						细粒组	
	漂石（块石）	卵石（小块石）	砾（角砾）			砂			粉粒	黏粒
			粗	中	细	粗	中	细		

表 1-2 GB 50021—2001 及 GB 50007—2002 粒组划分标准

粒组名称	漂石(块石)粒组	卵石(碎石)粒组	砾石粒组	砂粒组	粉粒组	黏粒组
粒组范围(mm)	>200	20 ~ 200	2 ~ 20	0.075 ~ 2	0.005 ~ 0.075	<0.005

粒组划分的方案,从工程地质角度来看,应考虑的原则有三:

第一,应符合粒径量变到质变的规律。

如:以粒径 2 mm 为土粒有无毛细力的界限,粒径大于 2 mm 的土粒上没有毛细力,粒间也无连结力。以粒径 0.075 mm 为土粒有无水连结和有无黏着力的界限,粒径 2 ~ 0.075 mm 为砂粒组成的土,具有毛细力,粒间具有水连结,但不具黏着力。以粒径 0.002 mm 为土粒有无黏着力的界限,粒径 0.075 ~ 0.002 mm 为粉粒组成的土,有黏着力,失水时连结力递减而导致尘土飞扬;粒径小于 0.002 mm 为黏粒组成的土,具有强黏着力,失水时连结力递增,变硬。

第二,应与现代粒度分析的观测技术水平相适应。

例如,对粒径大于 2 mm 的粒组可用肉眼观察或粗筛分析;粒径 2 ~ 0.075 mm 的砂粒组可用放大镜观察或细筛分析;粒径小于 0.075 mm 的粉、黏粒组则可用显微镜或用 X 射线、电子显微镜观察,还可根据土粒在静水中的沉积速度来进行分析。

第三,应力求使粒组的界限值服从简单的数学规律,以便于记忆和应用。

表 1-1 中从粗大的漂(块)石至细小的黏粒,其各粒组间的界限值是:200 ~ 20 ~ 2 ~ 0.5 ~ 0.075 ~ 0.002,即为 200 × 1,20 × 1,2 × 1,1/2,1/14,1/500。

关于划分粒组的名称,目前我国工程地质学界已广泛采用。至于对粒组划分的粒径界限值,至今尚无完全统一的标准,各个国家,甚至一个国家各个部门也有不同的规定,但总的来看,仍可认为是大同小异。现将我国交通部所编制的土工试验规程或手册中,关于主要粒经划分的界限值与英国、美国、日本等国的分类法列一对照表供参考,见表 1-3。

表 1-3 主要粒组划分对照

土分类法		粒组名称				
		卵石	砾石	砂粒	粉粒	黏粒
中国	公路土工试验规程(2007)	60	2	0.075	0.002	
	建筑地基基础设计规范(2002)	20	2	0.075	0.005	
	铁道部工程地质手册(1999)	20	2	0.05	0.005	
	水电部土工试验规程(1985)	60	2	0.05	0.005	
美国	ASTM(1975)		2	0.074	0.005	
日本	统一土质分类法	75	2	0.074	0.005	
英国	分类法(B - 177 - 610)	65	2	0.06	0.002	

2. 粒度成分及粒度分析

粒度成分,就是干土中各粒组的质量占总质量的百分比。或者说,土是由不同粒组以不同数量的配合,故又称为“颗粒级配”。例如某砂黏土,经分析,其中含黏粒 25%、粉粒 35%、砂粒 40%。粒度成分可用来描述土中各种不同粒径土粒含量的配合情况。

为了准确地测定土的粒度成分所采用的各种手段,统称为粒度分析或颗粒分析。目前,所采用的方法可归纳为两大类:一是利用各种方法把各个粒组按粒径分离开来,直接测出各粒组的百分比含量,称为直接测定法,如筛分法、沙巴宁法(双洗法)、移液管法、虹吸比重瓶法、离心机法等;二是根据各粒组的某些不同特性(如塑性、密度、透光度等),间接地判定土中各粒组的含量,称为间接测定方法,如肉眼鉴定法、比重计法、光电效应法以及塑性指标、塑性图法等。

目前,我国常用的粒度分析方法有:对于粗粒土,粒径 >0.075 mm 的用筛分法直接测定;对于粒径 <0.075 mm 的细粒土(黏性土),主要用沉降分析法;若土中粗细粒兼有,则可联合使用上述两类方法。

1)筛分法

用一套不同孔径的标准筛,将所取的风干土样,称重后放入筛中振筛,然后分层测定各筛中土粒的质量,即为不同粒径粒组的土质量,并计算出每一粒组占土样总质量的百分数。

2)沉降分析法

将黏性土样经研磨、浸泡和煮沸,使土粒充分分散,置于水中混合成液,使之沉降,按土粒在液体中沉降速度与粒径大小的关系来进行分析。根据斯笃克斯定律,土粒下沉速度与土粒粒径的平方成正比,或者粒径与沉降速度的平方根成正比。

$$k = \sqrt{\frac{18\eta}{\rho_s - \rho_w}}$$

$$v = \frac{\rho_s - \rho_w}{18\eta}d^2 \tag{1-1}$$

或者写为

$$d = \sqrt{\frac{18\eta}{\rho_s - \rho_w}} \cdot \sqrt{v} \tag{1-2}$$

式中 v——球形颗粒在流体中的稳定沉降速度,m/s;

d——球形颗粒的直径,mm;

ρ_s——土粒的密度,g/cm^3;

ρ_w——水的密度,g/cm^3;

η——液体的黏滞度,Pa·s。

令 k 为沉降常数,则式(1-2)可简写为

$$d = k\sqrt{v} \tag{1-3}$$

如近似地取 $\rho_w = 1.0 \times 10^3\ \text{kg/m}^3$,$\rho_s = 2.6 \times 10^3\ \text{kg/m}^3$,$\eta = 0.001\ 14\ \text{Pa}\cdot\text{s}$(15°时水溶液的黏滞度),则式(1-3)为

$$d = 0.000\ 113\sqrt{v} \quad (\text{m}) \tag{1-4}$$

以 mm 计为 $d = 0.113\sqrt{v} \quad (\text{mm})$

若令 $v = \frac{L}{t}$,即某时间内土粒下沉的距离,则式(1-4)应写为

$$d = 0.113\sqrt{\frac{L}{t}}$$

【小贴士】 应当指出,土粒并不是刚性的似球形颗粒,因此用斯笃克斯定律求得的颗粒并不是实际土粒的尺寸,而是与土粒有相同沉降速度的理想直径,称之为水力直径。

在进行粒度分析时,取一定质量的干土 m_s(g)制成一定体积的悬液,搅拌均匀后,在刚

停止搅拌的瞬时,各种粒径的土粒在悬液中呈均匀状分布,不同深处的浓度(单位体积悬液内含有的土粒质量)都是相等的。静置一段时间 t_i(s)后,悬液中粒径为 d_i 的颗粒以相应的沉降速度 v_i 下沉。较粗的颗粒在悬液中沉降较快,较细的颗粒则沉降较慢。

在 t_i 时间内,直径相当于 d_i 的土粒沉降速度为 $v_i = L_i/t_i$,于是,$d_i = 0.113\sqrt{\dfrac{L_i}{t_i}}$ (mm)。所有大于 d_i 的土粒,其沉降速度必然大于 v_i,这表明在 L_i 深度范围内,肯定已没有大于 d_i 的土粒。如在 L_i 深度外有一个小区段,则 m—n 段内的悬液中只有不大于 d_i 的土粒,而且不大于 d_i 土粒的浓度与开始均匀状悬液中不大于 d_i 土粒的浓度相等。如果悬液体积为 1 000 cm^3,其中所含不大于 d_i 的土粒质量为 m_{si}(g),则在 $m-n$ 段内悬液的密度为

$$\rho_i = \frac{1}{1\,000}\left[m_{si} + \left(1\,000 - \frac{m_{si}}{\rho_{s0}}\right)\rho_{w0}\right] \tag{1-5}$$

式中 ρ_i ——悬液密度,g/cm^3;

m_{si}——悬液中不大于 d_i 土粒的质量,g;

ρ_{s0}——土粒的密度,g/cm^3;

ρ_{w0}——水的密度,g/cm^3。

悬液中不大于 d_i 土粒质量 m_{si} 占土粒总质量百分比 P_i 为

$$P_i = \frac{m_{si}}{m_s} \times 100\% \tag{1-6}$$

式(1-5)中的悬液密度 ρ_i 可用比重计测读,也可用吸管吸取 m—n 段内的悬液试样测定。

3. 粒度成分的表示方法

粒度成分经分析后,常用的表示方法有表格法、累积曲线法和三角坐标法。

1)表格法

将上述粒度分析的成果,按粒径由大到小划分的各粒组及其所测定的质量百分数,用表格的形式直接表达其颗粒级配情况(见表1-4)。同一表格中可以表示出多种土样粒度成分分析的成果,它用于粒度成分的分类是十分方便的。此方法简单、直观。

表1-4 土的粒度成分表格法

粒组(mm)		粒组成分(以质量计,%)		
		土样 a	土样 b	土样 c
砾粒	>60			2
	40~60			2
	20~40	5		9
	10~20	7		15
	5~10	8		18
	2~5	13		21
砂粒	0.5~2	24	6	8
	0.25~0.5	9	9	13
	0.075~0.25	16	40	12
粉粒	0.05~0.075	5	10	
	0.002~0.05	7	35	
黏粒	<0.002	6		

2）累积曲线法

通常用半对数坐标纸绘制。横坐标（按对数比例尺）表示粒径 d_i；纵坐标表示小于某一粒径的累积百分数 p_i。采用半对数坐标，可以把细粒的含量更好地表达清楚，如采用直角坐标系的纸，就无法体现。

在半对数坐标纸上点出各粒组累积百分数的对应坐标，然后将各点连成一条平滑曲线，即得该土样的累积曲线。如图 1-1 所示，表示表 1-4 提供的 a、b、c 三个土样的粒度成分的累积分布曲线。

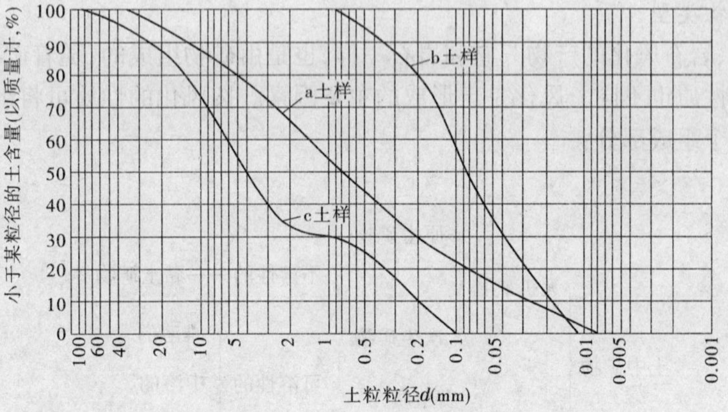

图 1-1　粒度成分累积曲线

（1）累积曲线的用途有三方面：

第一，从累积曲线的形态及其分布的粒组区间可判断土的粒度成分的级配特征。

第二，利用累积曲线可以求得有关土粒的级配指标：不均匀系数 C_u 和曲率系数 C_c。

第三，通过累积曲线可以查知各粒组的相对含量，给土进行定名。

（2）土粒的级配指标：

不均匀系数

$$C_u = \frac{d_{60}}{d_{10}} \tag{1-7}$$

曲率系数

$$C_c = \frac{d_{30}^2}{d_{10}d_{60}} \tag{1-8}$$

式中　d_{10}、d_{30}、d_{60}——粒径曲线纵坐标上累积百分含量 10%、30%、60% 所对应在横坐标上的粒径值；

d_{10}——有效粒径；

d_{60}——限制粒径。

C_u 值愈大，曲线愈平缓，表明土粒大小分布范围大，土的级配良好；C_u 值愈小，曲线愈陡，表明土粒大小相近似，土的级配不良。一般认为，$C_u < 5$ 时，属于均粒土，其级配不良；$C_u \geq 5$ 的土为不均粒土，级配良好。实际上仅靠 C_u 值来判定土的级配情况是不够的，还必须分析 C_c 值。C_c 值愈高，表明土的均匀程度愈高；反之，均匀程度愈低。一般认为，$C_c = 1 \sim 3$，土的级配较好；$C_c > 3$，$C_c < 1$，累积曲线呈明显弯曲；而呈阶梯状时，说明粒度成分不连续，即主要由大颗粒和小颗粒组成，缺少中间颗粒，表明土的级配不好，其工程地质性质也较差。

在工程上,常利用累积曲线法及其中的两个指标值来判定土的级配优劣情况。根据公路工程经验,同时满足 $C_u \geq 5$ 和 $C_c = 1 \sim 3$ 这两个条件时,土为级配良好的土。建筑工程一般规定,$C_u \geq 10$,土为良好级配土。

例如图 1-1 中,曲线 a 土样,$d_{10} = 0.025$ mm,$d_{30} = 0.2$ mm,$d_{60} = 1.3$ mm。代入式(1-7),$C_u = 52$;代入式(1-8),$C_c = 1.23$。由此判定,a 土样为良好级配土。

以上是从“粒度成分”方面探讨了固体土粒的大小变化对土质的意义,下面再从土粒的矿物组成方面做进一步分析。

(二)矿物成分

1. 土的矿物类型

土是矿物、岩石风化的产物。它和岩石一样,也是由矿物组成的,随着矿物的特性不同,土的物理力学性质也不同。风化是土形成的主要因素。按风化的性质可将组成土的矿物成分分为如下几个组成部分:

- 土中矿物
  - 无机矿物
    - 原生矿物
    - 次生矿物
      - 不溶性的——黏土矿物等
      - 可溶性的
        - 难溶的
        - 中溶的
        - 易溶的
  - 有机质
    - 腐殖质
    - 泥炭等动植物残骸

1)原生矿物

原生矿物是直接由母岩经物理风化而来,其化学性质未发生改变的矿物,如石英、长石、云母等。这类矿物的化学性质稳定,具较强的抗水性和抗风化能力,亲水性弱。它们是在物理风化的机械破坏作用下所形成的土粒,一般较粗大,是砂类土和粗碎屑土(砾石类土)的主要组成矿物。

2)次生矿物

次生矿物主要是受化学风化而产生的新矿物。母岩在化学风化作用下,一部分可溶性物质被水溶走,在别处沉淀为土中的“可溶性次生矿物”;而另一部分不溶性物质残留下来,成为土中的“不溶性次生矿物”。

3)有机质

由于动植物有机体的繁殖、死亡和分解,常使土中含有有机质。因分解程度不同,常以腐殖质、泥炭及生物遗骸等状态存在。腐殖质是土壤中常见的有机质,其黏性和亲水性更胜于黏粒。泥炭土疏松多孔,压缩性高,抗剪强度低。生物遗骸的分解程度更差,随着分解度增高,土的工程性质也随之发生变化。

2. 土的矿物成分与粒度成分的关系

土是地质作用的产物,在其形成的长期过程中,一定的环境生成一定类型的土。因而各类土在具有一定的粒度成分的同时,也必然具有一定的矿物成分,而且两者之间存在着极其密切的内在联系,特别明显地表现在粒组与矿物成分的关系方面。

(1)粒径>2 mm 的砾粒组,包括砾石、卵石等岩石碎屑,它们仍保持原有矿物的集合体,常是多矿物的,有时是单矿物的。

(2)粒径为2~0.075 mm 的砂粒组,其颗粒与岩石中原生矿物的颗粒大小差不多。砂粒多是单矿物,以石英最为常见,有时为长石、云母及其他深色矿物。在某些情况下,还可能有白云石组成的砂粒。

(3)粒径为0.075~0.002 mm 的粉粒组,由一些细小的原生矿物,如粉粒状的石英和难溶的方解石、白云石构成。

(4)粒径<0.002 mm 的黏粒组,主要是一些不可溶性的次生矿物,如黏土矿物类、倍半氧化物、难溶盐矿、次生二氧化硅及有机质等构成。

【小贴士】 一定大小的粒组,反映着一定的矿物成分。粗大的粒度成分多由原生矿物组成,细小的粒度成分(黏粒)多为次生矿物和有机质,因此土的粒度成分间接反映了矿物成分的特性,也是决定土的工程地质性质的重要指标。

3.矿物成分对土的工程性质的影响

土的粒度成分与矿物成分是土最重要的物质基础,它们对土的工程地质性质有着很大影响。随着组成土的矿物成分不同,其工程性质也有所差异。

1)原生矿物

原生矿物主要有石英、长石、云母。

(1)塑性:黑云母最大,石英无。

(2)毛细上升高度:

颗粒≥0.1 mm 时,云母>浑圆石英>长石>尖棱石英。

颗粒<0.1 mm 时,云母>尖棱石英>长石>浑圆石英。

(3)孔隙度的变化:云母>长石>尖棱石英>浑圆石英。

(4)渗透系数:石英>长石>尖棱石英。

(5)内摩擦角:尖棱石英>浑圆石英>云母。

颗粒<0.1 mm 时,各种矿物的内摩擦角十分近似。

2)次生矿物

次生矿物主要为不溶性黏土矿物。

(1)亲水性:蒙脱石>水云母>高岭石。

(2)渗透性:水云母>高岭石>蒙脱石。

(3)压缩性:蒙脱石>高岭石。

(4)内摩擦角:蒙脱石的内摩擦角小,在石英中加入百分之几的蒙脱石,则石英的内摩擦角可降低到原来的1/3或更小。

3)次生可溶盐

从存在的状态看:固态的难溶盐(碳酸盐类)起胶结作用,把土粒胶结起来,孔隙度减小,强度增加。但要注意其分布是否均匀,有时是结核状的、斑白状的,其影响不一样。液态的难溶盐包围着土的颗粒,在其周围起介质作用。

【小贴士】 黏性土的工程性质随着碳酸盐含量的增加而起着重大变化,颗粒增大,压缩性减小,抗剪强度增加。

(三)化学成分

对土的化学成分进行研究时,一般只研究土粒和土中水溶液的化学成分。对于气相的化学成分，只在特殊情况下，如开凿隧道等地下工程，才分析有无有害气体逸出。

土的固相化学成分，主要是描述组成土的原生矿物、次生不溶性矿物和难溶盐等的化学性质，它们是决定土的工程性质变化的依据。一般认为，组成粗粒土的原生矿物其化学性质较为稳定。组成细粒土的次生不溶性黏土矿物，多为黏粒、胶体颗粒，因粒径小，比表面大，表面能大，它与液态相组成了分散相，具有一系列胶体化学特性，决定着土的工程性质。

难溶盐 $CaCO_3$ 也是固相化学成分的组成部分，它能使土粒牢固地胶结在一起，即使在饱水时也不失其胶结力。当一部分 $CaCO_3$ 溶于孔隙溶液中，呈游离的 Ca^{2+} 和 CO_3^{2-} 时，黏粒的胶体化学性质发生变化，从而影响着土的工程性质。

易溶盐常以固态和液态二相存在，它们的变化对土的工程力学性质有极大的影响，故在研究土的化学成分时，常以易溶盐作为其研究的主要对象。当土处于干燥状态时，易溶盐则晶化为团相，对土粒起胶结作用；当土中含有较多水分时，易溶盐则潮解于水溶液中被淋溶或流失，从而削弱了土的连结力。

土中液相化学成分，除水分多少与土粒相互作用所产生的不同状态外，主要还是水中易溶盐的化学成分、浓度、pH 等对黏粒的胶体化学性质的影响。

总之，只要我们对自然界土的化学成分及其变化规律有了认识和重视，在工程实践中，做了充分的调查、分析，并针对不同土质采取了不同的相应措施，就能防止和消除隐患于工程建筑物竣工之前。

单元二　土中的水

一、土中水的工程地质分类

土中的水以不同形式和不同状态存在着，其性质也不是单一的。它们对土的工程性质的形成，起着不同的作用和影响。土中的水按其工程地质的性质可分为两大类，即矿物（土粒）内部结合水和孔隙水。

矿物内部结合水也称为"矿物成分水"或"化学结合水"，以不同形式存在于矿物内部不同位置，构成了矿物分子的一部分，又可分为结构水、结晶水和沸石水三种。

- 土中水的类型
  - 矿物内部结合水（化学结合水）
    - 结构水
    - 结晶水
    - 沸石水
  - 孔隙水
    - 液态水
      - 土粒表面结合水（物理结合水）
        - 强结合水(吸着水)
        - 弱结合水(薄膜水)
      - 非结合水
        - 毛细水
        - 重力水(自由水)
    - 气态水(水汽)
    - 固态水(冰)

孔隙水是指土粒之间的孔隙中存在的液态水、气态水和固态水。而土中液态水按它们与土粒的相互作用又分为土粒表面结合水(也称“物理结合水”)和非结合水。

在上述各种类型的水中,对工程地质性质较为重要的是土粒(矿物)表面结合水、毛细水和重力水。

二、土粒表面结合水的特性

(一)强结合水(又称吸着水)

这种水紧附于土粒表面,受到约1 000 MPa(1万个大气压)的静电引力,使水分子紧密而整齐地排列在土粒表面不能自由移动。吸着水的性质接近于固体:密度为1.2~2.4 g/cm^3,平均为2.0 g/cm^3,具有极大黏滞性、弹性和抗剪强度,其剪切弹性模量达20 MPa。它不受重力影响,没有溶解能力,不传递静水压力,不导电,-78 ℃低温才冻结成冰。

(二)弱结合水(又称薄膜水)

这种水仍明显地受到土粒吸引力作用的制约,存在于吸着水外围呈薄膜状,水分子排列也较紧密,密度为1.3~1.7 g/cm^3,仍大于普通液态水,也具有较高的黏滞性和抗剪强度。薄膜水的厚度变化较大,水分子有从厚膜处向较薄处缓慢移动的能力,在其最外围有成为普通液态水的趋势。薄膜水不传递静水压力,其冰点在-20~-30 ℃。

三、非结合水

非结合水是土粒水化膜以外的液态水,虽然土粒的吸引力对它有所影响,但主要是受重力作用的控制。按其受结合水影响的程度可将非结合水分为毛细水和重力水。

(一)毛细水

在土粒细小孔隙中,存在于固—液—气三相界面处的水,因受毛细力的影响而产生毛细水。因毛细作用而高出地下水自由水面之上,是介于结合水与重力水之间的一种过渡型水。但是,毛细水要能克服重力产生毛细现象,只是相对的、有条件的,因为毛细现象与孔隙大小有关,见表1-5。

表1-5 毛细水与毛细现象相对性对照

孔隙名称	孔隙(mm)	毛细水	毛细现象
亚毛细孔隙	<0.002	无	有
毛细孔隙	0.002~0.5	有	有
超毛细孔隙	>0.5	有	无

表1-5仅按孔隙孔径大小,未考虑矿物成分及水溶液的化学成分等因素的影响。据测定,亚毛细孔隙存在于黏性土中,因孔径过小,全被结合水充填,所以没有毛细水,但却有毛细现象。超毛细孔隙储存在砾石类土中,有毛细水而无毛细现象。只有在毛细孔隙的砂土及粉土中,才既有毛细水又有毛细现象。

毛细水的水分子排列的紧密程度介于结合水和普通液态水之间,其冰点也在普通水之下。毛细水还具有极微弱的抗剪强度,在剪应力较小的情况下会立刻发生流动。

(二)重力水(又称自由水)

重力水是指存在于较粗颗粒的孔隙中,具有自由活动能力,在重力作用下产生流动的水。重力水是只受重力控制、水分子不受土粒表面吸引力影响的普通液态水。重力水能传递静水压力,并具有溶解土中可溶盐的能力。在具有超毛细孔隙的粗碎屑土中总是存在重力水的;在亚毛细孔隙的黏性土中重力水没有存在的空间。前者可以成为透水层或蓄水层,后者则可成为隔水层或防水层。

四、气态水和固态水

气态水是以水汽状态存在于孔隙中的水。它能从气压高的空间向气压低的空间运移,并可在土粒表面凝聚转化为其他各种类型的水。气态水的迁移和聚集使土中水和气体的分布状态发生变化,可使土的性质改变。

固态水即冰,土中的水当温度降低至 0 ℃以下时冻结而成。固态水在土中起着冻融作用,对土层产生破坏力,大大降低土层的强度和稳定性。

单元三　土的物理性质

土的物理性质是指土的各组成部分(固相、液相和气相)的数量比例、性质和排列方式等所表现的物理状态,如轻重、干湿、松散程度等。土的物理性质是土最基本的工程地质性质,在工程地质中,不仅要结合土的成分、结构、含水、含气的情况来了解其物理性质的特点和变化规律,而且要通过试验取得其物理性质各项指标的数据,以作为工程设计的依据。

土的物理性质指标,就是指土中固相、液相、气相三者在体积和质量方面的相互配比的数值,为了分析和计算方便,一般将土的三相关系用简图加以表达,如图 1-2 所示。

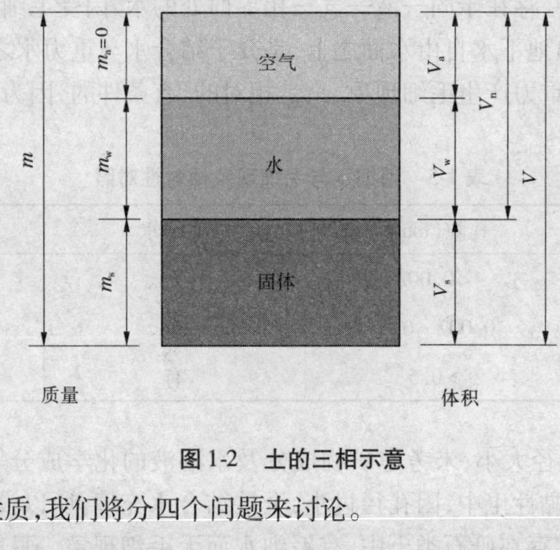

图 1-2　土的三相示意

关于土的物理性质,我们将分四个问题来讨论。

一、土粒相对密度和重度

(一)土粒相对密度(G_s)和土粒重度 γ_s

(1)土粒相对密度是土粒在 105 ~ 110 ℃下烘干至恒量时的质量与同体积 4 ℃蒸馏水质量的比值,又名土粒的比重。

$$G_s = \frac{m_s}{m_{w(4\ ℃)}} \quad 或 \quad G_s = \frac{m_s}{V_s \rho_w} \tag{1-9}$$

式中 G_s——土粒相对密度；

m_s——土粒的质量，g；

$m_{w(4\ ℃)}$——同体积 4 ℃蒸馏水的质量，g；

V_s——土粒的体积。

(2)土粒重度是土粒的重力与土粒的体积之比。

$$\gamma_s = \frac{w_s}{V_s} \tag{1-10}$$

式中 γ_s——土粒重度；

w_s——土粒重力；

V_s——土粒体积。

【小贴士】 土粒相对密度常用"比重瓶法""浮称法"与"虹吸筒法"进行测定。

土粒的相对密度只与组成土粒的矿物成分有关，而与土的孔隙大小及其中所含水分多少无关。其实，所测定的数值应为土粒中所含各种矿物的平均值。若所含镁铁质矿物多，其相对密度值就较大；含有机质多的相对密度值就小。粒度成分对土粒的相对密度也有影响，例如砂土的相对密度一般为 2.65，这是因为砂土由石英、长石、云母等矿物组成；黏土中因含倍半氧化物，所以相对密度偏高，亚黏土和黏土可达 2.75；含腐殖质多的黏性土相对密度较小，约为 2.60。

(二)土的天然密度(ρ)和天然重度

(1)天然密度(也称湿密度)，是指在天然状态下，土的单位体积的质量，即土粒的质量和孔隙中天然水分的质量之和，如下

$$\rho = \frac{m}{V} \tag{1-11}$$

式中 ρ——天然密度，g/cm^3；

其他符号的意义见图 1-2。

(2)天然重度，是指在天然状态下，土的单位体积的重力，即土粒的重力和孔隙中天然水分的重力之和，如下

$$\gamma = \frac{w}{V} \quad 或 \quad \gamma = g\rho \tag{1-12}$$

式中 γ——土的天然重度；

w——土的总重力；

V——土的总体积；

g——重力加速度，9.8 m/s^2。

土的天然相对密度与土的结构和所含水分的多少以及矿物成分有关，所以在测定土的天然密度时，必须用原状土样(即其结构未受扰动破坏)，以保持其天然结构状态下的天然含水率。如果土的结构破坏了或水分变化了，则土的密度也就改变了，这就不能正确测得真实的天然密度，用这种指标进行工程计算，就会得出错误的结果。

可见，土的密度与土粒相对密度不同，密度要用原状土样，而土粒相对密度则可以用扰

动土样，因为它与土的结构和含水率无关，即不考虑土的孔隙性，在工程地质上把这类指标称为属性指标。而把与土的结构和含水率有关的指标，如土的密度，称为状态指标。

用原状土样测定土的密度，通常用“环刀法”。

土的孔隙中含水率的多少，对土的密度影响很大。随着含水率的不同，土的密度值一般在 1.60 ~ 2.20 g/cm³变化，随着黏粒含量的增加密度也增加。

（三）干密度（ρ_d）和干重度

干密度是指干燥状态下单位体积土的质量，即土中固体颗粒的质量（m_s）与土的体积的比值，计算式为

$$\rho_d = \frac{m_s}{V} \tag{1-13}$$

干重度

$$\gamma_d = g\rho_d \tag{1-14}$$

土的干密度实际上是土中完全没有天然水分的密度，它是土的密度的最小值。某一土样的干密度值的大小，主要取决于土的结构，因为它在这一状态下与含水率无关，加之土粒部分的矿物成分又是固定的，因此土的结构，即孔隙度的大小，影响着干密度值。一般规律是土的干密度值愈大，土愈密实，孔隙度也就愈小。干密度在一定程度上反映了土粒排列的紧密程度，在工程中，常用它来作为人工填土压实的控制指标。一般认为 ρ_d 在 1.60 g/cm³以上，土就比较密实了。

（四）饱和密度（ρ_f）和饱和重度

饱和密度是指在土的孔隙全被水充满的情况下，单位体积土的质量。计算式如下

$$\rho_f = \frac{m_s + V_n\rho_w}{V} \tag{1-15}$$

式中　ρ_f——土的饱和密度，g/cm³。

饱和重度

$$\gamma_{sat} = g\rho_f \tag{1-16}$$

土的饱和密度是土的密度的最大值。可见，饱和密度的大小，与土的孔隙体积及土的相对密度密切相关，孔隙体积小，相对密度大，饱和密度就大；反之则小。含有机质较多的淤泥质土，孔隙体积特别大，其饱和密度就小，一般只有 1.4 ~ 1.6 g/cm³。对饱和密度这一指标不用实测，往往用其他指标推导求得。

（五）水下密度（ρ'）和有效重度

水下密度也称浮密度或浸水密度，是指土在地下水面以下单位体积的质量。因土处于水面以下，孔隙全被水充满，同时又受到水的浮力作用，使土粒质量被减轻。计算式如下

$$\rho' = \frac{m_s - V_s\rho_w}{V} = \rho_f - \rho_w \tag{1-17}$$

浮重度或有效重度

$$\gamma' = \gamma_{sat} - \gamma_w \tag{1-18}$$

在工程计算中，地下水位以下土层的密度，都要采用浮密度指标。砂性土和碎卵石在自由水中，便受到同体积水重的浮力；而黏性土因含有结合水，具黏滞性，有固体特征，结合水对黏土颗粒没有浮力作用。因水下黏土所承受的浮力并非同体积水重之浮力，计算时应视其紧密程度折减。如果粗略地计算，土的水下密度值可取 1 g/cm³。

二、土的含水率

土的含水率是指土的孔隙中所含水分的数量，它是土的基本物理指标之一，能反映出土

的含水情况和土的状态。表示土中含水情况的指标有天然含水率、饱和含水率和饱和度。

(一)天然含水率

天然含水率是在天然状态下土中所含水分的数量,简称为含水率,即土的孔隙中水分的质量(m_w)与土中所含土粒质量(m_s)的比值,一般用百分数表示,计算式如下

$$\omega = \frac{m_w}{m_s} \times 100\% \tag{1-19}$$

含水率习惯上称为含水量。其值愈大,表明土中水分也愈多。不同的土,含水率的变化范围很大。一般情况下,砂土的天然含水率不超过40%,多为10%~30%;黏性土为20%~50%。

土的含水率是一个实测指标。它只能表明土中固相与液相之间的数量关系,而不能描述有关土中水的性质;只能反映孔隙中水的绝对值,而不能说明其充满程度。

(二)饱和度(S_r)

饱和度也称饱水系数,是土中天然含水量的体积(V_w)与土的全部孔隙体积(V_n)的比值,表示孔隙被水充满的程度,用百分数表示,如下

$$S_r = \frac{V_w}{V_n} \times 100\% \tag{1-20}$$

由于S_r介于0~1,不会大于1(砂性土),在工程地质学中将土划分为三种状态:

$0 \leqslant S_r < 0.5$ 稍湿的

$0.5 \leqslant S_r < 0.8$ 很湿的

$0.8 \leqslant S_r \leqslant 1$ 饱和的

颗粒较粗的砂性土,对含水率的变化不敏感,当发生某种改变时,它的物理力学性质变化不大,所以对砂性土的物理状态可以用S_r来表示。但对黏性土而言,它对含水率的变化十分敏感,随着含水量增加,体积膨胀,结构也发生了改变。当处于饱和状态时,其力学性质可能降低为0;同时还因黏粒间多是结合水,而不是普通液态水,这种水的密度大于1 g/cm^3,则S_r值也偏大,故对黏性土一般不用S_r这一指标。

三、土的孔隙性

土不是致密无隙的团体而是土粒间存在着孔隙的物体。土的孔隙性是指孔隙的大小、形状、数量及连通情况等特征。土的孔隙性取决于土的粒度成分和土的结构,即土粒排列的松紧程度。

土的孔隙性,通常用孔隙度和孔隙比两个指标来表示,这两个指标只能反映土内孔隙总体积的大小,而不能反映出单个孔隙的大小。在具有同样孔隙性的不同土中,孔隙的大小可能不一样,显然孔隙性指标相同,则孔隙大的土,单个孔隙的数量就少;孔隙小的土,单个孔隙的数量就多。

可见,土的孔隙性指标只反映土的结构,而与土中含水多少无关,所以它不仅是状态指标,而且还是结构指标。

下面分别对孔隙性的两个指标做些分析。

(一)孔隙度(n)

在天然状态下,土的单位体积中孔隙的总体积,称为孔隙度或孔隙率,即某一土样中孔

隙的体积(V_n)与该土样的总体积(V)的比值,用百分数表示。计算式如下

$$n = \frac{V_n}{V} \times 100\% \qquad (1\text{-}21)$$

在工程计算中,n是常用指标,计算时可将百分数化为小数,常见值为30%~50%。

具有散粒结构的土,由于颗粒排列松紧不同,孔隙度也有变化,排列紧密的孔隙度小,排列松散的孔隙度大。粒度成分对孔隙度也有很大的影响,不均粒土的孔隙度要小于均粒土的孔隙度。

具海绵结构的黏性土,单个孔隙很小,但数量很多。水在其中为结合水,所以黏性土的孔隙度可以大于50%,即V_n可能大于V_s。

当土的结构因受外力而改变时,孔隙度也随之改变,即V和V_n都在改变,故往往要用孔隙比来说明。

(二)孔隙比(e)

孔隙比是指土中孔隙的体积(V_n)与土粒的体积(V_s)的比值,常用小数表示。计算式如下

$$e = \frac{V_n}{V_s} \qquad (1\text{-}22)$$

土的孔隙比可直接反映土的密实程度,孔隙比愈大,土愈疏松;孔隙比愈小,土愈密实。常见值为0.5~1.2,一般在天然状态下的土,若$e<0.6$,可作为良好的地基;若$e>1$,表明土中$V_n>V_s$,是工程性质不良的土。

【小贴士】 n与e都是反映孔隙性的指标,但在应用上却有所不同。凡是用于与整个土的体积有关的测试时,一般用n较为方便;但若要对比一种土的变化状态,则用e较为准确。由于V_s是不变的,可视为定值,土在荷载作用下引起变化的是V_n,而e的变化直接与V_n的变化成正比,所以e能更明显地反映孔隙体积的变化。在工程设计和计算中常用e这一指标。

由于土的粒度成分和疏密程度差别很大,其n和e的变化范围也大,分别为20%~80%和0.25~4。一般无黏性土的n为33%~45%,e为0.5~0.8;而黏性土的n为40%~55%,e为0.67~1.2。

n和e不是实测指标,而是利用它们与G_s、ρ、ω等三项实测指标的关系来导出的。

(三)砂类土的密实度(D_r)

密实度是反映砂类土松紧状态的指标,也称为无凝聚性土相对密度。砂类土天然结构(土粒排列松紧)的状况,对其工程地质性质有极大影响。砂土在最松散状况下的孔隙比值为最大孔隙比e_{max};经振动或捣实后,砂粒间相互靠拢压密,其孔隙比为最小孔隙比e_{min};在天然状态下的孔隙比为e。由此,砂土在天然状态下的紧密程度可用密实度来求得。

密实度就是指最大孔隙比和天然孔隙比之差与最大孔隙比和最小孔隙比之差的比值。D_r值一般用小数或百分数表示。计算式如下

$$D_r = \frac{e_{max} - e}{e_{max} - e_{min}} \qquad (1\text{-}23)$$

当$D_r=0$,即$e=e_{max}$时,表示砂土处于最疏松状态;当$D_r=1$,即$e=e_{min}$时,表示砂土处于最紧密状态。

《公路桥涵地基与基础设计规范》(JTG D63—2007)中规定用 D_r 来确定砂土的紧密程度,将砂土分为四级,见表1-6。

表1-6 砂土密实度划分

分级		密实度 D_r	标准贯入平均击数 N(63.5 kg)
密实		$D_r \geqslant 0.67$	30~50
中密		$0.67 > D_r \geqslant 0.33$	10~29
松散	稍松	$0.33 > D_r \geqslant 0.20$	5~9
	极松	$D_r < 0.20$	<5

应当指出,表1-6的分级办法具有一定的意义,也是合理的。但由于目前对 e_{max}、e_{min} 尚难准确测定,加之要取原状砂土的土样也十分困难,故对砂土 D_r 值所测定的误差也很大。对此在实际工程中常利用标准贯入试验法或静力触探试验法,在现场测定其近似值,以作为 D_r 分级的参考。标准贯入试验法是用63.5 kg的铁锤,悬高76 cm自由下落,把"标准贯入器(外径50 mm,内径35 mm,长500 mm)"打入土层中15 cm后开始记数,直至贯入30 cm深处所需的锤击数 N,对照表1-6中的分级标准来鉴定该土层的密实程度。例如,某砂土层在现场的锤击数 N 为18,其 D_r 应为0.33~0.67,该砂土层应为中密砂土。

鉴于 D_r 分级还有不足之处,也可根据天然孔隙比,将砂土的密实程度分为三类并给出砂土粒度成分的名称,如表1-7所示。

表1-7 按天然孔隙比 e 对砂土密实度分类

砂土名称	密实度		
	密实的	中密的	松散的
砾砂、粗砂、中砂	$e < 0.55$	$0.55 \leqslant e \leqslant 0.65$	$e > 0.65$
细砂	$e < 0.60$	$0.60 \leqslant e \leqslant 0.70$	$e > 0.70$
粉砂	$e < 0.60$	$0.60 \leqslant e \leqslant 0.80$	$e > 0.80$

四、土的物理性质指标的换算

(一)土的物理性质指标

上述有关土的物理性质的各项指标,实质上就是土的固相、液相和气相三者在质量和体积方面不同组合上所构成的不同比值,即三者之间的质量与质量、质量与体积、体积与体积相互组成的不同性质的指标。这些指标正好从数理的角度反映出不同性质的概念。在工程地质的测设中,只有准确地掌握了这些概念,才能正确地评价土质。

为了进一步了解各指标的内容及其相互关系,现将上述各项指标的定义、指标来源以及对指标的实际应用等方面,归纳为"土的物理性质主要指标一览表",供对照参考,如表1-8所示。

在表1-8,G_s、ρ、ω 是通过试验直接测定的,称为三项实测指标;其他的如 ρ_d、ρ_f、ρ'、ω_g、S_r、n、e 等七项指标可用实测指标进行换算导出,故称为导出指标。不过,如果其中 ρ_d 为实测,则 ω 就可列为导出指标。

(二)土的常用物理性质指标的换算

在土样试验中,对某些项目通过实测后,即可推导、计算出其他几项指标。这就要运用一些特定公式进行推导。除在表1-8中给定了七项导出指标的来源外,另有十项指标相互对应求导的公式约有百式。

表1-8 土的物理性质主要指标一览表

指标名称	表达式	参考数值	指标来源	实际应用
相对密度 G_s(比重)	$G_s=\frac{m_s}{V_s\rho_w}$	2.65~2.75	由试验测定	1. 换算 n、e、ρ_d; 2. 工程计算
密度 ρ (g/cm^3)	$\rho=\frac{m}{V}$	1.60~2.20	由试验测定	1. 换算 n、e; 2. 说明土的密度
干密度 ρ_d (g/cm^3)	$\rho_d=\frac{m_s}{V}$	1.30~2.00	$\rho_d=\frac{\rho}{1+\omega}$	1. 换算 n、e、S_r; 2. 粒度分析、压缩试验资料整理
饱和密度 ρ_f (g/cm^3)	$\rho_f=\frac{m_s+V_n\rho_w}{V}$	1.80~2.30	$\rho_f=\frac{\rho(G_s-1)}{G_s(1+\omega)}+1$	
水下密度 ρ' (g/cm^3)	$\rho'=\frac{m_s-V_s\rho_w}{V}$	0.80~1.30	$\rho'=\frac{\rho(G_s-1)}{G_s(1+\omega)}$	1. 计算潜水面以下地基自重应力; 2. 分析人工边坡稳定
天然含水率 ω	$\omega=\frac{m_w}{m_s}\times100\%$	$0<\omega<1$	由试验测定	1. 换算 S_r、ρ_d、n、e; 2. 计算土的稠度指标
饱和度 S_r	$S_r=\frac{V_w}{V_n}$	0~1	$S_r=\frac{G_s\rho\omega}{G_s\rho_w(1+\omega)-\rho}$	1. 说明土的饱水状态; 2. 计算砂土、黄土地基承载力
天然孔隙度 n	$n=\frac{V_n}{V}\times100\%$		$n=[1-\frac{\rho}{G_s(1+\omega)}]\times100\%$	1. 地基承载力; 2. 土估计密度和渗透系数; 3. 压缩试验整理资料
天然孔隙比 e	$e=\frac{V_n}{V_s}$		$e=\frac{G_s\rho_w(1+\omega)}{\rho}-1$	1. 说明土中孔隙体积; 2. 换算 e 和 ρ'

【小贴士】 作为工程技术人员,不必死记这些换算公式,只要掌握上述十项指标的物理意义,即各项指标的"表达式"的内涵,结合三相图解法的运用,就能导出所有的公式。

下面介绍"三相图法"导出公式的基本思路。无论已知哪些条件,求哪些指标,都要想办法求出三相的质量和体积，然后根据上述指标的定义式，即可求出。

如图 1-3 中的两种求解法。如图 1-3(a)所示，已知 ρ、G_s、ω 时，可假设土的总体积 $V=1$，由 $\rho=\frac{m}{V}$，得 $m=\rho$。

又由
$$\omega=\frac{m_w}{m_s}=\frac{\rho-\rho_d}{\rho_d}$$

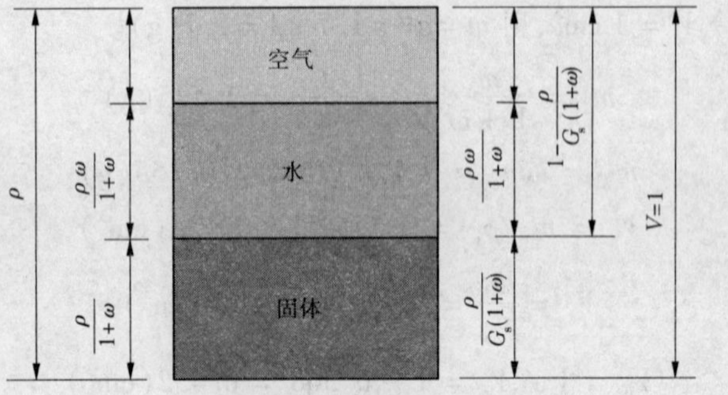

(a)

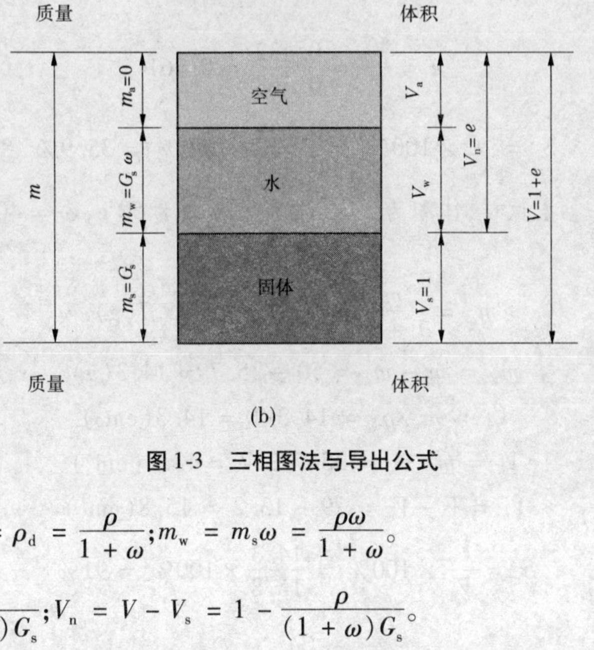

(b)

图 1-3　三相图法与导出公式

由此而得：$m_s=\rho_d=\frac{\rho}{1+\omega}$；$m_w=m_s\omega=\frac{\rho\omega}{1+\omega}$。

于是有 $V_s=\frac{\rho}{(1+\omega)G_s}$；$V_n=V-V_s=1-\frac{\rho}{(1+\omega)G_s}$。

至此，图 1-3(a)中的各相的质量和体积均已确定，即可导出表 1-8 中各指标的换算公式。

如图 1-3(b)所示，如已知 G_s、ω、e 时，则可令土粒的体积 $V_s=1$，由 $e=\frac{V_n}{V_s}$，得 $V_n=e$；于是，土的总体积为：$V=V_s+V_n=1+e$。

又由 $G_s=\frac{m_s}{V_s}$，得 $m_s=G_s$；再由 $\omega=\frac{m_w}{m_s}$，得 $m_w=G_s\omega$。于是，土的总质量为

$$m=m_s+m_w=G_s+G_s\omega=G_s(1+\omega)$$

至此，图 1-3(b)中，各相的质量和体积也均已确定。

还应指出，当孔隙中完全充满水时，即 $V_w = V_n$，则 $S_r = 1$。

于是，$V_w = S_r V_n = S_r e(\rho_w = 1)$。

为了较准确而熟练地掌握土的物理性质各项指标的概念及其推导和换算的技能，特拟几个案例来深化这方面的知识。

【案例 1-1】 某原状土样经试验，实测指标为：$\rho = 1.70\ \text{g/cm}^3$，$G_s = 2.72$，$\omega = 10\%$。试求该土样的 e 和 S_r。

【案例解析】 令 $V = 1\ \text{cm}^3$，则 $m = \rho V = 1.7 \times 1 = 1.7(\text{g})$。

$$m_s = \frac{m}{1+\omega} = \frac{1.7}{1+0.1} = 1.545(\text{g})$$

$$m_w = \omega m_s = 0.1 \times 1.545 = 0.155(\text{g})$$

$$V_w = m_w/\rho_w = 0.155/1 = 0.155(\text{cm}^3)$$

$$V_s = \frac{m_s}{G_s} = \frac{1.545}{2.72} = 0.568(\text{cm}^3)$$

$$V_n = V - V_s = 1 - 0.568 = 0.432(\text{cm}^3)$$

所以

$$e = \frac{V_n}{V_s} = \frac{0.432}{0.568} = 0.761$$

$$S_r = \frac{V_w}{V_n} \times 100\% = \frac{0.155}{0.432} \times 100\% = 35.9\%$$

【案例 1-2】 一黏土试样，体积为 $29\ \text{cm}^3$，湿土质量为 50 g，$\omega = 40\%$，$G_s = 2.7$。求饱和度。

【案例解析】

$$m_s = \frac{m}{1+\omega} = \frac{50}{1+0.4} = 35.7(\text{g})$$

$$m_w = m - m_s = 50 - 35.7 = 14.3(\text{g})$$

$$V_w = m_w/\rho_w = 14.3/1 = 14.3(\text{cm}^3)$$

$$V_s = m_s/G_s = 35.7/2.7 = 13.2(\text{cm}^3)$$

$$V_n = V - V_s = 29 - 13.2 = 15.8(\text{cm}^3)$$

所以

$$S_r = \frac{V_w}{V_n} \times 100\% = \frac{14.3}{15.8} \times 100\% = 91\%$$

单元四 土的水理性质

土的水理性质是指土中固体颗粒与水相互作用所表现的一系列性质，如土在孔隙中的运动规律，即土的透水性和毛细性，黏性土的稠度、塑性等特性。

一、土的透水性

(一)渗透的概念

土中的自由液态水在重力作用下沿孔隙发生运动的现象，称为渗透。土能使水透过孔隙的性能称为土的透水性。

土的透水性强弱，主要取决于土的粒度成分及其孔隙特征，即孔隙的大小、形状、数量及连通情况等。粗碎屑土和砂土都是透水性良好的土，细粒土为透水性不良的土，而黏土因有较强的结合水膜，若再加上有机质的存在，自由水不易透过，则可视为不透水层。隔水只是相对的，黏性土也不是绝对不透水的，自然界的黏性土层的透水性具有各向异性的特征，如带状结构的黏性土，其水平方向的透水性大于垂直方向；黄土类土，由于垂直节理发育，故在垂直方向的透水性大于水平方向。

土的透水性是实际工程中不可忽视的工程地质问题。例如：路基土的疏干，桥墩基坑出水量的计算，饱和黏性土地基稳定时间的计算，河滩路堤填料的渗透性，河岸、小型水库的防水土坝的隔水层的选料等。

(二)土的层流渗透定律

水在孔隙中渗透或渗流，其运动状态常随水流的速度不同而分为两种：层流和紊流。在细小孔隙中运动着的水，水流质点彼此不相混杂、干扰，流线大致呈互相平行方式运动，故称为层流。土中水的层流不同于管道或沟壑中的层流，它不可能是顺直、有规律的流线，而是曲折甚至是迂回的运动着。但水在土的孔隙中受重力作用的影响，总是由高水压区流向低水压区，由此产生水头压力。水头压力的大小取决于水力梯度，如图1-4所示。水力梯度(J)是指两点之间的水头差($\Delta H = H_1 - H_2$)与流程长度(L)比值，计算式如下

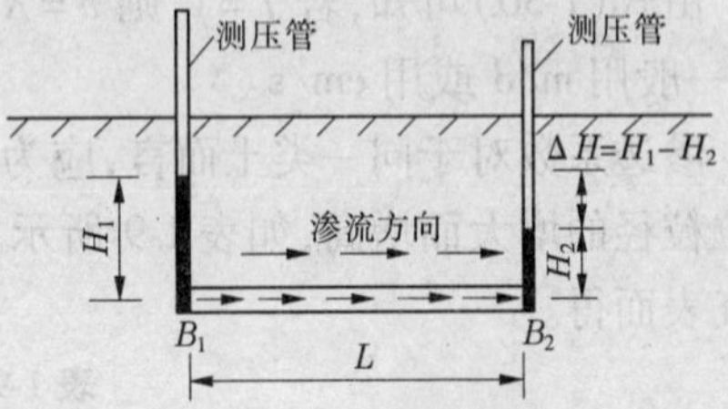

图1-4 水在土中渗流

$$J = \frac{\Delta H}{L} = \frac{H_1 - H_2}{L} \tag{1-24}$$

关于水在地下岩、土孔隙中渗流的现象，法国水力学家亨利·达西于19世纪中叶做了长期的观察和试验，其结果如下

$$Q = KF\frac{\Delta H}{L} \tag{1-25}$$

式中 Q——单位时间内透过的水量，m^3/s；

F——透过水流的过水截面面积，m^2；

$\frac{\Delta H}{L}$——水力梯度，单位流程长度上的水头差；

K——渗透系数，m/s。

由式(1-25)可知，某一过水截面上，单位时间内的渗透水量与水头差成正比，而与渗透流程的长度成反比。

将式(1-24)代入式(1-25)，得

$$Q = KFJ \tag{1-26}$$

式(1-26)两端除以F后，该式左端$\frac{Q}{F} = v$为渗透速度，则式(1-26)变为

$$v = KJ \tag{1-27}$$

由式(1-27)可知，渗透速度与水力梯度成正比，此系层流渗透定律，或称线性渗透定律，简称达西定律。

可是，由于土孔隙中所渗流的水不是通过土的整个截面，而仅仅是通过该截面内土粒间

的孔隙,并不是土孔隙中的水的平均流速,因此土中孔隙水的实际流速 v_0 比式(1-27)计算的渗透速度 v 要大,它们之间的关系为

$$v_0 = \frac{v}{n} \tag{1-28}$$

式中　n——土的孔隙率。

由于 n 永远小于1,所以渗透速度 v 永远小于水在孔隙中运动的实际流速 v_0,但在工程实际计算中,按公式(1-27)计算比较方便。

达西定律中的渗透系数 K 是反映土的透水性的重要指标。一般可选用代表性的土样在实验室或现场测定。根据某一定时间 t 内所测定的数据,由式(1-25)导出

$$K = \frac{QL}{\Delta HF} \tag{1-29}$$

或者由(1-27)导出

$$K = \frac{v}{J} \tag{1-30}$$

由式(1-30)可知,若 $J=1$,则 $v=K$,即渗透系数在数值上等于渗透速度。两者的单位相同,一般用 m/d 或用 cm/s。

渗透系数对于同一类土而言,应为一定值常数,但却因土类不同而异,其规律是:K 值随土粒粒径的增大而增高,如表1-9所示。在实际工程中,常采用最简便的方法即根据经验数值查表而得。

表1-9　各种土的渗透系数

土名	渗透系数(m/d)	土名	渗透系数(m/d)	土名	渗透系数(m/d)
黏土	<0.001	粉砂	0.5~1.0	粗砂	15~50
亚黏土	0.001~0.1	细砂	1~5	砾石砂	50~100
亚砂土	0.1~1	中砂	5~15	砾石	100~200

应当指出,达西定律只适用于层流或线性渗透的情况,故对中砂、细砂及粉砂等土层是适用的。但对粗颗粒土,如粗砂、砾石、卵石之类的土就不适用了,因为这些土层孔隙中水的渗透速度较大,已不是层流而是紊流。即是说地下水在岩、土的大孔隙中运动,当其流速超过一定限度时,就可能出现紊流运动,计算紊流渗透速度的公式应服从于非线性渗透定律:渗透速度与水力梯度的1/2次方成正比,其表达式为

$$v = KJ^{\frac{1}{2}} \tag{1-31}$$

有时,岩、土孔隙中的渗透水处于层流与紊流之间,被称之为混流运动,此时,则用式(1-32)计算

$$v = KJ^{\frac{1}{m}} \tag{1-32}$$

式中,m 值的范围为1~2。当 $m=1$ 时,即为达西层流运动公式;当 $m=2$ 时,即为紊流渗透公式。

至于黏土中的渗流规律,还需将达西定律做些修正。下面将讨论黏性土的透水性问题。

(三)黏性土的相对不透水性

在黏性土中,由于黏粒(尤以其中含有胶粒时)的表面能很大,使其周围的结合水具有

极大的黏滞性和抗剪强度。结合水的黏滞性对自由水起着黏滞作用,使之不易形成渗流现象,故把黏性土的透水性能相对地称为不透水性。也正是由于这种黏滞作用,自由水在黏土层中必须具备足够大的水头差(或水力梯度),克服结合水的抗剪强度才能发生渗流。我们把克服其抗剪强度所需的一定值的水力梯度,称为黏土的起始水力梯度 J_0。于是在计算黏土的渗透速度时,应将达西定律的公式修正为

$$v = K(J - J_0) \tag{1-33}$$

现以砂土和黏土的渗透规律为例来分析。如图 1-5 所示,在 $v \sim J$ 坐标中,a 线表示砂土,b 线表示黏土。由图 1-5 中可见,砂土只要 $J>0$ 就开始渗透,并随 J 值的增大流速也增加;而 b 线,在 $J<J'_0$ 时,$v=0$,即没有发生渗流现象,要待水力梯度达到 $J>J'_0$ 时,自由水才开始发生渗流。一般常以 b 线交于 J 轴上的直线代替曲线(图中的虚线),即以 J_0代替 J'_0。于是,从图中可以看出:b 线黏土当 $J>J_0$ 时才开始渗流。自此后,服从于达西定律:随着水力梯度的增高,渗流速度增大。

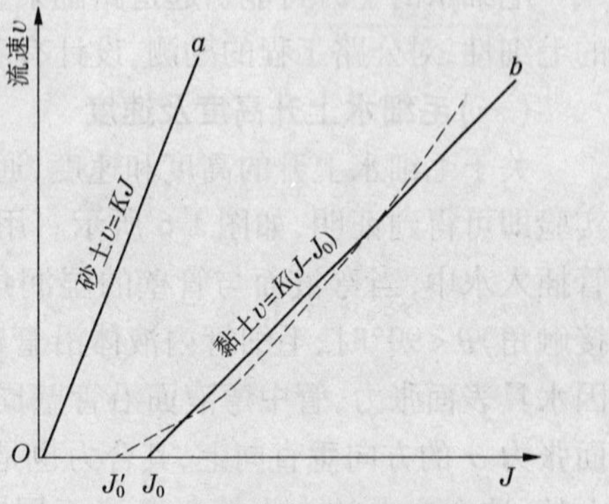

图 1-5 水力梯度与渗透速度关系

(四)影响土的渗透性的因素

从以上分析不难看出,影响土的透水性的因素主要有:

(1)土的粒度成分及矿物成分。土粒的大小、形状及级配等决定着土粒间孔隙的大小,因而影响着土的渗透性。土粒粗大、浑圆、均匀的土,其渗透性就大;砂土中混有粉土及黏土时,其渗透系数会大大降低。土的矿物成分对粗碎屑土甚至粉土的渗透性影响不大;当黏土中含有亲水性较强的黏土矿物(如蒙脱石)或有机质时,土粒遇水膨胀,大大降低了透水性;有机质含量较多的淤泥几乎是不透水的。

(2)土粒表面的结合水膜。黏性土中结合水膜较厚时,其较强的水胶连结力会阻塞自由水的渗透。如含钠黏土,钠离子使土粒的静电引力场扩大,水化膜增厚,则透水性很低;如黏土加入高价的电解质(如 Al、Fe 等)会使水化膜变薄,黏粒凝聚成粒团,土的孔隙增大,则土的透水性也增强。

(3)土的结构构造。天然土层通常是各向异性的,即在不同方向上具有不同的渗透性,黄土垂直方向的渗透性大于水平方向;带状黏土水平方向的透水性大于垂直方向,其渗透系数相差可达数倍到数十倍。因而,土的结构构造影响着土的透水性。

(4)水的黏滞度。渗透速度与水的黏滞度和重度有关,这两个值随水温而变。在天然土层中,因表土层以下的温度变化很小,可不予考虑,但在室内做渗透试验时,同一种土在不同温度下会得到不同的渗透系数值,故应考虑温度的影响。一般以水温为 -10 ℃时的渗透系数 K_{10}的黏滞度为 1,试验证明,水的黏滞度的比值,在水温为 10 ℃时,为 1.988;水温 40 ℃时,为 0.502。由此可见,水的黏滞度随水温的降低而增大;反之,水温增高时,则水的黏滞度减小。

(5)土孔隙中的气体。土孔隙中气体的存在可减少土体实际渗透面积,同时气体随渗透水压的变化而胀缩,成为影响渗透面变化的不定因素。当土孔隙中存在密闭气泡时,会阻

塞自由水的渗流而降低土的渗透性。有的密闭气泡是由溶解于水中的气体分离出来而形成的,故在室内试验时,规定要用不含溶解有空气的蒸馏水。

二、土的毛细性

土的毛细性是指土中的毛细孔隙能使水产生毛细现象的性质。毛细现象是指土中水受毛细力作用沿着毛细孔隙(孔径为 0.002~0.5 mm)向上及向其他方向运移的现象。

毛细水的上升可能引起道路翻浆、盐渍化、冻害等,导致路基失稳。因此,了解和认识土的毛细性,对公路工程的勘测、设计有着重要的意义。

(一)毛细水上升高度及速度

关于毛细水上升的高度和速度,通过物理实验即可得到证明,如图 1-6 所示。用一毛细管插入水中,当弯液面与管壁的湿润角(亦称接触角)$\theta<90°$时,毛细管内液体沿管壁上升。因水具表面张力,管中弯液面沿管壁周边的表面张力 σ 的方向垂直向上,其合力也是垂直向上的,这个合力的大小等于弯液面周边长 πd 与水表面张力 σ 的乘积,即 $\sigma\pi d$ 为拉力。于是,弯液面力(p)为毛细管内液体向上的拉力($\sigma\pi d$)与该毛细管横截面面积($\frac{\pi}{4}d^2$)的比值,如下

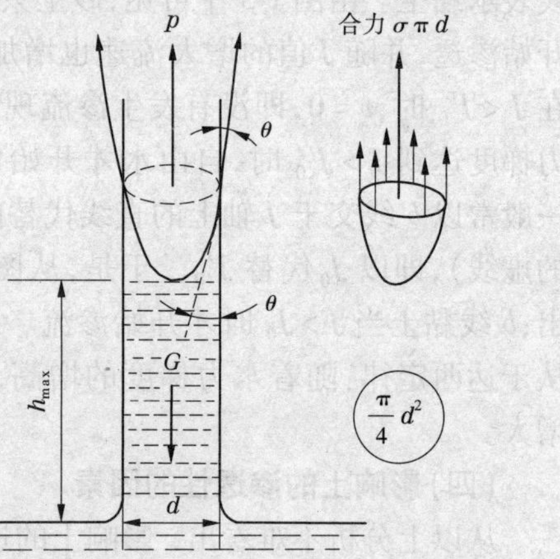

图 1-6 表面张力对毛细管内液体的作用

$$p=\frac{\sigma\pi d}{\frac{1}{4}\pi d^2}=\frac{4\sigma}{d} \tag{1-34}$$

式中 p——毛细管内弯液面应力,N/m²;

d——毛细管直径,m;

σ——水的表面张力,水温 10 ℃时,$\sigma_{10}=7.40$ N/m。

将 σ_{10}的值代入式(1-34)则有

$$p=\frac{4\times 7.40}{d}=\frac{29.60}{d} \tag{1-35}$$

由此可知,在同一温度条件下,σ 值可视为常数,若湿润角 $\theta<90°$,则毛细管内弯液面上的应力大小与毛细管直径的大小成反比,即毛细管愈细弯液面上的应力愈大。

但是在天然土层中,由于土中的孔隙是不规则的,与圆柱状毛细管根本不同,特别是土颗粒与水之间的物理化学作用,使天然土层中的毛细现象比毛细管的情况要复杂得多。

在实际工程中,常采用经验公式来估算毛细水上升的高度,如海森(A. Hazen)经验公式

$$h_c=\frac{C}{ed_{10}} \tag{1-36}$$

式中 h_c——毛细水上升高度,m;

e——孔隙比;

d_{10}——有效粒径,m;

C——土粒表面光净系数，$C=(1\sim5)\times10^{-5}\ m^2$。

在黏性土中，由于黏粒或胶粒周围存在着结合水膜，它影响着毛细水弯液面的形成，减小土中孔隙的有效直径，使毛细水的活动受到很大的阻滞力，毛细水上升速度很慢，上升的高度也受影响；当土粒间全被结合水充满时，虽有毛细现象，但毛细水已无法存在。

毛细水上升的速度，和上升高度一样，也与土粒及其粒间孔隙大小密切相关。根据试验：用人工制备的石英砂，以不同粒径的土测试其毛细水上升时间与上升高度的关系，结果如图1-7所示。

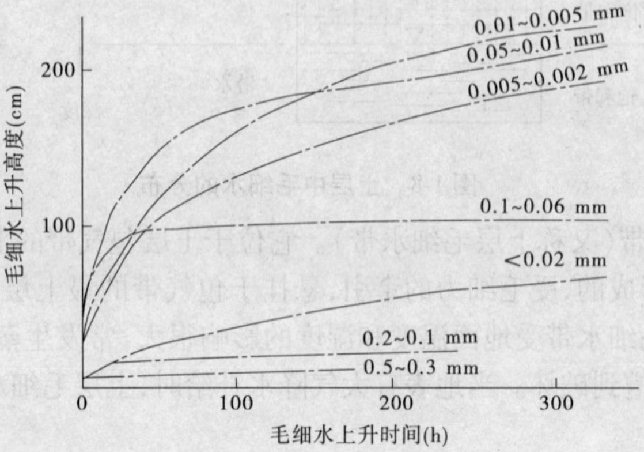

图1-7 不同粒径的毛细水上升时间与上升高度关系曲线

(1)0.05~0.005 mm粉土，上升的最大高度可达200 cm以上，其上升速度开始为175 cm/h，100 h以后毛细水上升速度明显减慢，约为0.17 cm/h，直到达到最大高度。

(2)0.1~0.06 mm极细砂土，开始以4.5 cm/h速度上升，20 h以后上升速度骤减，以0.125 cm/h上升，在80 h内毛细水仅上升10 cm。

(3)0.2~0.1 mm细砂及中砂土，毛细水上升的最大高度约为20 cm，开始以5.5~6 cm/h速度上升很快，在数小时即可接近最高值，然后以极慢的速率上升直到最高值。

总的来说，毛细水在土中不是匀速上升的，而是随着高度的增加而减慢，直至接近最大高度时，渐趋近于零。

(二)土层中毛细水的分布

在工程上不仅要计算土层中毛细水上升的速度及上升的高度，而且要调查了解毛细水在土层中的分布状况。我们把土层中被毛细水所润湿的范围，称为毛细水带。按毛细水带的形成及其分布特征，可将土层中的毛细水划分为三个带(见图1-8)。

(1)毛细饱和带(又称正常毛细水带)。它位于包气带下部及潜水永久饱和带上部，其分布范围大致与潜水暂时饱和带相同，并稍偏其上；受地下水位季节性升降变化的影响很大。这一毛细水带主要由潜水面直接上升而形成，毛细水几乎充满了全部孔隙。

(2)毛细网状水带。它位于土层包气带的中部、毛细饱和带之上。当重力水下渗时，有一部分被局部毛细孔隙所"俘获"而成毛细水；或因地下水位下降时，残留于毛细孔隙中而成毛细水。但在土层的超毛细孔隙中，除土粒表面有结合水外，毛细水随重力水下渗，在孔隙中留下空气泡。在这一带内，分布于局部毛细孔隙中的毛细水，被大量的空气泡所隔离，使之呈网状。毛细网状水带中的水，可以在表面张力和重力作用下向各个方向移动。

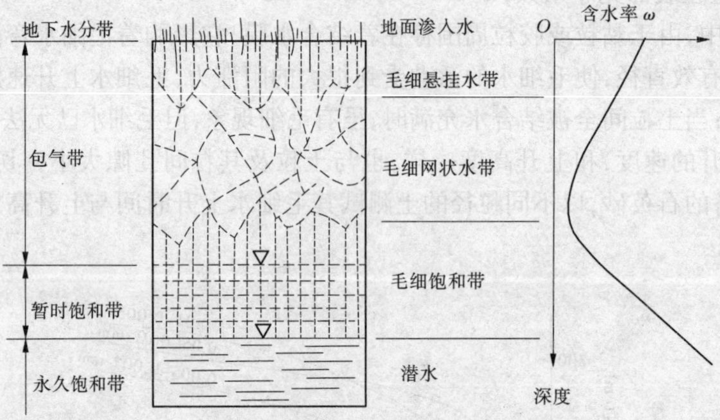

图 1-8　土层中毛细水的分布

(3)毛细悬挂水带(又称上层毛细水带)。它位于土层包气带的上部。这一带的毛细水是由地表水渗入而形成的,受毛细力的牵引,悬挂于包气带的最上层,它不与中部或下部的毛细水相连。上层毛细水带受地面温度和湿度的影响很大,常发生蒸发与渗透的"对流"作用,使土的表层结构遭到破坏。当地表有大气降水补给时,上层毛细水在重力作用下向下移动。

上述三个毛细水带不一定同时存在,当地下水位很高时,可能只有正常毛细水带,而没有毛细悬挂水带和毛细网状水带;反之,当地下水位较低时,则可能同时出现三个毛细水带。总之,土层中毛细水呈带状分布的特征,完全取决于当地的水文地质条件。

还应指出的是,由于土层中毛细水呈带状分布的待征,决定了包气带中土层含水率的变化。图 1-8 右侧含水率分布曲线表明:自上而下含水率逐渐减小,但到毛细饱和带后含水量随深度的增加而加大。调查了解土层中毛细水含水率的变化,对土质路基、地基的稳定分析有着重要意义。

三、黏性土的稠度和塑性

(一)黏性土的稠度及界限含水率

稠度是指黏性土随含水率的多少而表现出的稀稠程度。黏性土在不同稠度时所呈现的物理状态,如固态、塑态、液态等,称为稠度状态。黏性土的稠度状态表征着土中含水率在不同情况下,固体颗粒的活动程度和土抵抗外力的能力。

在黏性土中,当只含强结合水时,土呈固态,能够抵抗较大的外力而不变形;当土中含水率加大,含有弱结合水时,土呈半固态,在外力作用下易变形;当土中含水率加大到出现极弱结合水时,土呈塑性状态,在外力作用下易变形但不发生断裂;当土中含有自由液态水时,黏粒间距离较大,水胶连结力几乎消失,则土呈液性状态,在土的自重作用下即可发生液流现象。

相邻的两种稠度状态虽有明显的区别,但并无截然划分的标准,而是一个连续渐变的过程,当含水率变化到一定界限时,就会出现质的变化。通常,将土从一种稠度状态变为另一种稠度状态的界限,称为稠度界限。由于稠度界限是用含水率表示的,故又称为界限含水率,如表 1-10 所示。

表 1-10　土的稠度及界限含水率

稠度状态	稠度特征	界限含水率	稠度界限	含水率减少方向　土体积缩小方向
流塑的	呈层状流动			
		液限 ω_L	(塑性上限)	
可塑的	塑性变形			
		塑限 ω_P	(塑性下限)	
半干硬的	不易变形			
		缩限 ω_S		土体积不变
干硬的	坚硬难变形			

液限(ω_L)——又称塑性上限或液性下限,是指土的液态和塑态之间的界限含水率。

塑限(ω_P)——又称塑性下限,是塑态与半干硬状态之间的界限含水率。

缩限(ω_S)——在干硬状态范围内,是半干硬状态与干硬状态之间的界限含水率,为土的体积收缩与不收缩之间的转变点。

因为黏性土的软硬状态直接决定它的力学性质(变形与强度特征等),故在工程中,测试黏性土的这些界限点,了解其稠度状态是十分重要的。

(二)黏性土的塑性及其指标

塑性状态是黏性土的一种特殊状态。因此,黏性土又称为塑性土。土的塑性是指土在一定外力作用下可以塑造成任何形状而不改变其整体性,当外力取消后在一段时间内仍保持其已变形后的形态而不恢复原状的性能,也称为土的可塑性。

测定可塑性强弱的指标是塑性指数(I_P),即土的液限与塑限两个界限含水率之差,计算式如下

$$I_P = \omega_L - \omega_P \tag{1-37}$$

塑性指数 I_P 值愈大,可塑性愈强;反之则愈弱。

黏性土的塑性指数大小,主要取决于土中黏粒、胶粒的含量及矿物成分的亲水性。就是说,土中黏粒、胶粒含量越多,亲水性越强,土的塑性指数越大;反之则越小。在工程地质实践中,常用 I_P 值对黏性土进行分类和命名,如表 1-11 所示。

表 1-11　土按塑性指数(I_P)的分类

土的名称	砂土 (无塑性土)	亚砂土 (低塑性土)	亚黏土 (中塑性土)	黏土 (高塑性土)
塑性指数	$I_P < 1$	$1 < I_P \leq 7$	$7 < I_P \leq 17$	$I_P > 17$

黏性土界限含水率的测试方法很多,过去常用锥式液限仪测定液限,用搓条法测定塑限。现在通常用液塑限联合测定仪同时测定液限和塑限。关于测试液、塑限的方法,参见后面试验部分。

为了反映黏性土在天然情况下的稠度状态,可以用液性指数(I_L)来表示,即土的天然含水率和塑限之差与塑性指数的比值,计算式如下

$$I_L = \frac{\omega - \omega_P}{I_P} = \frac{\omega - \omega_P}{\omega_L - \omega_P} \tag{1-38}$$

或者,用相对稠度(I_C)来表示,即土的液限和天然含水率之差与塑性指数的比值,计算式如下

$$I_C = \frac{\omega_L - \omega}{I_P} = \frac{\omega_L - \omega}{\omega_L - \omega_P} \tag{1-39}$$

由式(1-38)和式(1-39)可知:若某黏性土的 ω_L 和 ω_P 为已知,则土的稠度状态可用 I_L 或 I_C 求得。式(1-38)中,当 $\omega = \omega_P$ 时,$I_L = 0$;当 $\omega = \omega_L$ 时,$I_L = 1$。式(1-39)中,当 $\omega = \omega_L$ 时,$I_C = 0$;当 $\omega = \omega_P$ 时,$I_C = 1$。无论是 I_L,还是 I_C,都是以 ω 的多少而定,但其变化值均为 0 ~ 1,只是两者反映的状态相反。

【小贴士】 对某种土而言,其液限 ω_L 和塑限 ω_P 都是一定值,土的天然含水率 ω 愈大,液性指数 I_L 愈大,相对稠度 I_C 愈小。液性指数愈大 I_L,土愈稀软;相对稠度 I_C 愈大,土愈干硬。

在土力学中,常用液性指数 I_L 表征土的天然含水率、稠度状态及力学强度等,同时 I_L 也是划分黏性土稠度状态的指标,如表 1-12 所示。

表 1-12 据液性指数(I_L)对黏性土的状态划分

液性指数值	$I_L \leqslant 0$	$0 < I_L \leqslant 0.25$	$0.25 < I_L \leqslant 0.75$	$0.75 < I_L \leqslant 1$	$I_L > 1$
稠度状态	干硬状态	硬塑状态	易塑状态	软塑状态	流动状态
	半固体状态	塑性状态			液流状态

应当指出,根据液性指数所判定的稠度状态的标准值,是以室内扰动土样测定的,未考虑土的结构影响,故只能作参考。在自然界中,除少数近代最新沉积的饱水黏性土外,一般黏土都具有较强的结构连结,故天然含水率大于塑限时,并不表现为塑性状态,仍呈半固态;天然含水率超过液限时,也不表现为液流状态。只有天然结构被破坏后才表现出塑态或流态。自然界黏性土的这种现象称为潜塑状态或潜流状态。

对此,有些部门的土工试验规程建议在原状土样上直接用锥式液限仪的贯入深度判定土的状态,其划分标准如表 1-13 所示。

表 1-13 根据锥式液限仪的贯入深度确定土的状态

锥体入土深度(mm)	<2	2 ~ 3	3 ~ 7	7 ~ 10	10
土的天然稠度状态	坚硬的	硬塑的	可塑的	软塑的	流塑的
液性指数 I_L	<0	0 ~ 0.125	0.125 ~ 0.625	0.625 ~ 1.0	>1.0
物理状态	半固态	塑态			液态

单元五 土的工程分类

一、土质分类概况

自然界的土是在各种不同成土环境里形成的,其组成、结构、成分及物理、水理、力学性质千差万别,再加之成土作用所经历的年代也有长短,因而土的种类繁多。在工程建筑中,为了正确评价土的工程特性,并从中测得其指标数据,以便采取合理的施工方案,必须对土进行工程分类。

目前,我国工程界对于土质分类法尚无统一完整的体系和标准。水利、铁道、地矿、建设、交通等部门都编有本部门的“土工试验规程”(规范或手册)。由于工程对象不同,研究问题的出发点不同,因而对土质分类的目的、要求与方法以及对有关指标取值界限的数据也有所差异,甚至由于各种分类法同时并用,形成一种土有数种名称,或数种土为一个名称的混乱而矛盾的现象。即或是按粒度成分及级配特征和按塑性指数及含水率这两者作为分类的依据也不完全统一。尽管如此,我国各部门的土质分类法,仍可说是求大同而存小异,且在相互借鉴中取长补短;随着测试技术手段的不断完善和土质科学理论的逐渐积累,对土质的分类会更趋于科学化、全面化、统一化。

总体看来,国内外对分类的依据,在总的体系上也在趋近于一致,各分类法的标准也都大同小异。一般原则是:①粗粒土按粒度成分及级配特征;②细粒土按塑性指数和液限,即塑性图法(将在后面做专题介绍);③有机土和特殊土则分别单独各列为一类;④对定出的土名给以明确含义的文字符号,既可一目了然,还可为运用电子计算机检索土质试验资料提供条件。

为了适应不同行业技术工作的需要,本书同时介绍公路工程和建筑工程两个行业的土分类标准。

在介绍公路系统及其他有关土质分类方法之前,先应认识和熟悉一下国内外已基本上在通用的、表示土类名称的代号,具体内容如表1-14所示。

表1-14　土的成分代号

漂石:B	砂:S	土的级配代号:级配良好 W
块石:Ba	粉土:M	级配不良 P
卵石:Cb	黏土:C	土液限高低代号:高液限 H
小块石:Cba	细粒土(C和M合称):F	低液限 L
砾:G	(混合)土(粗、细粒土合称):SI	特殊土代号:黄土 Y;红黏土 R
角砾:Ga	有机质:O	膨胀土 E;盐渍土 St

(1)土类名称可用一个基本代号表示。

(2)当由两个基本代号构成时,第一个代号为土的主成分,第二个代号为土的副成分级配或液限。例如:

GP　　不良级配砾石

ML　　低液限粉土

OH　　高液限有机质土

(3)由三个基本代号构成时,第一个代号表示土的主成分,第二个代号表示液限的高低(或级配的好坏),第三个代号表示土中所含次要成分。例如:

GHC　　高液限含黏土砾

CLM　　粉质低液限黏土

二、《岩土工程勘察规范》(2009 年版)(GB 50021—2001)和《公路桥涵地基与基础设计规范》(JTG D63—2007)中关于土的分类

(一)碎石土分类

碎石土是指粒径大于 2 mm 的颗粒含量超过总质量的 50% 的土,按粒径和颗粒形状可进一步划分为漂石、块石、卵石、碎石、圆砾和角砾。《岩土工程勘察规范》(2009 年版)(GB 50021—2001)和《公路桥涵地基与基础设计规范》(JTG D63—2007)采用相同的划分标准,如表 1-15 所示。

表 1-15　碎石土的分类

土的名称	颗粒形状	粒组含量
漂石	圆形及亚圆形为主	粒径大于 200 mm 的颗粒含量超过总质量的 50%
块石	棱角形为主	
卵石	圆形及亚圆形为主	粒径大于 20 mm 的颗粒含量超过总质量的 50%
碎石	棱角形为主	
圆砾	圆形及亚圆形为主	粒径大于 2 mm 的颗粒含量超过总质量的 50%
角砾	棱角形为主	

注:分类时应根据粒组含量由大到小以最先符合者确定。

(二)砂土分类

砂土是指粒径大于 2 mm 的颗粒含量不超过总质量的 50% 且粒径大于 0.075 mm 的颗粒含量超过总质量的 50% 的土。砂土可再划分为 5 个亚类,即砾砂、粗砂、中砂、细砂和粉砂。《岩土工程勘察规范》(2009 年版)(GB 50021—2001)和《公路桥涵地基与基础设计规范》(JTG D63—2007)采用相同的划分标准,见表 1-16。

表 1-16　砂土的分类

土的名称	粒组含量
砾砂	粒径大于 2 mm 颗粒含量占总质量的 25% ~ 50%
粗砂	粒径大于 0.5 mm 颗粒含量超过总质量的 50%
中砂	粒径大于 0.25 mm 颗粒含量超过总质量的 50%
细砂	粒径大于 0.075 mm 颗粒含量超过总质量的 85% *
粉砂	粒径大于 0.075 mm 颗粒含量超过总质量的 50% **

注:分类时应根据粒组含量由大到小以最先符合者确定。

*《公路桥涵地基与基础设计规范》(JTG D63—2007)规定:粒径大于 0.1 mm 的颗粒含量超过总质量的 75%。

**《公路桥涵地基与基础设计规范》(JTG D63—2007)规定:粒径大于 0.1 mm 的颗粒含量不超过总质量的 75%。

(三)细粒土分类

粒径大于 0.075 mm 的颗粒含量不超过总质量的 50% 的土属于细粒土。细粒土可划分为粉土和黏性土两大类,黏性土可再划分为粉质黏土和黏土两个亚类,划分标准见表 1-17。

表 1-17　细粒土分类(GB 50021—2001)

塑性指数	土的名称
$I_P > 17$	黏土
$10 < I_P \leqslant 17$	粉质黏土
$I_P \leqslant 10$	粉土

粉土是介于砂土和黏性土之间的过渡性土类,它具有砂土和黏性土的某些特征,根据黏粒含量可以将粉土再划分为砂质粉土和黏质粉土,具体划分标准见表 1-18。

表 1-18　粉土亚类划分

黏砾含量	土的名称
粒径小于 0.005 mm 的颗粒含量小于等于总质量的 10%	砂质粉土
粒径小于 0.005 mm 的颗粒含量超过总质量的 10%	黏质粉土

三、《公路土工试验规程》(JTG E40—2007)(简称《规程》)的分类

本《规程》根据上述原则,吸收国内外分类体系的优点,结合本系统工程实践中所取得的试验研究成果,提出了土质统一分类的体系,如图 1-9 所示。现将《规程》中的巨粒土、粗粒土和细粒土等的分类标准简介如下。

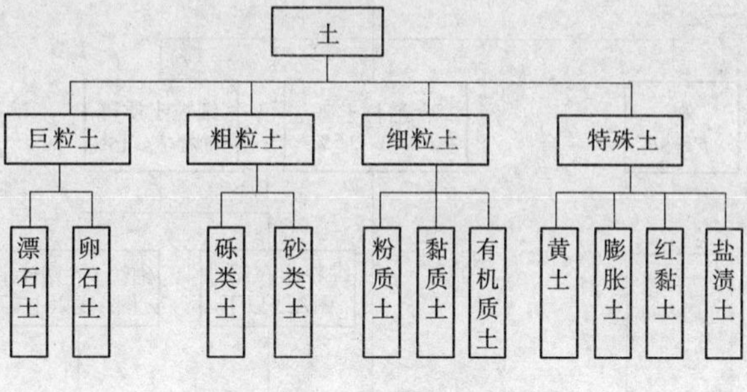

图 1-9　土分类总体系

(一)巨粒土分类

试样中巨粒含量超过总质量 15% 的土称巨粒土。

(1)巨粒组质量大于总质量 75% 的土称漂(卵)石。

(2)巨粒组质量为总质量 75% ~50% 的土称漂(卵)石夹土。

(3)巨粒组质量为总质量 50% ~15% 的土称漂(卵)石质土。

巨粒组质量小于总质量 15% 的土,可扣除巨粒,按粗粒土或细粒土的相应规定分类定名。

巨粒土分类体系见图 1-10。

(二)粗粒土分类

试样中巨粒组质量小于等于总质量的 15%,且巨粒组质量和粗粒组质量大于总质量 50% 的土称粗粒土。

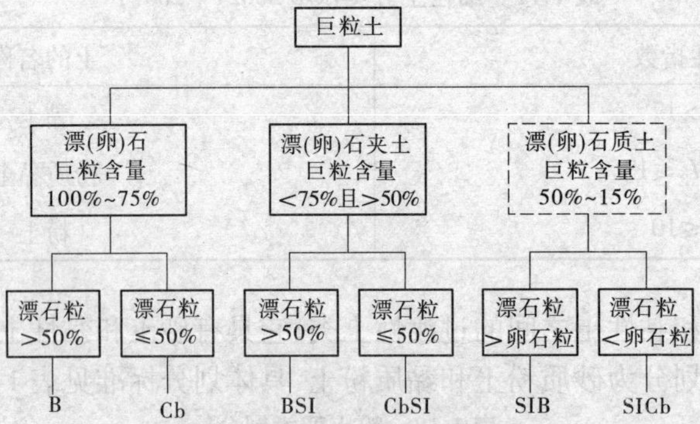

注:①巨粒土分类体系中的漂石换成块石,
B 换成 Ba,即构成相应的块石分类体系;
②巨粒土分类体系中的卵石换成小块石,
Cb 换成 Cba,即构成相应的小块石分类体系。

图 1-10　巨粒土分类体系

1. 砾类土

粗粒土中砾粒组质量大于砂粒组质量的土称砾类土。砾类土应根据其中细粒含量和类别以及粗粒组的级配进行分类,分类体系见图 1-11。

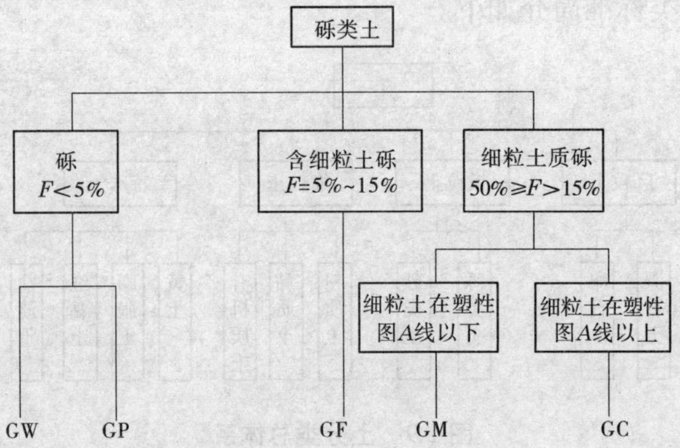

图 1-11　砾类土分类体系

(1)砾类土中细粒组质量小于总质量 5% 的土称砾,按下列级配指标定名:①当 $C_u \geqslant 5$,$C_c = 1 \sim 3$ 时,称级配良好砾,记为 GW;②不同时满足①条件时称级配不良砾,记为 GP。

(2)砾类土中细粒组质量为总质量 5% ~15% 的土称含细粒土砾,记为 GF。

(3)砾类土中细粒组质量大于总质量的 15%,并小于或等于总质量的 50% 时,按细粒土在塑性图中的位置定名:①当细粒土位于塑性图 A 线以下时,称粉土质砾,记为 GM;②当细粒土位于塑性图 A 线以上时,称黏土质砾,记为 GC。

2. 砂类土

粗粒土中砾粒组质量小于或等于砂粒组质量的土称砂类土,砂类土应根据其中细粒含量和类别以及粗粒组的级配进行分类。分类体系见图 1-12。

根据粒径分组由大到小,以首先符合者命名。

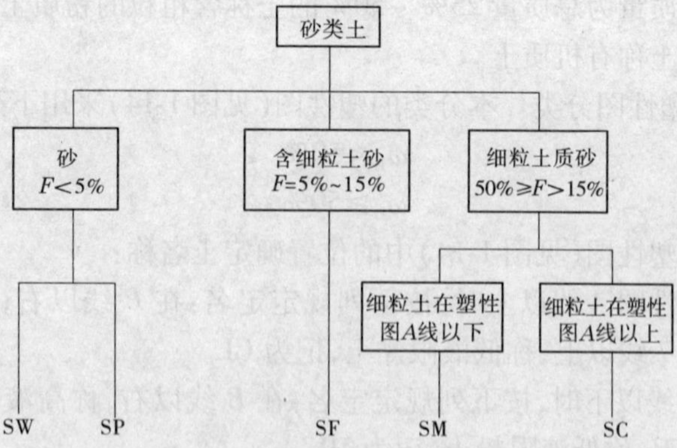

图 1-12 砂类土分类体系

(1)砂类土中细粒组质量小于总质量 5% 的土称砂，按下列级配指标定名：①当 $C_u \geq 5$，$C_c = 1 \sim 3$ 时，称级配良好砂，记为 SW；②不同时满足①条件时，称级配不良砂，记为 SP。

(2)砂类土中细粒组质量为总质量 5% ~15% 的土称含细粒土砂，记为 SF。

(3)砂类土中细粒组质量大于总质量的 15% 并小于或等于总质量的 50% 时，按细粒土在塑性图中的位置定名：①当细粒土位于塑性图 A 线以下时，称粉土质砂，记为 SM；②当细粒土位于塑性图 A 线以上时，称黏土质砂，记为 SC。

【小贴士】 需要时，砂可进一步细分为粗砂、中砂和细砂：

粗砂：粒径大于 0.5 mm 颗粒大于总质量的 50%；

中砂：粒径大于 0.25 mm 颗粒大于总质量的 50%；

细砂：粒径大于 0.075 mm 颗粒大于总质量的 75%。

(三)细粒土分类

试样中细粒组质量大于总质量 50% 的土称细粒土，分类体系见图 1-13。

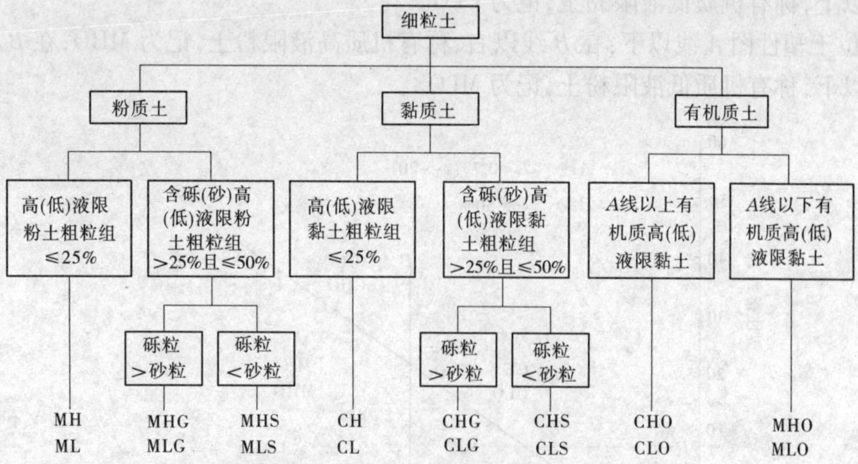

图 1-13 细粒土分类体系

细粒土应按下列规定划分为细粒土、含粗粒的细粒土和有机质土：

细粒土中粗粒组质量小于等于总质量 25% 的土称粉质土或黏质土。

细粒土中粗粒组质量为总质量25% ~50%的土称含粗粒的粉质土或黏质土。

含有机质的细粒土称有机质土。

(1)细粒土应按塑性图分类。本分类的塑性图(见图1-14)采用下列液限分区:

低液限　　　$\omega_L < 50\%$

高液限　　　$\omega_L \geq 50\%$

细粒土应按其在塑性图(见图1-14)中的位置确定土名称:

当细粒土位于塑性图A线以上时,按下列规定定名:在B线以右,称高液限黏土,记为CH;在B线以左,$I_P=7$线以上,称低液限黏土,记为CL。

当细粒土位于A线以下时,按下列规定定名:在B线以右,称高液限粉土,记为MH;在B线以左,$I_P=4$线以下,称低液限粉土,记为ML。

分类遇搭界情况时,应从工程安全角度考虑,按下列规定定名:土中粗、细粒组质量相同时,定名为细粒土。土正好位于塑性图A线上,定名为黏土。土正好位于塑性图B线上,当其在A线以上时,定名为高液限黏土;当其在A线以下时,定名为高液限粉土。

(2)含粗粒的细粒土应先按《规程》有关规定确定细粒土部分的名称,再按以下规定最终定名:

当粗粒组中砾粒组占优势时,称含砾细粒土,应在细粒土代号后缀以代号"G"。

当粗粒组中砂粒组占优势时,称含砂细粒土,应在细粒土代号后缀以代号"S"。

(3)土中有机质包括未完全分解的动植物残骸和完全分解的无定形物质。后者多呈黑色、青黑色或暗色;有臭味、有弹性和海绵感。借目测、手摸及嗅感判别。

当不能判定时,可采用下列方法:将试样在105~110 ℃的烘箱中烘烤。若烘烤24 h后试样的液限小于烘烤前的3/4,该试样为有机质土。

有机质土应根据图1-14按下列规定定名:

(1)位于塑性图A线以上:在B线以右,称有机质高液限黏土,记为CHO;在B线以左,$I_P=7$线以上,称有机质低液限黏土,记为CLO。

(2)位于塑性图A线以下:在B线以右,称有机质高液限粉土,记为MHO;在B线以左,$I_P=4$线以下,称有机质低液限粉土,记为MLO。

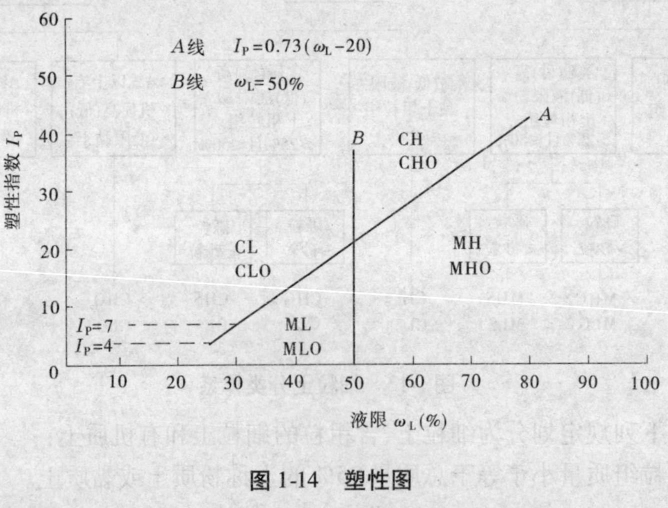

图1-14　塑性图

【案例1-3】 某颗粒分析试验结果如表1-19所示,试分析该土样的颗粒级配情况,并按照《岩土工程勘察规范》(2009年版)(GB 50021—2001)和《公路土工试验规程》(JTG E40—2007)分别给土样定名。

筛前土总质量为3 000 g,取粒径小于2 mm土质量800 g,粒径小于2 mm土质量占总质量的49%。

表1-19　颗粒分析试验结果

粗筛分析			细筛分析			
孔径(mm)	小于该孔径的土质量(g)	小于该孔径土质量百分比(%)	孔径(mm)	小于该孔径的土质量(g)	小于该孔径土质量百分比(%)	小于该孔径土占总质量百分比
60	2 940	98	2	800	100	49
40	2 820	94	1	608	76	37
20	2 610	87	0.5	456	57	28
10	2 340	78	0.25	328	41	20
5	2 010	67	0.075	192	24	12
2	1 470	49				

【案例解析】 (1)作粒度成分累积曲线,见图1-15。

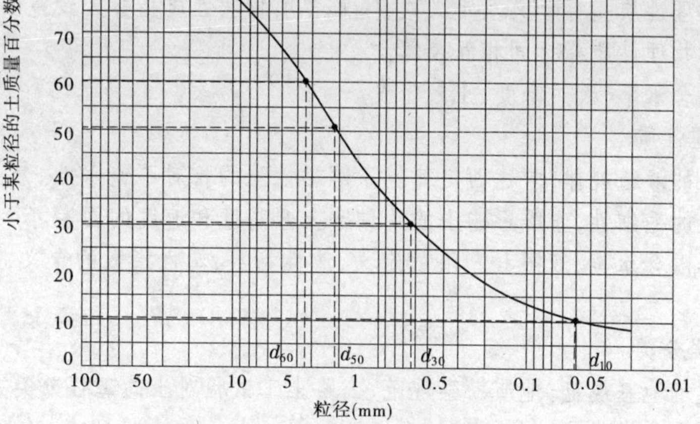

图1-15　粒度成分累积曲线

(2)查特征粒径$d_{60}=3.2$ mm,$d_{30}=0.61$ mm,$d_{10}=0.05$ mm。

(3)计算不均匀系数和曲率系数

$$C_u=\frac{d_{60}}{d_{10}}=\frac{3.2}{0.05}=64$$

$$C_c = \frac{d_{30}^2}{d_{10}d_{60}} = \frac{0.61^2}{0.05 \times 3.2} = 2.33$$

满足 C_u 大于 5，且 C_c 为 1～3，所以该土样级配良好。

(4)根据《公路土工试验规程》(JTG E40—2007)确定土的名称。

粒径为 0.075～60 mm 的土质量占 86%，故该土样属于粗粒土。

根据粒径为 2～60 mm 土质量占 49%，0.075～2 mm 占 37%，所以该土样属于砾类土。

又根据细粒含量为 12%，在 5%～15%，故该土名称为含细粒土砾。

(5)根据《岩土工程勘察规范》(2009 年版)(GB 50021—2001)确定土的名称。

根据粒径大于 2 mm 质量超过 50%，故该土样属于砾。因土粒形状多为圆形，故为圆砾。

【案例 1-4】 某土样测得的液限为 38%，塑限为 19%，试用塑性图法判别土样类型。

【案例解析】 计算塑性指数 $I_P = 38 - 19 = 19$。

A 线 I_P 值为 $0.73 \times (38 - 20) = 13$，土样 I_P 值大于 A 线值，所以在 A 线之上，又由于液限小于 50%，为低液限，故该土样为低液限黏土。

项目小结

1. 土的三相组成

了解三相体含义。

2. 土的粒度成分

(1)熟记粒组的划分方案。

(2)理解粒度成分定义，会分析和表示土的粒度成分，掌握级配指标定义和用途。

3. 土的物理性质

(1)熟记物理性质指标含义及定义式，了解各项物理性质指标大致范围。

(2)会进行物理性质指标间相互换算。

(3)会测定含水率、天然密度、土粒密度。

4. 土的水理性质

(1)掌握土的渗透规律，即达西定律。了解黏性土的相对不透水性。

(2)了解土的毛细性，理解影响土的毛细水上升高度和速度的因素。

(3)土的界限含水率、液限和塑限的定义，液性指数、塑性指数的含义，会测定土的液塑限。

5. 土的工程分类

(1)掌握建筑地基规范、地质勘察规范、公路土工试验对土的工程分类方法。

(2)掌握土的分类代号。

(3)会进行土的工程分类和命名。

技能训练

一、基本理论思考

1. 土的物理性质指标主要有哪些？它们的含义和表达式是什么？

2. 表征砂土的天然结构状态的指标是什么？有何意义？

3. 简述土的层流渗透定律及对各种土的适用性。

4. 工程上用黏性土做隔水层是否就意味着它是绝对不透水的？什么叫起始水力梯度？

5. 影响土的渗透性的因素有哪些？

6. 毛细水为什么要沿着土的毛细孔隙运移？哪些土的毛细现象最为显著？

7. 简述土层中毛细水带的分布特征。

8. 什么是黏性土的稠度、稠度状态、界限含水率？

9. 土的工程分类原则是什么？有哪些分类方案？

10. 说出下列土类符号的具体名称：GW 、ML、SM 、GP、MY。

11. 简述塑性图的基本原理。它有何功能？

二、工程模拟训练

1. 某饱和土样，土粒密度为 2.7 g/cm^3，孔隙比为 0.53，求土的湿密度、湿重度、含水率、干密度、干重度、孔隙率。

2. 某湿土体积为 60 cm^3，质量为 119 g，烘干后质量为 100 g，土粒密度为 2.65 g/cm^3，求：

(1) 该土样湿密度、湿重度、含水率、孔隙比、干重度。

(2) 若取该湿土样 100 g，使其含水率达到 30%，需加多少水？

3. 推证下列关系式：

$$S_r = \frac{G_s\omega}{e} \qquad \gamma_d = \frac{G_s\gamma_w}{1+e} = G_s\gamma_w(1-n)$$

4. 试确定图 1-1 中 a、c 土样的级配情况及土的分类名称，依据交通部《公路土工试验规程》(JTG E40—2007)。

5. 某土样液限为 52%，塑限为 20%，用塑性图确定该土样类型。

项目二 土中的应力

学习目标

1. 掌握土中应力的基本概念及分布规律。
2. 会计算地基中任一点的自重应力。
3. 会计算均布荷载、矩形基础底面下的地基中任一点的附加应力。
4. 会计算均布荷载、圆形基础底面下的地基中任一点的附加应力。
5. 会计算均布荷载、条形基础底面下的地基中任一点的附加应力。
6. 会计算三角形荷载、矩形基础底面下的地基中任一点的附加应力。
7. 会计算三角形荷载、条形基础底面下的地基中任一点的附加应力。
8. 运用土中应力计算解决实际工程问题。

【项目导入】

在自身重力、建筑物和车辆荷载,以及其他因素(如土中水的渗流、地震等)作用下,土中产生应力。土中应力的增加将引起土的变形,使建筑物发生下沉、倾斜以及水平位移。土的变形过大时,往往会影响建筑物的正常和安全使用。此外,土中应力过大时,也会导致土的强度破坏,甚至使土体发生滑动失去稳定。因此,在研究土的变形、强度及稳定性问题时,都必须先掌握土中应力状态。所以,研究土中应力分布是土力学的重要内容之一。

单元一 概 述

一、地基中应力分布

计算地基中的应力,在地基基础设计中是一个十分重要的问题。地基土体受到力的作用之后,要产生两种效应:一是产生垂向沉降与水平位移,这属于变形问题;二是土体发生破坏或失去稳定性,这属于强度问题。这两方面问题将在项目三和项目四中进行论述,但产生这两方面问题的原因,都是土中应力。因此,要研究土体的变形与强度,首先应了解土中的应力状态。

所谓应力,是指土中单位面积上所承受的力,单位为 kPa 或 MPa。地基中的应力按其产生的原因不同,分为自重应力、附加应力、渗透压力和构造应力等。本项目只介绍主要的两种应力,即自重应力和附加应力。土的自重在地基内所产生的应力称为自重应力;建筑物的荷载或其他外载(如车辆、堆放在地面的材料重量等)在地基内所产生的应力称为附加应力。对于形成年代比较久的土，由于在自重应力作用下其变形已经稳定，因此除新填土外，土的自重应力不再引起地基的变形。而附加应力则不同，因为它是地基中新增加的应力，将引起地基的变形，所以附加应力是引起地基变形的主要原因。

二、土中应力计算方法

目前，计算土中应力的方法主要是采用弹性理论公式，也就是把地基土视为均匀的、各向同性的半无限弹性体。这虽然同土体的实际情况有差别，但其计算结果还是能满足实际工程的要求，其原因可以从下述几方面来分析：

(1)土的分散性影响。前面已经指出，土是由三相组成的分散体，而不是连续介质，土中应力是通过土颗粒间的接触而传递的。但是，由于建筑物的基础面积尺寸远远大于土颗粒尺寸，同时我们所研究的也只是计算平面上的平均应力，而不是土颗粒间的接触集中应力。因此，可以忽略土分散性的影响，近似地把土体作为连续体考虑，而应用弹性理论。

(2)土的非均质性和非理想弹性体的影响。土在形成中具有各种结构与构造，使土呈现不均匀性。同时，土体也不是一种理想的弹性体，而是一种具有弹塑性或黏滞性的介质。但是，在实际工程土中应力水平较低，土的应力—应变关系接近于线性关系，可以应用弹性理论方法。因此，当土层间的性质差异并不十分悬殊时，采用弹性理论计算土中应力在实用上是允许的。

(3)地基土可视为半无限体。所谓半无限体，就是无限空间的一半，也即该物体在水平向 x 轴及 y 轴的正负方向是无限延伸的，而竖直向 z 轴仅在向下的正方向是无限延伸的，向上的负方向等于零。地基土在水平向及深度方向相对于建筑物的尺寸而言，可以认为是无限延伸的，因此可以认为地基土符合半无限体的假定。

下面分别讨论土的自重应力和附加应力的确定方法。采用应力叠加原理，将两者叠加即可得到土中的总应力。

单元二　自重应力

在计算地基中的自重应力时，将地基土体作为半无限空间体，由半无限空间的边界条件可知，其内部任一与地面平行或垂直的平面上，仅作用着垂直应力 σ_{cz} 和水平应力 $\sigma_{cx} = \sigma_{cy}$，而剪应力 $\tau = 0$。现研究由于土的自重在水平面和竖直面上产生的法向应力的计算。

一、均匀地基

设地基土为均质土层，土体的天然重度为 γ，则在地面以下任意深度 z 处水平面上的垂直自重应力 σ_{cz}，可取某一面积 A 以上的土柱来进行分析，这时

$$\sigma_{cz} = \frac{G}{A} = \frac{\gamma z A}{A} = \gamma z \tag{2-1}$$

式中　σ_{cz}——z 深处的自重应力，kN/m^3；

G——面积 A 上高为 z 的土柱的重量，kN；

A——土柱底面面积，m^2。

由式(2-1)可知，均质土的自重应力与深度 z 成正比，即随深度按直线分布(见图 2-1

(a)),而沿水平面上则均匀分布。

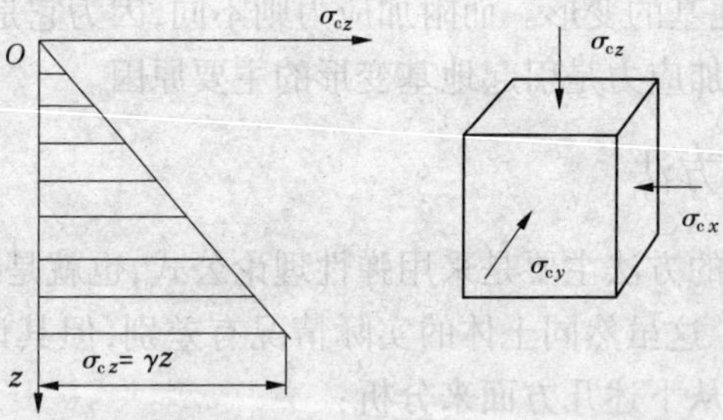

(a)沿深度分布　　(b)水平自重应力

图 2-1　土中自重应力

地基中除作用在水平面上的竖向自重应力外,在竖直平面上还作用有水平自重应力(见图 2-1(b))。

$$\sigma_{cx} = \sigma_{cy} = k_0\sigma_{cz} = k_0\gamma z \tag{2-2}$$

式中　σ_{cx}、σ_{cy}——沿 x 轴和 y 轴方向的水平自重应力;

k_0——侧压力系数,$k_0 = \dfrac{\mu}{1-\mu}$,μ 为土的泊松比,见表 2-1。

表 2-1　土的泊松比参考值

土的种类与状态		μ
碎石土		0.15 ~ 0.20
砂土		0.20 ~ 0.25
粉土		0.25
粉质黏土	坚硬状态	0.25
	可塑状态	0.30
	软塑及流塑状态	0.35
黏土	坚硬状态	0.25
	可塑状态	0.35
	软塑及流塑状态	0.42

二、成层地基土

以图 2-2 为例,因为地基是由不同重度的土层构成的,所以需要分层来计算。每一土层内部,自重应力呈直线分布,所以只需要计算每一土层上下边界处的自重应力,然后叠加即可,即第 n 层土中任一点处土的自重应力公式可表达为

$$\sigma_{cz} = \gamma_1 z_1 + \gamma_2 z_2 + \cdots + \gamma_n z_n = \sum_{i=1}^{n} \gamma_i z_i \tag{2-3}$$

式中　γ_i——第 i 层土的重度;

z_i——第 i 土层的厚度。

三、土层中有地下水

在一般情况下，当计算点在地下水位以下时，由于地下水对土粒的浮力作用，土的重度减小，计算土的竖向自重应力时，水下采用土的有效重度，即浮重度。若地下水位以下埋藏有不透水层，由于不透水层不存在水的浮力，故土的竖向自重应力应按上覆土层的水土总重计算。本书在自重应力计算时，只考虑地下水对土粒产生浮力作用的一般情况。

如图 2-2 所示，2 点的自重应力为

$$\sigma_{cz} = \gamma_1 z_1 + \gamma'_1 z_2$$

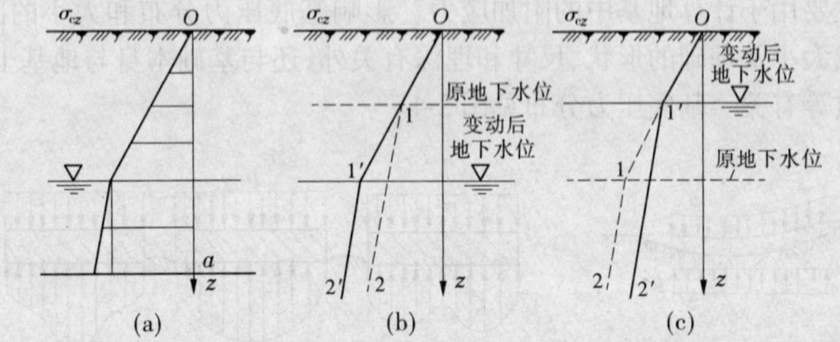

图 2-2　土层有地下水时自重应力

从图 2-2 中可以看出，自重应力的分布在地下水面处也出现转折。尚需指出的是，大量抽取地下水，会使地下水位大幅度下降，从而引起地基土中自重应力的变化，造成地表的大面积下沉。

【小贴士】　分析土的自重应力分布曲线的变化规律，可以得出下面几点结论：

(1)同一土层中的自重应力按直线变化。

(2)不同土层中自重应力分布曲线是一条折线，转折点出现在土层交界处、地下水位处(原因是土的重度改变，变成有效重度)。

(3)自重应力随深度的增加而增大。

【案例 2-1】　图 2-3 为某地层剖面图，土层厚度和各层土的重度如图 2-3 所示。试绘出土的自重应力分布曲线。

【案例解析】　地面 O 点处自重应力为 0。

a 点处：$\sigma_{cz,a} = \gamma_1 z_1 = 19 \times 2 = 38(\text{kPa})$

b 点处：$\sigma_{cz,b} = \gamma_1 z_1 + \gamma_2 z_2 = 19 \times 2 + 18 \times 4 = 110(\text{kPa})$

c 点处：$\sigma_{cz,c} = \gamma_1 z_1 + \gamma_2 z_2 + \gamma'_3 z_3 = 19 \times 2 + 18 \times 4 + (21 - 10) \times 3 = 143(\text{kPa})$

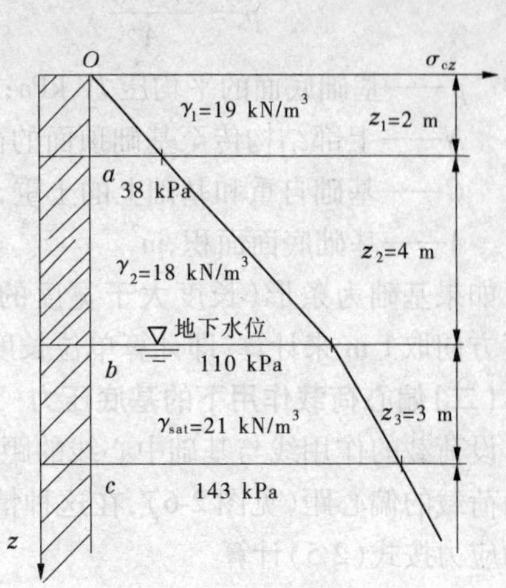

图 2-3　成层土自重应力

土的自重应力曲线如图 2-3 所示。

单元三　附加应力

为计算上部荷载在地基土层中引起的附加应力，必须首先研究基础底面处（即地基土持力层顶面处）基础作用在地基上的压力情况。

一、基底压力

建筑物荷载是通过建筑物基础底面传给地基的，基础底面与地基之间的法向压力，称为基底压力。它主要用于计算地基中的附加应力。影响基底压力分布和大小的因素很多，除与基础所受荷载大小及基础的形状、尺寸和埋深有关外，还与基础本身与地基土的相对刚度及地基土的性质等有关。基底压力分布见图2-4。

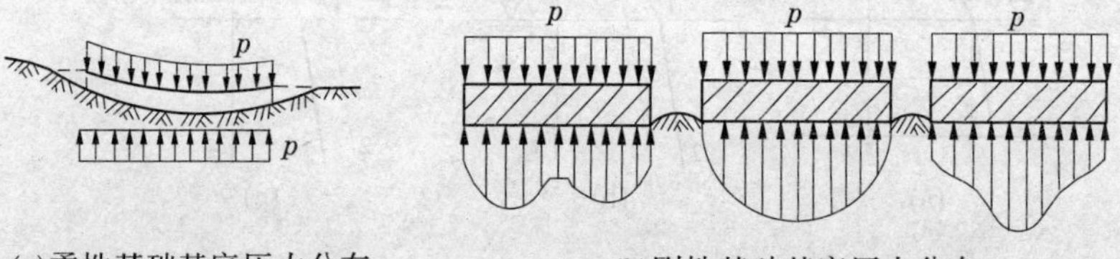

(a)柔性基础基底压力分布　　(b)刚性基础基底压力分布

图2-4　基底压力分布

因此，基底压力计算是一个很复杂的问题。在实际应用中，可以根据实际情况，对基底压力进行一些简化计算。许多经验证明，只要简化合理，计算出的结果可以满足工程精度要求。下面介绍几种简化计算方法。

（一）中心荷载作用下的基底压力

当垂直荷载作用在基础中心轴线时，基底压力为均匀分布（见图2-5），可按式(2-4)计算

$$p = \frac{N + G}{A} \tag{2-4}$$

式中　p——基础底面的平均压力，kPa；

N——上部结构传至基础顶面的荷载，kN；

G——基础自重和基础上的土重，kN；

A——基础底面面积，m^2。

如果基础为条形（长度大于宽度的10倍），则沿长度方向取1 m来计算，即计算单位长度的基底压力。

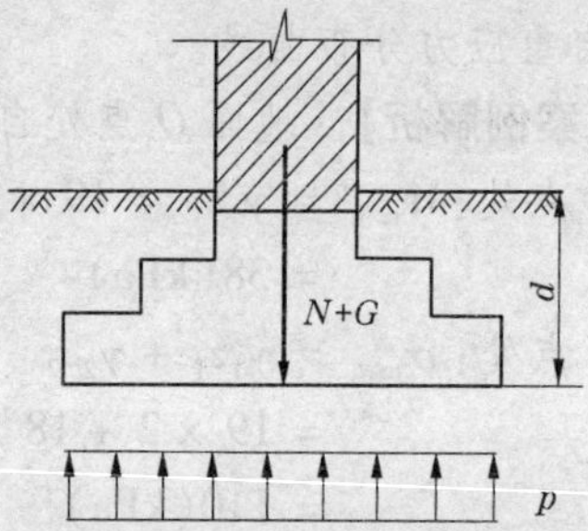

图2-5　中心受压基础

（二）偏心荷载作用下的基底压力

设荷载的作用线与基础中心线的距离为 e，距离 e 称为荷载的偏心距（见图2-6），在这种情况下，基础底面的应力按式(2-5)计算

$$p_{\max,\min} = \frac{N + G}{A}\left(1 \pm \frac{6e}{b}\right) \tag{2-5}$$

当 $e<\frac{b}{6}$ 时，基底压力分布图为梯形（见图2-6(a)）；当 $e=\frac{b}{6}$ 时，基底压力分布图为三角形（见图2-6(b)）；当 $e>\frac{b}{6}$ 时，$p_{\min}<0$，表示基底一侧出现拉应力（见图2-6(c)），此时基底压力将重分布。

在一般情况下，工程上不允许基底出现拉应力。因此，在设计基础尺寸时，应满足 $e\leqslant\frac{b}{6}$ 的条件，以保证安全。

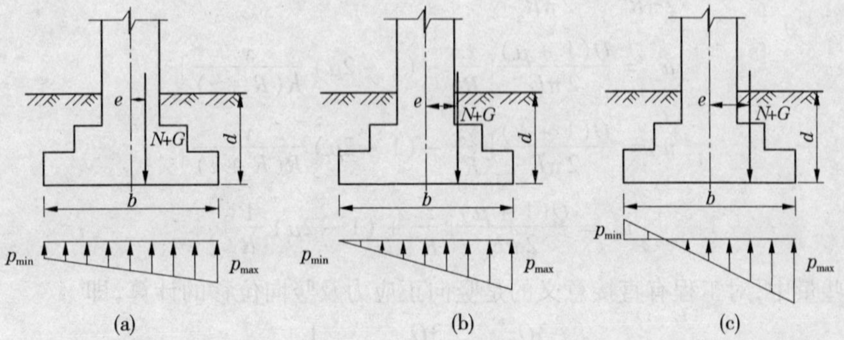

图2-6　偏心受压基础

二、基底附加压力

上部结构通过基础传来的荷载，作用于地基土体上，使地基土体受到了附加压力的作用，当基础位于地面上，即埋深为零时，基底附加压力即为基底压力；当基础埋深为 d 时，基底附加压力为

$$p_0=p-\gamma d \tag{2-6}$$

式中　p_0——基底附加压力，kPa；

p——基底压力，kPa；

γ——基础底面以上土的重度，kN/m^3。

三、附加应力的计算

地基中的附加应力计算比较复杂，目前在确定地基中附加应力时，一般将地基看作是均质、各向同性的半无限空间直线变形体，这样可直接采用弹性力学中关于半无限空间体在外力作用下的应力和应变的理论解答。下面简要介绍几种情况下的附加应力计算。

（一）竖向集中荷载下地基中的应力

在地基表面作用有竖向集中荷载 Q 时，在地基内任一点 $M(r,\theta,z)$（见图2-7）的应力分量及位移分量已由布辛奈斯克在1885年用弹性理论求得，我们可直接应用，全部的应力（$\sigma_x,\sigma_y,\sigma_z,\tau_{xy},\tau_{yz},\tau_{zx}$）和位移（$u_x,u_y,u_z$）共有9项

$$\sigma_x=\frac{3Q}{2\pi}\left\{\frac{x^2z}{R^5}+\frac{1-2\mu}{3}\left[\frac{R^2-Rz-z^2}{R^3(R+z)}-\frac{x^2(2R+z)}{R^3(R+z)^2}\right]\right\}$$

$$\sigma_y=\frac{3Q}{2\pi}\left\{\frac{y^2z}{R^5}+\frac{1-2\mu}{3}\left[\frac{R^2-Rz-z^2}{R^3(R+z)}-\frac{y^2(2R+z)}{R^3(R+z)^2}\right]\right\}$$

$$\sigma_z = \frac{3Qz^3}{2\pi R^5} = \frac{3Q}{2\pi z^2}\frac{1}{\left(1+\left(\frac{r}{z}\right)^2\right)^{\frac{5}{2}}}$$

$$\tau_{xy} = \tau_{yx} = \frac{3Q}{2\pi}\left[\frac{xyz}{R^5} - \frac{(1-2\mu)xy(2R+z)}{3R^3\ (R+z)^2}\right]$$

$$\tau_{yz} = \tau_{zy} = \frac{3Qyz^2}{2\pi R^5} = \frac{3Qy}{2\pi R^5}\cos^2\theta$$

$$\tau_{zx} = \tau_{xz} = \frac{3Qxz^2}{2\pi R^5} = \frac{3Qx}{2\pi R^5}\cos^2\theta$$

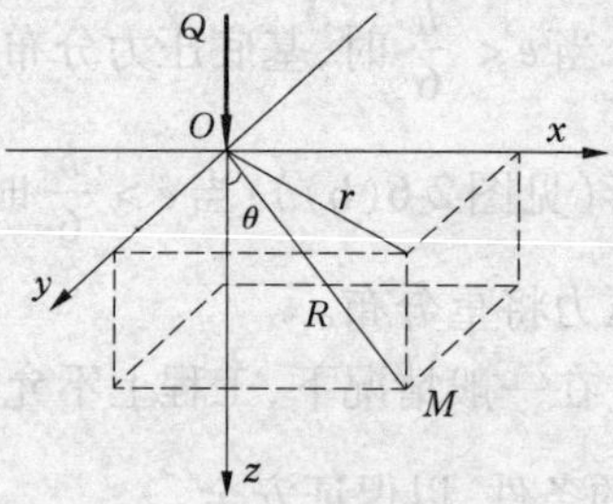

图 2-7　集中荷载作用

$$u_x = \frac{Q(1+\mu)}{2\pi E}\left[\frac{xz}{R^3} - (1-2\mu)\frac{x}{R(R+z)}\right]$$

$$u_y = \frac{Q(1+\mu)}{2\pi E}\left[\frac{yz}{R^3} - (1-2\mu)\frac{y}{R(R+z)}\right]$$

$$u_z = \frac{Q(1+\mu)}{2\pi E}\left[\frac{z^2}{R^3} + (1-2\mu)\frac{1}{R}\right]$$

在这些量中,对工程有直接意义的是竖向正应力及竖向位移的计算,即

$$\sigma_z = \frac{3Qz^3}{2\pi R^5} = \frac{3Q}{2\pi z^2}\frac{1}{\left(1+\left(\frac{r}{z}\right)^2\right)^{\frac{5}{2}}} \tag{2-7}$$

$$u_z = \frac{Q(1-\mu^2)}{\pi E r} \tag{2-8}$$

式中　Q——作用在坐标原点 O 的竖向集中荷载,kN;

z——M 点的深度,m;

r——M 点与集中荷载作用线之间的水平距离,$r=\sqrt{x^2+y^2}$,m;

R——M 点与坐标原点的距离,$R=\sqrt{x^2+y^2+z^2}$,m;

μ——土的泊松比;

E——土的变形模量,MPa。

由式(2-7)可知:

(1)在集中力作用线上,附加应力随深度的增加而减小,如图 2-8(a)所示。

(2)在与集中力作用线相距 r 地表处的附加应力为零,随着深度增加附加应力增大,但到一定深度以后,它又随着深度的增加而减小,如图 2-8(b)所示。

(3)在同一深度平面上,附加应力 σ_z 将随着 r 的增大而减小,如图 2-8(c)所示。

(二)分布荷载作用下地基中的附加应力

矩形基础是很常见的基础型式,在中心荷载作用下,基底压力按均布荷载计算。此时,地基中的应力,可根据地表受竖向集中力作用的公式(2-7)通过积分求得。

1. 矩形均布荷载角点下的应力

如图 2-9 所示,某一矩形基础尺寸为 $b \times l$,基底附加应力为均布荷载 p_0,任一角点下 z 深度 M 点处的竖向应力计算过程:在基础面积内,任取一微面积 $dxdy$,在此微面积上作用的力为 dp,可视为集中力,$dp = p_0 dxdy$,根据式(2-7),dp 在 M 点引起的应力,经简化可得

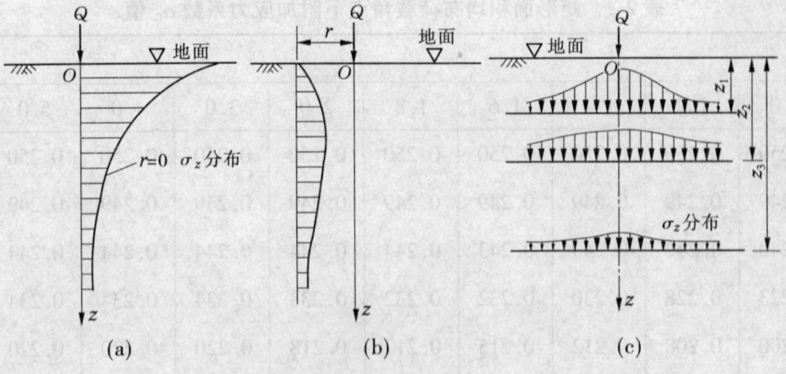

图 2-8　集中荷载作用下附加应力变化曲线

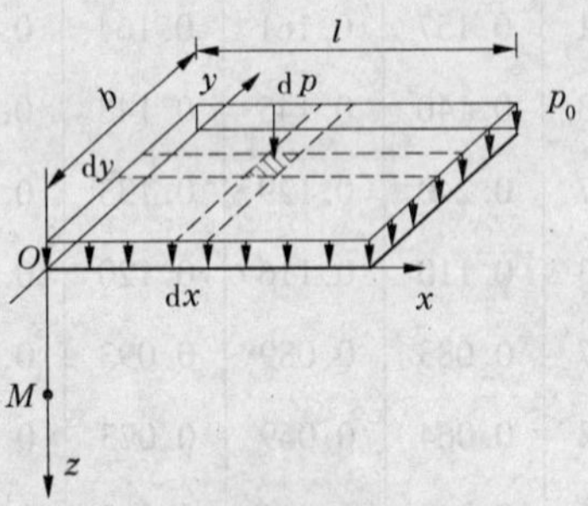

图 2-9　矩形面积均布荷载

$$d\sigma_z = \frac{3p_0 \cdot dxdy \cdot z^3}{2\pi(x^2+y^2+z^2)^{\frac{5}{2}}}$$

全部基础范围内的均布荷载 p_0 在地基中 M 点所引起的附加应力 σ_z，可通过积分求得

$$\sigma_z = \frac{3p_0z^3}{2\pi}\int_0^l\int_0^b \frac{dxdy}{(x^2+y^2+z^2)^{\frac{5}{2}}}$$

$$= \frac{1}{2\pi}\left[\arctan\frac{m}{n\sqrt{1+m^2+n^2}} + \frac{mn}{\sqrt{1+m^2+n^2}}\times\left(\frac{1}{m^2+n^2}+\frac{1}{1+n^2}\right)\right]p_0$$

式中，$m=\frac{l}{b}$，$n=\frac{z}{b}$。为计算方便，可设

$$\alpha_0 = \frac{1}{2\pi}\left[\arctan\frac{m}{n\sqrt{1+m^2+n^2}} + \frac{mn}{\sqrt{1+m^2+n^2}}\times\left(\frac{1}{m^2+n^2}+\frac{1}{1+n^2}\right)\right]$$

则

$$\sigma_z = \alpha_0 p_0 \tag{2-9}$$

式中　α_0——附加应力系数，是 $m=\frac{l}{b}$，$n=\frac{z}{b}$ 的函数，可由表 2-2 查得。

对于非角点（荷载作用面内、外任一点）下地基中的应力，可用角点法（叠加原理）求得。具体做法是：先通过计算点作平行于矩形面各边的辅助线，从而将荷载面划分成几个矩形，这样计算点便成了几个矩形的公共角点，然后分别求得各矩形荷载在此公共角点下的附加应力，叠加后便得到整个荷载作用下的附加应力 σ_z。在划分新矩形时，计算点必须是各矩形的公共角点，各新矩形的长边为 l、短边为 b。

表 2-2　矩形面积均布荷载角点下附加应力系数 α_0 值

z/b	l/b									
	1.0	1.2	1.4	1.6	1.8	2.0	3.0	4.0	5.0	10
0	0.250	0.250	0.250	0.250	0.250	0.250	0.250	0.250	0.250	0.250
0.2	0.249	0.249	0.249	0.249	0.249	0.249	0.249	0.249	0.249	0.249
0.4	0.240	0.242	0.243	0.243	0.244	0.244	0.244	0.244	0.244	0.244
0.6	0.223	0.228	0.230	0.232	0.232	0.233	0.234	0.234	0.234	0.234
0.8	0.200	0.208	0.212	0.215	0.217	0.218	0.220	0.220	0.220	0.220
1.0	0.175	0.185	0.191	0.196	0.198	0.200	0.203	0.204	0.204	0.205
1.2	0.152	0.163	0.171	0.176	0.179	0.182	0.187	0.188	0.189	0.189
1.4	0.131	0.142	0.151	0.157	0.161	0.164	0.171	0.173	0.174	0.174
1.6	0.112	0.124	0.133	0.140	0.145	0.148	0.157	0.159	0.160	0.160
1.8	0.097	0.108	0.117	0.240	0.129	0.133	0.143	0.146	0.147	0.148
2.0	0.084	0.095	0.103	0.110	0.116	0.120	0.131	0.135	0.136	0.137
2.5	0.060	0.069	0.077	0.083	0.089	0.093	0.106	0.111	0.114	0.115
3.0	0.045	0.052	0.058	0.064	0.069	0.073	0.087	0.093	0.096	0.099
4.0	0.027	0.032	0.036	0.040	0.044	0.048	0.060	0.067	0.071	0.076
5.0	0.018	0.021	0.024	0.027	0.030	0.033	0.044	0.050	0.055	0.061
7.0	0.010	0.011	0.013	0.015	0.016	0.018	0.025	0.031	0.035	0.043
8.0	0.007	0.009	0.010	0.011	0.013	0.014	0.020	0.025	0.028	0.037
9.0	0.006	0.007	0.008	0.009	0.010	0.011	0.016	0.020	0.024	0.032
10.0	0.005	0.006	0.007	0.007	0.008	0.009	0.013	0.017	0.020	0.028

【案例 2-2】　一矩形面积地基，长度 2.0 m，宽度 1.0 m，其上作用有均布荷载 $p = 100$ kPa，如图 2-10 所示，计算此矩形面积的角点 A、边点 E、中点 O，以及矩形面积外 F 点和 G 点下，深度为 $z = 1.0$ m 处的附加应力，并利用计算的结果说明附加应力的扩散规律。

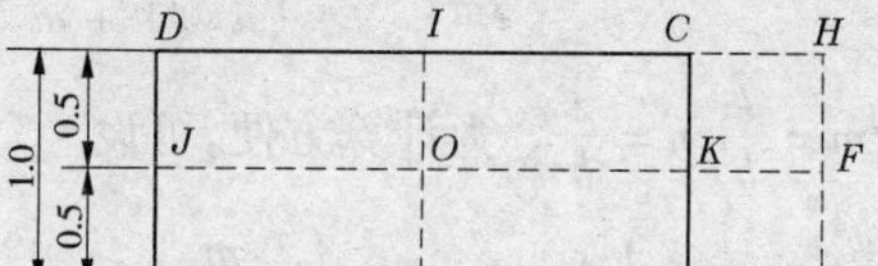

图 2-10　角点法计算简图　（单位：m）

【案例解析】　此时 $p_0 = p$。

(1)A 点下的附加应力 $\sigma_{z,A}$。

由 $l/b = 2.0/1.0 = 2.0$，$z/b = 1.0/1.0 = 1.0$ 查表 2-2 可知，附加应力系数为 0.2，所求的应力为

$$\sigma_{z,A} = \alpha_0 p = 0.2 \times 100 = 20(\text{kPa})$$

(2)E 点下的附加应力 $\sigma_{z,E}$。

矩形 $ABCD$ = 矩形 $EIDA$ + 矩形 $EBCI$，在矩形 $EIDA$ 中，由 $l/b=1.0/1.0=1.0$，$z/b=1.0/1.0=1.0$，查表 2-2 可知，附加应力系数为 0.175，所求的应力为

$$\sigma_{z,E}=\alpha_0 p=2\times 0.175\times 100=35(\text{kPa})$$

(3) O 点下的附加应力 $\sigma_{z,O}$。

在小矩形 $OEAJ$ 中：$l/b=1.0/0.5=2.0$，$z/b=1.0/0.5=2.0$，查表 2-2 可知，附加应力系数为 0.120，所求的应力为

$$\sigma_{z,O}=\alpha_0 p=4\times 0.120\times 100=48(\text{kPa})$$

(4) F 点下的附加应力 $\sigma_{z,F}$。

在长矩形 $FGAJ$ 中，$l/b=2.5/0.5=5.0$，$z/b=1.0/0.5=2.0$，查表 2-2 可知，附加应力系数为 0.136；又在小矩形 $FGBK$ 中，$l/b=0.5/0.5=1.0$，$z/b=1.0/0.5=2.0$，查表 2-2 可知，附加应力系数为 0.084，则所求的应力为

$$\sigma_{z,F}=2\times 0.136\times 100-2\times 0.084\times 100=10.4(\text{kPa})$$

(5) G 点下的附加应力 $\sigma_{z,G}$。

在矩形 $GADH$ 中，$l/b=2.5/1.0=2.5$，$z/b=1.0/1.0=1.0$，查表 2-2 可知，附加应力系数为 0.201 5，又在小矩形 $GBCH$ 中，$l/b=1.0/0.5=2.0$，$z/b=1.0/0.5=2.0$，查表 2-2 可知，附加应力系数为 0.120，则所求的应力为

$$\sigma_{z,G}=0.2015\times 100-0.120\times 100=8.15(\text{kPa})$$

同样的方法，可求得任一位置、任一深度处的附加应力值。

根据计算进行分析，按一定比例绘制附加应力变化图，如图 2-11 所示，我们可见土中附加应力扩散的特点是，不仅在受荷面积内产生附加应力，在一定范围以外也将产生附加应力；

(1)在地基的同一深度处，附加应力从中点向周围减小(见图 2-11(a))。

(2)随深度的增加，附加应力减小(见图 2-11(b))。

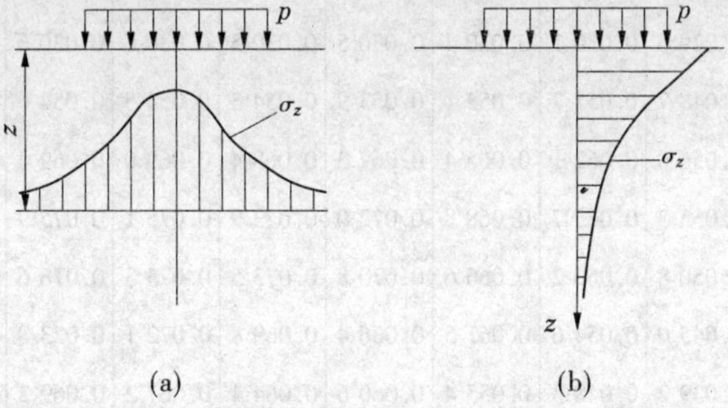

图 2-11　附加应力分布

2. 矩形基础受三角形荷载作用时角点下的竖向附加应力

矩形基础底面三角形分布压力的最大值如图 2-12 所示，为了计算荷载强度为零的角点 C_1 下任一深度 z 处 $M(0,0,z)$ 点的应力 σ_z 值，可取微元面积 $dA=dxdy$，作用于微小面积上的分布荷载可以用集中力 dF 表示，$dF=\dfrac{xp_t}{b}dxdy$，这时 C_1 点的竖向附加应力 σ_z 可由下式求得

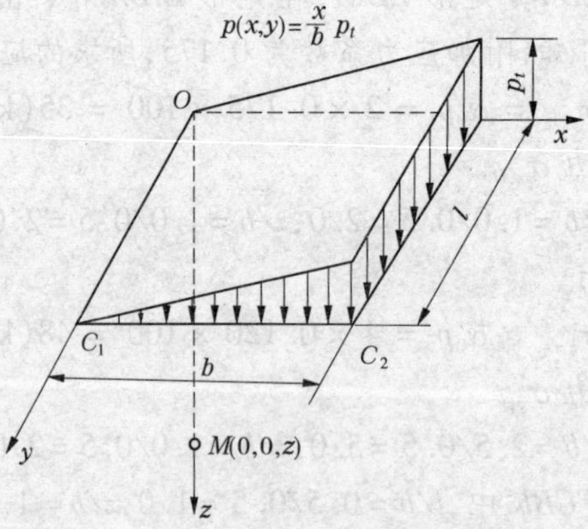

图 2-12　矩形面积三角形分布荷载

$$\sigma_z = \int_0^l \int_0^b \frac{3p_t}{2\pi b} \frac{xz^3 \mathrm{d}x\mathrm{d}y}{(\sqrt{x^2+y^2+z^2})^5}$$

$$= \frac{mn}{2\pi}\left[\frac{1}{\sqrt{m^2+n^2}} - \frac{n^2}{(1+n^2)\sqrt{1+m^2+n^2}}\right]p_t = \alpha_{t1} p_t \tag{2-10}$$

式中　α_{t1} ——矩形基础受三角形荷载作用时角点 C_1 下的竖向附加应力分布系数，按 $m = \frac{l}{b}$ 与 $n = \frac{z}{b}$ 比值，可由表 2-3 查得。

表 2-3　矩形面积受三角形分布荷载作用角点下附加应力系数 α 值

z/b	l/b											
	0.2	0.4	0.6	0.8	1.0	1.2	1.4	1.6	1.8	2.0	3.0	8.0
0	0	0	0	0	0	0	0	0	0	0	0	0
0.2	0.022 3	0.028 0	0.029 6	0.030 1	0.030 4	0.030 5	0.030 5	0.030 6	0.030 6	0.030 6	0.030 6	0.030 6
0.4	0.026 9	0.042 0	0.048 7	0.051 7	0.053 1	0.053 9	0.054 3	0.054 5	0.054 6	0.054 7	0.054 8	0.054 9
0.6	0.025 9	0.044 8	0.056 0	0.062 1	0.065 4	0.067 3	0.068 4	0.069 0	0.069 4	0.069 6	0.070 1	0.070 2
0.8	0.023 2	0.042 1	0.055 3	0.063 7	0.068 8	0.072 0	0.073 9	0.075 1	0.075 9	0.076 4	0.077 3	0.077 6
1.0	0.020 1	0.037 5	0.050 8	0.060 2	0.066 6	0.070 8	0.073 5	0.075 3	0.076 6	0.077 4	0.079 0	0.079 6
1.2	0.017 1	0.032 4	0.045 0	0.054 6	0.061 5	0.066 4	0.069 8	0.072 1	0.073 8	0.074 9	0.077 4	0.078 3
1.4	0.014 5	0.027 8	0.039 2	0.048 3	0.055 4	0.060 6	0.064 4	0.067 2	0.069 2	0.070 7	0.073 9	0.075 2
1.6	0.012 3	0.023 8	0.033 9	0.042 4	0.049 2	0.054 5	0.058 6	0.061 6	0.063 9	0.065 6	0.069 7	0.071 5
1.8	0.010 5	0.020 4	0.029 4	0.037 1	0.043 5	0.048 7	0.052 8	0.056 0	0.058 5	0.060 4	0.065 2	0.067 5
2.0	0.009 0	0.017 6	0.025 5	0.032 4	0.038 4	0.043 4	0.047 4	0.050 7	0.053 3	0.055 3	0.060 7	0.063 6
5.0	0.001 8	0.003 6	0.005 4	0.007 1	0.008 8	0.010 4	0.012 0	0.013 5	0.014 8	0.016 1	0.021 4	0.029 6
10.0	0.000 5	0.000 9	0.001 4	0.001 9	0.002 3	0.002 8	0.003 3	0.003 7	0.004 1	0.004 6	0.006 6	0.012 8

同理，可求得荷载强度为 p_t 的角点 C_2 下任一深度 z 处 M 点的应力 σ_z 值，即

$$\sigma_z = \alpha_{t2} p_t \tag{2-11}$$

式中 α_{t2}——矩形基础受三角形荷载作用时角点 C_2 下的竖向附加应力分布系数，按 $m = \frac{l}{b}$ 与 $n = \frac{z}{b}$ 查得。

对于在基底范围内或范围外，任一点下的竖向附加应力仍可应用角点法和叠加原理进行计算。需要注意的是，b 值不是指基础的宽度，而是指三角形荷载变化方向的基底尺寸，见图 2-12。

【案例 2-3】 有一 3.0 m×5.0 m 的矩形基础，受三角形分布荷载作用，荷载强度 p_t = 300 kPa，如图 2-13(a)所示，计算在矩形面积内 O 点下深度 z=3 m 处 M 点的竖向附加应力 σ_z 值。

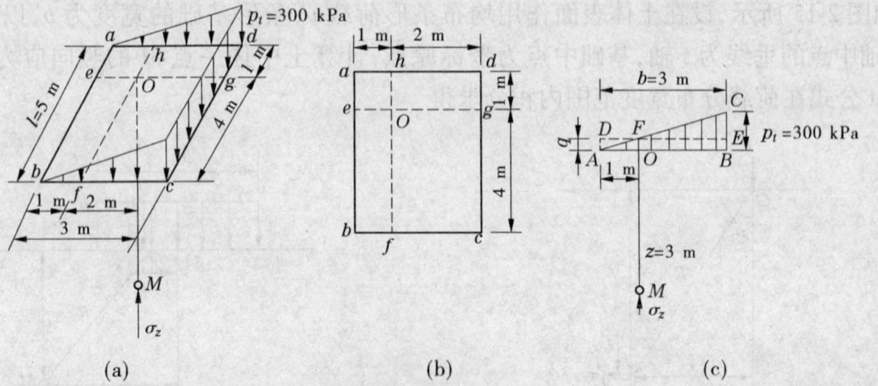

图 2-13 案例 2-3 图

【案例解析】 首先，通过 O 点，将矩形面积分成四小块，假定其上作用有均布荷载 q 见图 2-13(c)，由此可见，三角形荷载 ABC 可分解为：三角形荷载(ABC) = 均布荷载($DEBA$) − 三角形荷载(AFD) + 三角形荷载(CEF)。

(1) 均布荷载($DEBA$)作用下 M 点竖向附加应力 σ_{z1} 为

$$\sigma_{z1} = \sigma_{z(ahOe)} + \sigma_{z(eOfb)} + \sigma_{z(hdgO)} + \sigma_{z(Ogcf)}$$
$$= 100 \times (0.045 + 0.093 + 0.073 + 0.156) = 36.73(\text{kPa})$$

(2) 三角形荷载(AFD)作用下 M 点的附加应力 σ_{z2} 为

$$\sigma_{z2} = \sigma_{z(ahOe)} + \sigma_{z(eOfb)}$$
$$= 100 \times (0.021\,4 + 0.045) = 6.64(\text{kPa})$$

(3) 三角形荷载(CFE)作用下 M 点的附加应力 σ_{z3} 为

$$\sigma_{z3} = \sigma_{z(hdgO)} + \sigma_{z(Ogcf)}$$
$$= 200 \times (0.031\,2 + 0.068) = 19.84(\text{kPa})$$

(4) 三角形荷载(ABC)作用下 M 点的附加应力 σ_z 为

$$\sigma_z = \sigma_{z1} - \sigma_{z2} + \sigma_{z3} = 36.73 - 6.64 + 19.84 = 49.93(\text{kPa})$$

(三) 平面问题的地基附加应力

1. 竖直线荷载作用下的附加应力

作用在半无限体表面上一条无限长直线上的均布荷载，简称线荷载，是长条形荷载面仅在微小宽度内受均布荷载的一种特殊情况，如图 2-14 所示。

设竖向线荷载 F 作用于 y 轴上，沿 y 轴取一微段 $\mathrm{d}y$，其分布荷载以集中力 $\mathrm{d}F = F\mathrm{d}y$ 表示，便可利用布辛奈斯克公式求得地基中任一深度处的附加应力，即弗拉曼（Flament）解答

$$\sigma_z = \frac{2F}{\pi R_1}\cos^3\theta_1 = \frac{2Fz^3}{\pi(x^2+z^2)^2}$$

$$\sigma_x = \frac{2Fx^2z}{\pi(x^2+z^2)^2}$$

$$\tau_{xz} = \frac{2Fxz^2}{\pi(x^2+z^2)^2}$$

2. 条形基础受均布荷载作用时的附加应力

如图 2-15 所示，设在土体表面作用均布条形荷载 p，条形基础的宽度为 b，以地面为 x 轴，基础中点的垂线为 z 轴，基础中点为坐标原点，计算土中任一点 M 的竖向应力时，可将 Flament 公式在荷载分布宽度范围内积分求得

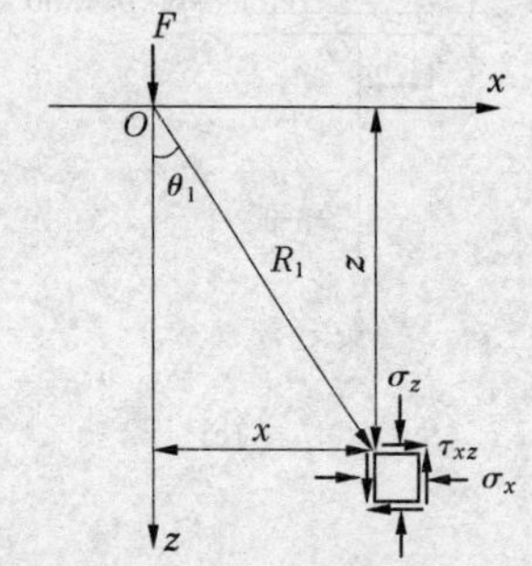

图 2-14　竖直线荷载作用

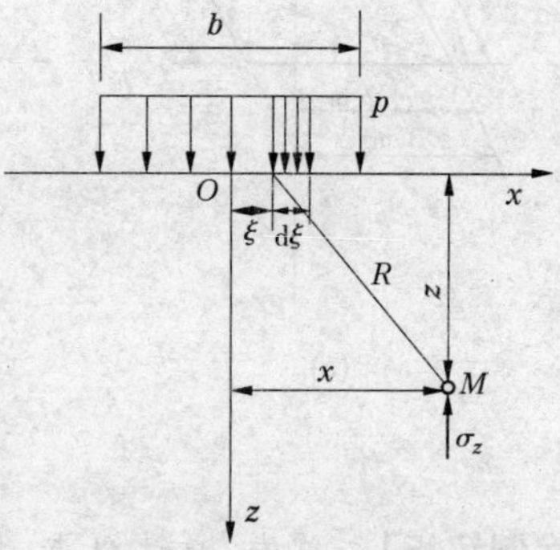

图 2-15　条形基础受均布荷载作用

$$\begin{aligned}\sigma_z &= \int_{-\frac{b}{2}}^{\frac{b}{2}} \frac{2p}{\pi}\frac{z^3\mathrm{d}\xi}{[(x-\xi)^2+z^2]^2} \\ &= \frac{1}{\pi}\left[\arctan\left(\frac{1-2n}{2m}\right)+\arctan\left(\frac{1+2n}{2m}\right)+\frac{4m(4n^2-4m^2-1)}{(4n^2+4m^2-1)^2+16m^2}\right]p \\ &= \alpha_{sz}p\end{aligned} \tag{2-12}$$

式中　α_{sz} ——条形基础受均布荷载作用时的竖向附加应力分布系数，按 $m = \frac{z}{b}$ 与 $n = \frac{x}{b}$ 值可由表 2-4 查得。

图 2-16（a）、（b）分别为条形基础与方形基础承受均布荷载时土中竖向附加应力的等值线图（或称等压力泡）。可以看出，在均布条形荷载作用下，$\sigma_z \geqslant 0.1p_0$ 的主要受力范围的深度约为 $6b$（b 为基底宽度），而方形基础在均布荷载作用下为 $2b$，这以下，竖向附加应力已很小。因此，建筑物地基勘探深度，条形基础不得小于 $6b$，方形基础不小于 $2b$。

表 2-4 均布条形荷载下铅直附加应力系数 α 值

z/b	x/b									
	0	0.25	0.50	1.00	1.50	2.00	2.50	3.00	4.00	5.00
0	1.00	1.00	0.500	0						
0.25	0.96	0.905	0.496	0.019	0	0	0	0		
0.50	0.820	0.735	0.481	0.082	0.017	0.005	0.002	0.001	0	
0.75	0.678	0.610	0.450	0.146	0.040	0.017	0.005	0.005	0.001	0
1.00	0.552	0.513	0.410	0.185	0.071	0.029	0.013	0.007	0.002	0.001
1.50	0.396	0.379	0.332	0.211	0.114	0.055	0.030	0.018	0.006	0.003
2.00	0.306	0.292	0.275	0.205	0.134	0.083	0.051	0.028	0.013	0.006
3.00	0.208	0.206	0.198	0.171	0.136	0.103	0.075	0.053	0.028	0.015
4.00	0.160	0.158	0.153	0.140	0.122	0.102	0.081	0.066	0.040	0.025
5.00	0.126	0.125	0.124	0.117	0.107	0.095	0.082	0.069	0.046	0.034

注:表中 x 为所求点与基础中心铅垂线的水平距离,m。

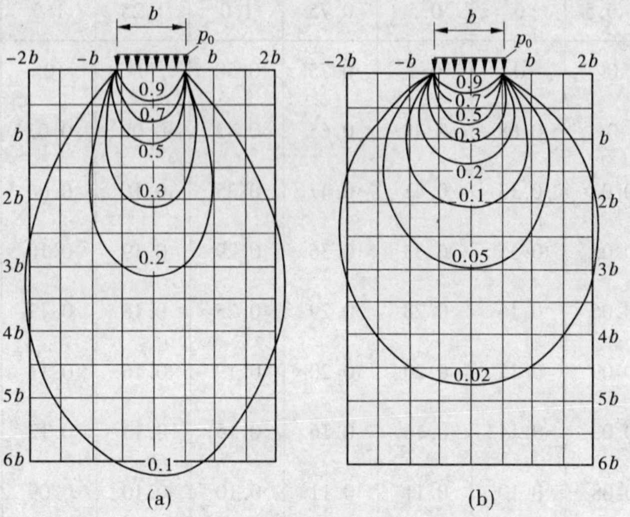

图 2-16 均布荷载作用时竖向附加应力等值线

3. 条形基础受三角形荷载作用时的竖向附加应力

如图 2-17 所示,条形基础底面受到三角形荷载作用,其最大强度值为 p_0,条形基础的宽度为 b,以地面为 x 轴,与地面垂直线为 z 轴,荷载强度等于零处为坐标原点,计算土中任一点 M 的竖向应力时,可将弗拉曼公式在荷载分布宽度范围内积分求得,土中任一点 M 竖向附加应力的计算公式为

$$\sigma_z = \frac{1}{\pi}\left\{m\left[\arctan\left(\frac{m}{n}\right) - \arctan\left(\frac{m-1}{n}\right)\right] - \frac{n(m-1)}{n^2+(m-1)^2}\right\}p_0 = \alpha_{stz}p_0 \tag{2-13}$$

式中 α_{stz} ——条形基础受三角形荷载作用时的竖向附加应力分布系数,按 $m=\frac{x}{b}$ 与 $n=\frac{z}{b}$ 值由表 2-5 查得。

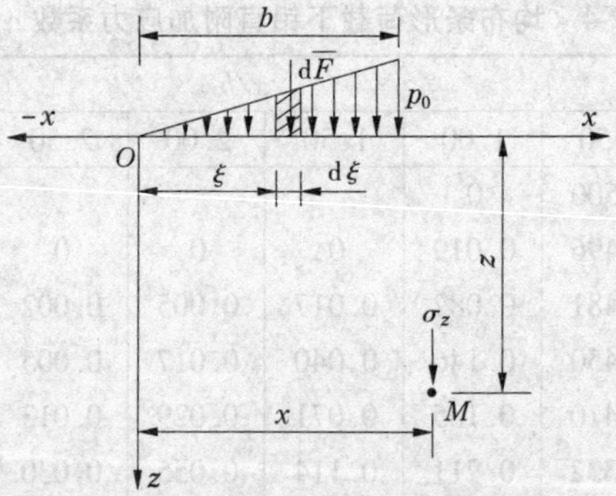

图 2-17　条形基础受三角形荷载作用时的情况

表 2-5　条形基础受三角形分布荷载作用时的竖向附加应力系数 α 值

z/b	x/b									
	-0.75	-0.5	0	0.5	0.75	1.0	1.25	1.5	2.0	2.5
0	0	0	0	0.5	0.75	0.50	0	0	0	0
0.25	0	0	0.08	0.48	0.65	0.42	0.08	0.02	0	0
0.50	0	0.02	0.13	0.41	0.47	0.35	0.16	0.06	0.01	0
0.75	0.01	0.05	0.15	0.33	0.36	0.29	0.19	0.10	0.03	0.01
1.00	0.01	0.06	0.16	0.28	0.29	0.25	0.18	0.12	0.05	0.02
1.50	0.02	0.09	0.15	0.20	0.20	0.19	0.16	0.13	0.07	0.04
2.00	0.03	0.09	0.14	0.16	0.16	0.15	0.13	0.12	0.08	0.05
3.00	0.05	0.08	0.10	0.11	0.11	0.10	0.10	0.09	0.07	0.05
4.00	0.05	0.07	0.08	0.08	0.08	0.08	0.08	0.07	0.06	0.05
5.00	0.05	0.06	0.06	0.06	0.06	0.06	0.06	0.06	0.05	0.04

图 2-17 中 x 轴坐标的符号规定是，三角形分布荷载为零处作为坐标原点 O，从坐标原点 O 顺荷载增大的方向为 x 轴的正方向。

【知识链接】 各种情况下地基中附加应力计算。

实际工程中，还会遇到各种不同的基础底面形式与荷载情况，如圆形面积受均布荷载及三角形荷载作用等。各种情况下地基中附加应力的计算原理、计算公式和计算方法均类似。需要注意的是，取坐标原点的位置、计算点的位置以及坐标是否有正负之分。在此把附加应力的计算方法做一小结，见表 2-6。

表 2-6 地基中附加应力计算小结

受荷面积	矩形($l \times b$)	圆形(r)	条形($l/b > 10$)
计算点 M 的平面位置	均布荷载为角点下(或任意点);三角形荷载,取荷载分布为零的角点	均布荷载为任一点;三角形荷载,取荷载分布为零的点为 1 点,荷载最大的点为 2 点	任一点
垂直均布荷载计算公式	$\sigma_z = \alpha_0 p_0$ α_0 由 $l/b, z/b$ 查表 2-2	$\sigma_z = \alpha p_0$ α 由 $l/r, z/r$ 查表 2-7	$\sigma_z = \alpha p_0$ α 由 $x/b, z/b$ 查表 2-4
垂直三角形分布荷载计算公式	$\sigma_z = \alpha p_0$ α 由 $l/b, z/b$ 查表 2-3	$\sigma_z = \alpha p_0$ α 由点位, z/r 查表 2-8	$\sigma_z = \alpha p_0$ α 由 $x/b, z/b$ 查表 2-5

表 2-7 圆形均布荷载下附加应力系数 α 值

z/r	l/r					
	0.0	0.4	0.8	1.2	1.6	2.0
0	1.000	1.000	1.000	0	0	0
0.2	0.993	0.987	0.890	0.077	0.005	0.001
0.4	0.949	0.922	0.712	0.181	0.026	0.006
0.6	0.864	0.813	0.591	0.224	0.056	0.016
0.8	0.756	0.699	0.504	0.237	0.083	0.029
1.0	0.646	0.593	0.434	0.235	0.102	0.042
1.4	0.461	0.425	0.329	0.212	0.118	0.062
1.8	0.332	0.311	0.254	0.182	0.118	0.072
2.2	0.246	0.233	0.198	0.153	0.109	0.074
2.6	0.187	0.179	0.158	0.129	0.098	0.071
3.0	0.146	0.141	0.127	0.108	0.087	0.067
3.8	0.096	0.093	0.087	0.078	0.067	0.055
4.6	0.067	0.066	0.063	0.058	0.052	0.045
5.0	0.057	0.056	0.054	0.050	0.046	0.041
6.0	0.040	0.040	0.039	0.037	0.034	0.031

表 2-8　圆形面积上三角形分布荷载附加应力系数 α 值

z/r	1 点	2 点	z/r	1 点	2 点	z/r	1 点	2 点
0	0	0.500	1.6	0.087	0.154	3.2	0.048	0.061
0.1	0.016	0.465	1.7	0.085	0.144	3.3	0.046	0.059
0.2	0.031	0.433	1.8	0.083	0.134	3.4	0.045	0.055
0.3	0.044	0.403	1.9	0.080	0.126	3.5	0.043	0.053
0.4	0.054	0.376	2.0	0.078	0.117	3.6	0.041	0.051
0.5	0.063	0.349	2.1	0.075	0.110	3.7	0.040	0.048
0.6	0.071	0.324	2.2	0.072	0.104	3.8	0.038	0.046
0.7	0.078	0.300	2.3	0.070	0.097	3.9	0.037	0.043
0.8	0.083	0.279	2.4	0.067	0.091	4.0	0.036	0.041
0.9	0.088	0.258	2.5	0.064	0.086	4.2	0.033	0.038
1.0	0.091	0.238	2.6	0.062	0.081	4.4	0.031	0.034
1.1	0.092	0.221	2.7	0.059	0.078	4.6	0.029	0.031
1.2	0.093	0.205	2.8	0.057	0.074	4.8	0.027	0.029
1.3	0.092	0.190	2.9	0.055	0.070	5.0	0.025	0.027
1.4	0.091	0.177	3.0	0.052	0.067			
1.5	0.089	0.165	3.1	0.050	0.064			

单元四　有效应力

一、有效应力的概念

地基土中常存在地下水和空气，当地基土承受建筑物荷载时，土骨架与孔隙中的水和气体共同受力，那么，它们之间的关系是怎样的呢？

图 2-18 为有效应力示意图，在土体中任取一水平截面，其面积为 A，截面上作用的应力是由土体的重力、静水压力和外荷载产生的应力之和，即总应力。总应力中由土的骨架所承担的那部分应力称为有效应力，由土体孔隙内的水及气体承担的另一部分应力称为孔隙应力。分析图 2-18 所示土体的平衡，沿土颗粒接触面截取曲线状的 a—a 截面并取隔离体 a—a 截面上土颗粒接触面间的法向应力为 σ_s，土粒接触面积之和为 A_s，孔隙内的水应力为 u_w，气体应力为 u_a，相应面积分别为 A_w 及 A_a，由此可建立平衡方程

$$\sigma A = \sigma_s A_s + u_w A_w + u_a A_a \tag{2-14}$$

对饱和土，式中 u_a 和 A_a 为 0，则式(2-14)可写为

$$\sigma A = \sigma_s A_s + u_w (A - A_s) \tag{2-15}$$

即

$$\sigma = \frac{\sigma_s A_s}{A} + u_w \left(1 - \frac{A_s}{A}\right) \tag{2-16}$$

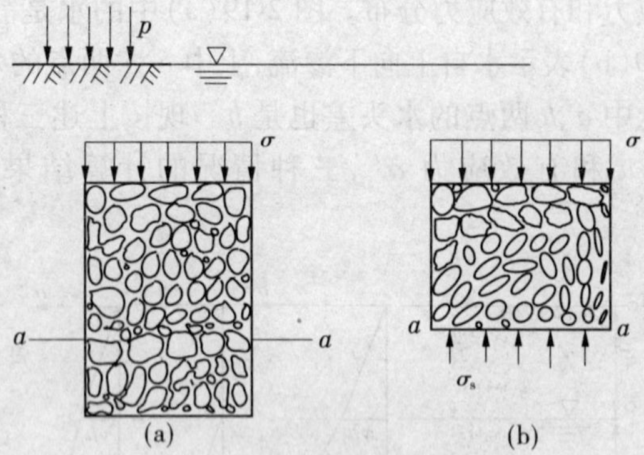

图 2-18　有效应力

毕肖普及伊尔定根据粒状土的试验认为 A_s/A 一般小于 0.03，因此公式(2-16)中第二项括号内的 A_s/A 可略去不计，而第一项中的 σ_s 很大，故不能略去。此时，公式(2-16)可写成

$$\sigma = \frac{\sigma_s A_s}{A} + u_w \tag{2-17}$$

式(2-17)中第一项实际上是土粒间的接触应力在 a—a 截面上的平均应力，通常称为有效应力，用 σ' 表示，并把孔隙水应力 u_w 用 u 表示，于是式(2-17)可写成

$$\sigma = \sigma' + u \tag{2-18}$$

式(2-18)由太沙基在 1924 年首先提出，反映了总应力、有效应力和孔隙水应力三者之间的关系，称为有效应力原理。

有效应力原理表明，饱和土的总应力由有效应力和孔隙水应力组成，当总应力保持不变时，孔隙水应力与有效应力在一定条件下可以互相转化，即当孔隙水应力减小(增大)时，有效应力就增大(减小)。总应力可由计算得出，孔隙水应力可实测，有效应力可通过有效应力原理求出。虽然孔隙水应力是总应力中的一部分，但它不能使土颗粒产生位移，这是因为土体中的孔隙是互相连通的，即饱和土体孔隙中的水是连通的，所以孔隙水应力与静水压力一样，其对各方向的作用是大小相等的。因此，孔隙水应力只能使土颗粒产生压缩（土颗粒本身的压缩量很小，可不予考虑)，而不能使土颗粒产生位移，即对土骨架起不到压缩作用。

土颗粒间的有效应力会引起土颗粒的位移，使孔隙体积改变，产生压缩变形。如地基中地下水位下降，孔隙水应力减小，有效应力相应增加，可引起建筑物基础产生附加沉降。同时，有效应力的大小对土的抗剪强度也有影响。概括地说，有效应力原理包含下述两点：

(1)土的有效应力 σ' 等于总应力 σ 减去孔隙水应力 u。

(2)土的有效应力控制了土的变形及强度。

有效应力原理一般适用于饱和土。

二、土中有渗流时的有效应力计算

当土中有渗流(一维渗流)时，渗流对土颗粒将产生动水压力，这就必然影响土中有效应力的分布。图 2-19 表示静水、水自上向下渗流和水自下向上渗流等三种情况下土中水渗流时的总应力、孔隙水应力和有效应力分布。图 2-19(a)中的水是静止不动的，即土中 a、b 两点的水头相等；图 2-19(b)表示水自上向下渗流，土中 a、b 两点的水头差为 h；图 2-19(c)表示水自下向上渗流，土中 a、b 两点的水头差也是 h。现按上述三种情况分别计算土中的总应力 σ、孔隙水应力 u 和有效应力 σ'，三种情况的计算结果见表 2-9，应力分布见图 2-19。

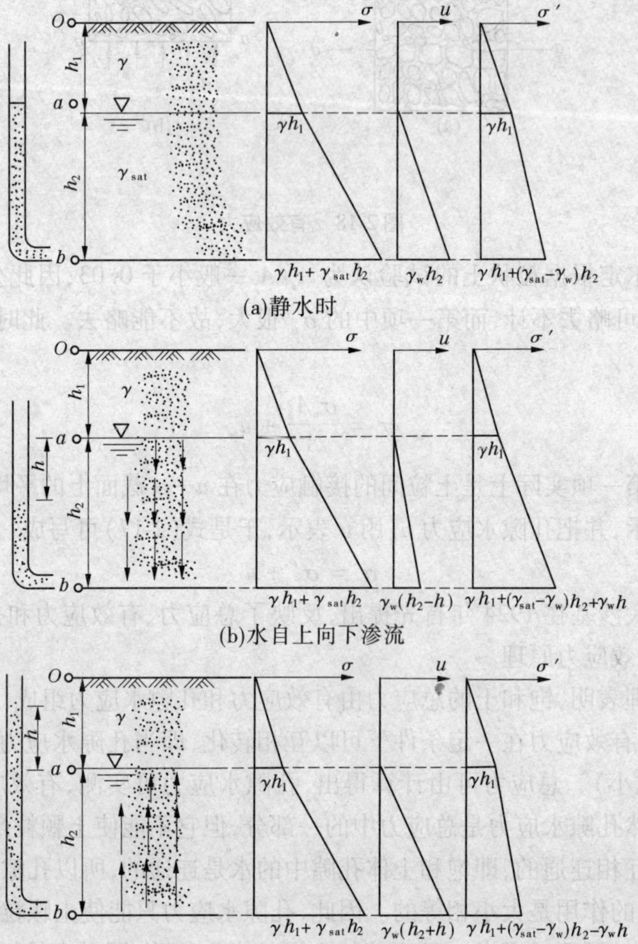

(a)静水时

(b)水自上向下渗流

(c)水自下向上渗流

图 2-19　土中水渗流时总应力、孔隙水应力、有效应力分布

表 2-9　土中水渗流时总应力、孔隙水应力、有效应力计算

渗流情况	计算点	总应力 σ	孔隙水应力 u	有效应力 σ'
静水时	a	γh_1	0	γh_1
	b	$\gamma h_1+\gamma_{sat}h_2$	$\gamma_w h_2$	$\gamma h_1+(\gamma_{sat}-\gamma_w)h_2$
水自上向下渗流	a	γh_1	0	γh_1
	b	$\gamma h_1+\gamma_{sat}h_2$	$\gamma_w(h_2-h)$	$\gamma h_1+(\gamma_{sat}-\gamma_w)h_2+\gamma_w h$
水自下向上渗流	a	γh_1	0	γh_1
	b	$\gamma h_1+\gamma_{sat}h_2$	$\gamma_w(h_2+h)$	$\gamma h_1+(\gamma_{sat}-\gamma_w)h_2-\gamma_w h$

计算结果表明：三种情况的总应力 σ 是相同的，即渗流不影响总应力值，但土中有渗流时，渗流产生的动水压力将影响有效应力和孔隙水应力的分布。当土体中发生自上向下渗流作用时，动水压力方向与土的自重方向相同，从而使有效应力增加，孔隙水应力减小，从而增加了土体的稳定性；反之，当土体中发生自下向上渗流时，土中有效应力减小，孔隙水应力增加，从而削弱了土体的稳定性。例如，有的土坝上游河床覆盖层上设有防渗铺盖，水库水位增高时，水压力相当于作用在铺盖上的一个外荷载，不考虑其压缩性。随着稳定渗流的逐步形成，整个铺盖土层内都作用一个向下的渗透力，从而使土中的有效应力比蓄水前增加。

【案例 2-4】 有一中砂层，如图 2-20 所示，已知其孔隙比 $e=0.65$，土粒相对密度 $G_s=2.65$。试计算土中总应力 σ、有效应力 σ' 和孔隙水应力 u 的大小并绘出应力分布图。

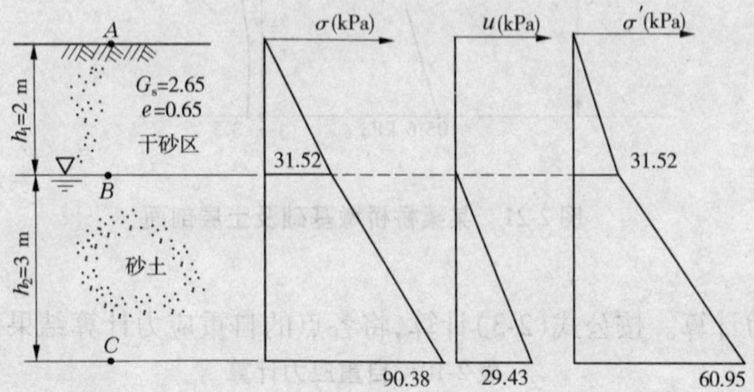

图 2-20 案例 2-4 图

【案例解析】 (1)计算土的重度：

干土区（AB 范围）：$\gamma_1=\dfrac{G_s\gamma_w}{1+e}=\dfrac{2.65\times9.81}{1+0.65}=15.76(\text{kN/m}^3)$

水下区（BC 范围）：$\gamma_{sat}=\dfrac{(G_s+e)\gamma_w}{1+e}=\dfrac{(2.65+0.65)\times9.81}{1+0.65}=19.62(\text{kN/m}^3)$

(2)土中应力计算：

A 点：$\sigma=0$，$u=0$，$\sigma'=0$

B 点：$\sigma=\gamma_1h_1=15.76\times2=31.52(\text{kPa})$，$u=0$，$\sigma'=\sigma-u=31.52-0=31.52(\text{kPa})$

C 点：$\sigma=\gamma_1h_1+\gamma_{sat}h_2=31.52+19.62\times3=90.38(\text{kPa})$，$u=\gamma_wh_2=9.81\times3=29.43(\text{kPa})$，$\sigma'=\sigma-u=90.38-29.43=60.95(\text{kPa})$

应力分布如图 2-20 所示。

单元五 综合案例

一、综合案例 1

图 2-21 表示某梁桥桥墩基础及土层剖面。已知基础底面尺寸 $b=2$ m，$l=8$ m。作用在基础底面中心处的荷载 $N=1\ 120$ kN，$H=0$，$M=0$，计算在竖直荷载 N 作用下，基础中心轴线上的土自重应力及附加应力的分布。已知各土层的重度值为：褐黄色亚黏土，$\gamma=$

18.7 kN/m³(水上),$\gamma = 8.9$ kN/m³(水下);灰色淤泥质亚黏土,$\gamma' = 8.4$ kN/m³(水下)。

在基础底面中心轴线上取几个计算点 0、1、2、3,它们都位于土层分界面上,见图 2-21。

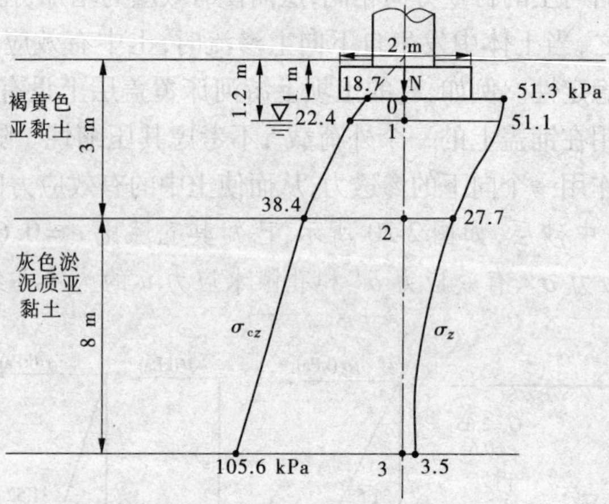

图 2-21　某梁桥桥墩基础及土层剖面

【案例解析】

(1)自重应力计算。按公式(2-3)计算,将各点的自重应力计算结果列于表 2-10。

表 2-10　自重应力计算

计算点	土层厚度 h_i(m)	重度 γ_i(kN/m³)	$\gamma_i h_i$ (kPa)	$\sigma_z = \sum_{i=1}^{n} \gamma_i h_i$ (kPa)
0	1.0	18.7	18.7	18.7
1	0.2	18.7	3.74	22.4
2	1.8	8.9	16.02	38.4
3	8.0	8.4	67.2	105.6

(2)附加应力计算。

基底压力

$$p = \frac{N}{A} = \frac{1\,120}{2 \times 8} = 70(\text{kPa})$$

基底处附加压力　　$p_0 = p - \gamma d = 70 - 18.7 = 51.3(\text{kPa})$

按式(2-9)计算土中各点附加应力,其结果列于表 2-11,在图 2-22 中绘出地基自重应力及附加应力分布图。

表 2-11　附加应力计算

计算点	z (m)	$n = \frac{z}{b}$	$m = \frac{l}{b}$	α_0	$\sigma_z = 4\alpha_0 p_0$ (kPa)
0	0	0	4	0.25	51.3
1	0.2	0.2	4	0.249	51.1
2	2	2	4	0.135	27.7
3	10	10	4	0.017	3.5

二、综合案例 2

有一厚 10 m 的饱和黏土层，其下为砂土，如图 2-22 所示，砂土层中有承压水存在，已知承压水头高出 A 点 6 m，现要在黏土层中开挖基坑。试求基坑的最大允许开挖深度。

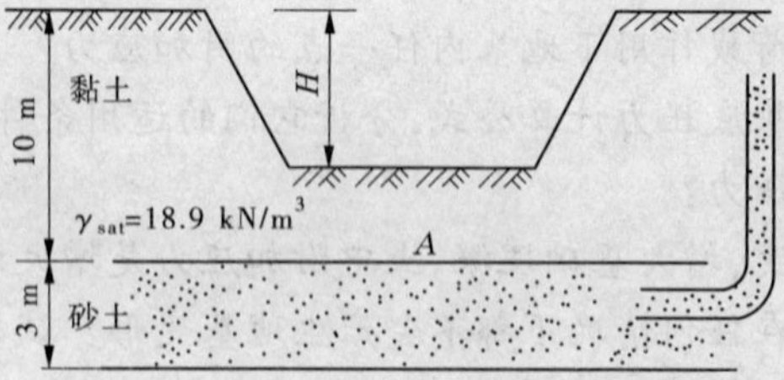

图 2-22 基坑剖面

【案例解析】

设当基坑开挖深度达到 H 时，坑底土将隆起失稳，此时 A 点的稳定条件为 $\sigma'=0$。

A 点的总应力 $\sigma=\gamma_{sat}(10-H)=18.9\times(10-H)$

A 点的孔隙水应力 $u=\gamma_w h=9.8\times6=58.8(\text{kPa})$

若 A 点失稳，则其有效应力 $\sigma'=0$。

即 $\sigma-u=18.9\times(10-H)-58.8=0$

解得 $H=6.89$ m，即当基坑开挖深度超过 6.89 m 后，坑底土将隆起破坏。

项目小结

1. 土中应力分类

按来源分类：自重应力、附加应力、渗透压力和构造应力。

2. 自重应力

(1) 均匀地基土自重应力计算。

(2) 成层地基土自重应力计算。

(3) 地下水位以下地基土自重应力计算。

3. 附加应力

(1) 基底压力计算。

(2) 基底附加压力计算。

(3) 竖向集中荷载下地基中附加应力计算。

(4) 矩形均布荷载角点下附加应力计算。

(5) 矩形均布荷载任一点下附加应力计算。

(6) 矩形基底三角形荷载角点下附加应力计算。

(7) 矩形基底三角形荷载任一点下附加应力计算。

技能训练

一、基础理论思考

1. 什么是土的自重应力和附加应力?

2. 怎样计算矩形均布荷载作用下地基内任一点的附加应力?

3. 写出偏心受压基础基底压力计算公式,分析它们的适用条件。

4. 怎样确定基底附加压力?

5. 若基底压力保持不变,增大基础埋深,土中附加应力是增大还是减小?

6. 土的自重应力是否在任何情况下都不会产生地基变形? 试举例说明。

二、工程模拟训练

1. 某地基土为粉土,层厚4.80 m。地下水位埋深1.10 m,地下水位以上粉土重度为17 kN/m^3,粉土饱和重度 $\gamma_{sat}=20.1\ kN/m^3$,计算粉土层底面处土的自重应力。

2. 正方形中心受压基础,底面尺寸为1.5 m×1.5 m,作用在基础底面的竖向荷载 $N+G=390$ kN,基础埋深2 m,均质土层的重度为17 kN/m^3,试求基础中心点下底面处、1.5 m、3 m、4.5 m和6 m处的附加压力和土的自重应力,绘出应力分布图。

3. 某条形基础,长度为 l,宽度为 b。在偏心荷载作用下,基础底面边缘处的附加压力 $p_{max}=150$ kPa,$p_{min}=50$ kPa,计算此条形基础中心点下,深度为0、0.25b、0.50b、1.0b、2.0b、3.0b 处地基中的附加应力。

4. 某矩形基础,长度为14.0 m,宽度为10.0 m。计算深度为10.0 m处,长边中心线上基础以外6 m处与矩形中心处的附加应力的比值。

5. 某条形基础作用均布荷载和三角形荷载如图2-23所示,$p=100$ kPa,试计算 G 点下深度3 m处点 M 的附加应力值 σ_z。

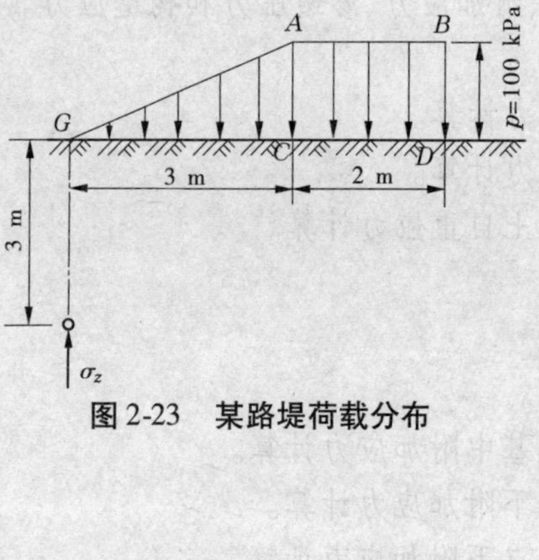

图2-23　某路堤荷载分布

项目三　土体的变形与地基沉降计算

学习目标

1. 理解地基土体变形特性。
2. 会测定和计算地基土的压缩变形指标。
3. 会计算地基沉降量。
4. 了解饱和土的渗透固结原理。
5. 掌握地基变形与时间的关系，会计算地基固结度和沉降时间。

【项目导入】

地基土体任一点在自身重力和外部结构荷载作用下的应力大小已经在项目二中介绍。土体受到了应力必然产生变形，地基在竖直方向的变形即为沉降。土体的变形或沉降是同土的压缩性能密切相关的，一般天然土是三相体，完全浸水饱和土则是二相体，它们受力后的变形，实际上包括了土颗粒压缩、土孔隙中的水和气体排出，土体积减小的过程。土体压缩性即指的这一变化过程的特性。因此，它包含了两个方面的内容：一是压缩变形量的绝对大小，亦即沉降量大小；二是压缩变形随时间的变化，即所谓土体固结的问题。

从工程意义上来说，地基的沉降还有均匀沉降与不均匀沉降的不同估算。均匀沉降一般对建筑工程的上部结构危害较小，但过量的均匀沉降影响建筑物正常使用；不均匀沉降则会造成建筑物开裂，甚至影响其正常和安全使用。因此，为了确保建筑工程的安全使用，需要确定地基土变形的大小，也需要了解和估计沉降随时间的发展及其趋于稳定的可能性。

单元一　土体的压缩变形

土在压力作用下体积减小的特性称为土的压缩性。研究表明，在一般工程压力 100 ~ 600 kPa 作用下，土的三相物质组成当中，土颗粒的压缩很小，可以忽略不计，所以土的压缩可看作是由于孔隙中水和空气被挤出，使土中孔隙体积减小产生的。饱和土压缩时，随着孔隙体积的减小，土中孔隙水被挤出，这种现象称为固结。

在荷载作用下，透水性大的无黏性土，其压缩过程在很短的时间内就可完成，而透水性很小的黏性土，其压缩过程需要很长时间才能完成。一般认为，砂土的压缩在施工期间即告完成；高压缩性黏性土的压缩，在施工期间只完成最后沉降量的 5% ~20%。

研究土的压缩固结，对于在建筑物设计时预留它们有关部分之间的净空，考虑连接方法及施工顺序等，都是十分重要的。

一、压缩试验与压缩曲线

土的孔隙比与压力的关系，可由压缩试验确定。压缩试验就是用环刀切取原状土样，放在压缩仪（也称为固结仪）内，然后逐级加铅直压力 p，并用百分表测量相应稳定压缩量 S，再经过换算，求得相应的孔隙比 e。

设 h_0 为土样初始高度，h 为土样受压后的高度，S 为压力 p 作用下土样压缩稳定后的压缩量，则 $h = h_0 - S$，如图 3-1 所示。

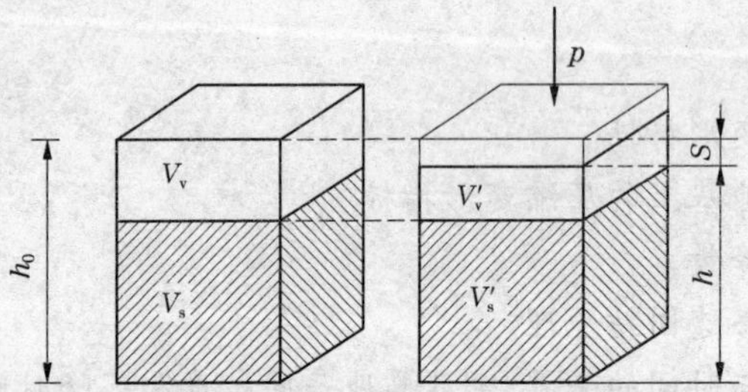

图 3-1　压缩试验

根据土的孔隙比的定义，初始孔隙比为

$$e_0 = \frac{V_v}{V_s} = \frac{V - V_s}{V_s} = \frac{V}{V_s} - 1 \tag{1}$$

设土样的横截面面积为 A，于是 $V = h_0 A$，把它带入式(1)，经简单变换后，得

$$V_s = \frac{h_0 A}{1 + e_0} \tag{3-1}$$

用某级压力 p 作用下的孔隙比 e 和稳定压缩量 S 表示土粒体积

$$V'_s = \frac{hA}{1 + e} = \frac{(h_0 - S)A}{1 + e} \tag{3-2}$$

因为土样受压前后土粒体积和横断面面积不变，故式(3-1)与式(3-2)相等

$$\frac{h_0}{1 + e_0} = \frac{h_0 - S}{1 + e} \tag{3-3}$$

解得

$$e = e_0 - \frac{S}{h_0}(1 + e_0) \tag{3-4}$$

这样，只要测出土样在各级压力 p 作用下的稳定压缩量 S 后，即可按式(3-4)算出相应的孔隙比 e，从而就可绘出压力和孔隙比关系曲线，即压缩曲线（见图 3-2）。

二、压缩性指标

（一）压缩系数 a

从压缩曲线可以看出，孔隙比 e 随压力 p 增大而减小。当压力变化不大时，令

$$a = \tan\beta = 1\,000 \times \frac{e_1 - e_2}{p_2 - p_1} \tag{3-5}$$

式中　1 000——单位换算系数；

a——压缩系数，MPa^{-1}；

p_1、p_2——固结压力，kPa；

e_1、e_2——相应于 p_1、p_2 时的孔隙比。

压缩系数 a 表示单位压力下孔隙比的变化。显然，压缩系数越大，土的压缩性就越大。由图 3-2 可见，土的压缩系数并不是常数，而是随压力 p_1、p_2 数值的改变而改变。

在计算地基沉降时，p_1 和 p_2 应取实际压力，即 p_1 取土的自重应力，p_2 取土的自重应力与附加应力之和。

在评价土体的压缩性时，一般取 $p_1 = 100$ kPa，$p_2 = 200$ kPa，并将相应的压缩系数记作 a_{1-2}，按 a_{1-2} 的大小将土体的压缩性分为以下三类：

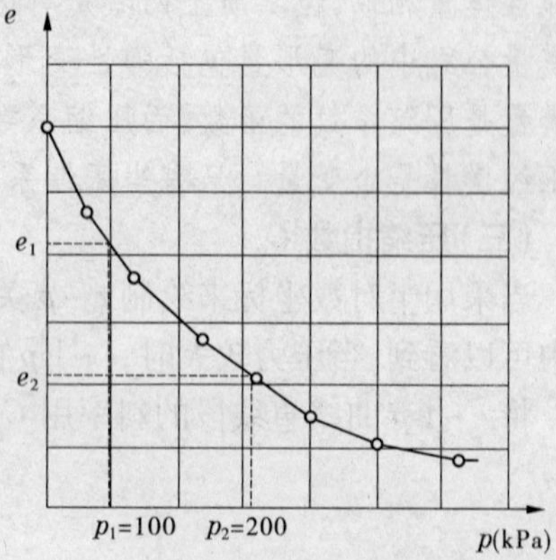

图 3-2　压缩曲线

(1) 当 $a_{1-2} \geq 0.5\ MPa^{-1}$ 时，为高压缩性。

(2) 当 $0.5\ MPa^{-1} > a_{1-2} \geq 0.1\ MPa^{-1}$ 时，为中压缩性。

(3) 当 $a_{1-2} < 0.1\ MPa^{-1}$ 时，为低压缩性。

(二) 压缩模量 E_s

除采用压缩系数 a_{1-2} 作为土的压缩性指标外，在工程上，还常采用压缩模量作为土的压缩性指标。

在压缩仪内完全侧限的条件下，土的应力变化量与其应变的变化量之比，称为压缩模量，用 E_s 表示，即

$$E_s = \frac{\Delta p}{\Delta \varepsilon} \tag{3-6}$$

其中，在侧限条件下，土样应变变化量

$$\Delta \varepsilon = \frac{\Delta h}{h_1} = \frac{e_1 - e_2}{1 + e_1} \tag{3-7}$$

把式(3-7)代入式(3-6)，$E_s = \dfrac{\Delta p}{\Delta \varepsilon} = \dfrac{p_2 - p_1}{\dfrac{e_1 - e_2}{1 + e_1}} = \dfrac{1 + e_1}{\dfrac{e_1 - e_2}{p_2 - p_1}} = \dfrac{1 + e_1}{a}$，即

$$E_s = \frac{1 + e_1}{a} \tag{3-8}$$

【小贴士】　压缩模量 E_s 是土的压缩性指标，E_s 不是常数，在运用到沉降计算中时，应根据实际竖向应力的大小在压缩曲线上取相应的孔隙比来确定。

土的压缩模量反映了单向压缩时土体对压缩变形的抵抗能力。压缩模量愈大，土的压缩性愈低；反之，压缩模量愈小，土的压缩性愈高。所以，压缩模量也具有划分土压缩性高低的功能，这种关系与压缩系数所表示的结果正好相反。

以土的压缩模量划分土的压缩性高低一般按下列标准：

(1) 当 $E_s < 4$ MPa 时，为高压缩性土。

(2)当 4 MPa≤E_s≤15 MPa 时,为中等压缩性土;

(3)当 E_s >15 MPa 时,为低压缩性土。

【小贴士】 需要指出的是,土的压缩模量在概念上虽然与连续材料(如钢材、木材等)的弹性模量相似,但实质上两者是有区别的。弹性模量公式中的应变量只含弹性变形,而压缩模量公式中的变形量包括弹性变形和塑性变形(不能恢复的残余变形)两部分;再者,压缩模量是压缩系数的函数,而压缩系数是随所取的起始压力和压力增量的大小而变化的,因此压缩模量是个变量。只有当压缩系数按规定的压力取值时,压缩模量才可认为是定值。

(三)压缩指数 C_c

当采用半对数坐标来绘制 $e \sim p$ 关系曲线时,得到 $e \sim \lg p$ 曲线(见图 3-3)。在 $e \sim \lg p$ 曲线中可以看到,当压力较大时,$e \sim \lg p$ 曲线接近直线。

将 $e \sim \lg p$ 曲线直线段的斜率用 C_c 表示,称为压缩指数,是无量纲的量

$$C_c = \frac{e_1 - e_2}{\lg p_2 - \lg p_1} \tag{3-9}$$

压缩指数与压缩系数不同,它在压力较大时为常数,不随压力变化而变化。C_c 值越大,土的压缩性越高,低压缩性土的 C_c 一般小于 0.2,高压缩性土的 C_c 一般大于 0.4。

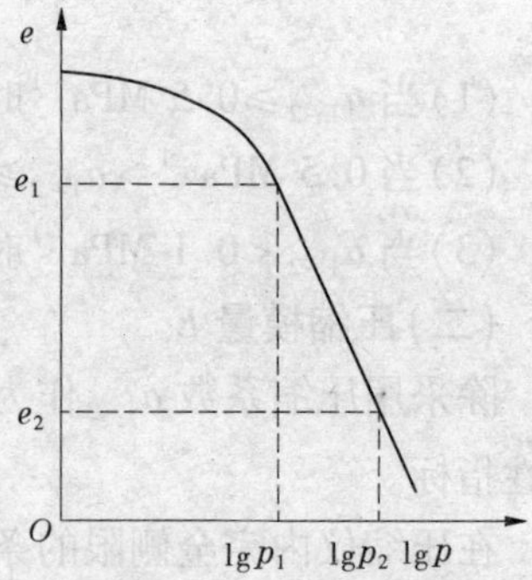

图 3-3 $e \sim \lg p$ 曲线

三、变形模量

土的压缩性,除采用上述室内压缩试验测定的指标即压缩系数和压缩模量表示外,还可通过现场原位测试方法测定的变形模量来表示。由于变形模量是在现场原位测得的,所以它能比较准确地反映土在天然状态下的压缩性。其中荷载试验是一种比较有效的原位测试方法。

进行荷载试验时,先在现场挖一个试坑,其深度等于基础的埋深,宽度不小于荷载板宽度(或直径)的 3 倍。荷载板的面积采用 0.25 ~0.5 m²。

加载方法视具体条件采用铅块或油压千斤顶。

试验的加荷标准应符合下列要求:加荷等级不小于 8 级,最大加载量不小于设计荷载的 2 倍。每级加载后,按间隔 10 min、10 min、10 min、15 min、15 min,以后每隔 30 min 读一次沉降值,当连续 2 h,每小时的沉降量小于 0.1 mm 时,则认为已趋于稳定,可加下一级荷载。第一级荷载(包括设备重量),宜接近开挖试坑所卸除土的自重,其后每级荷载增量,对松软土采用 10 ~25 kPa,对较坚硬土采用 50 kPa,并观测累积荷载下的稳定沉降量(mm),直至地基土达到极限状态,即出现下列情况之一时加载终止:

(1)荷载板周围的土有明显的侧向挤出。

(2)荷载 p 增加很小,但沉降量 S 却急剧增大。

(3)在荷载不变的情况下,24 h 内,沉降速率不能达到稳定标准。

(4)总沉降量 $S \geq 0.06b$(b 为荷载板宽度或直径)。

满足前三种情况之一时,其对应的前一级荷载定为极限荷载。

根据载荷试验的记录,可以绘制荷载板底面应力与沉降量的关系曲线,即 $p \sim S$ 曲线,如图 3-4 所示。从图中可以看出,荷载板的沉降量随压力的增大而增加;当压力小于 p_{cr} 时,沉

降量和应力近似成正比，可采用弹性力学公式通过对荷载板面积积分得到土的变形模量 E_0（MPa）为

$$E_0 = \omega(1-\mu^2)\frac{p_{cr}b}{S_1}\times 10^{-3} \tag{3-10}$$

式中　ω——沉降量系数，方形荷载板为 0.88，圆形荷载板为 0.79；

μ——土的泊松比，可按表 2-1 采用；

p_{cr}——$p \sim S$ 曲线直线段终点所对应的应力或荷载，称为临塑荷载，kPa；

S_1——与临塑荷载所对应的沉降量，mm；

b——荷载板的宽度或直径，mm。

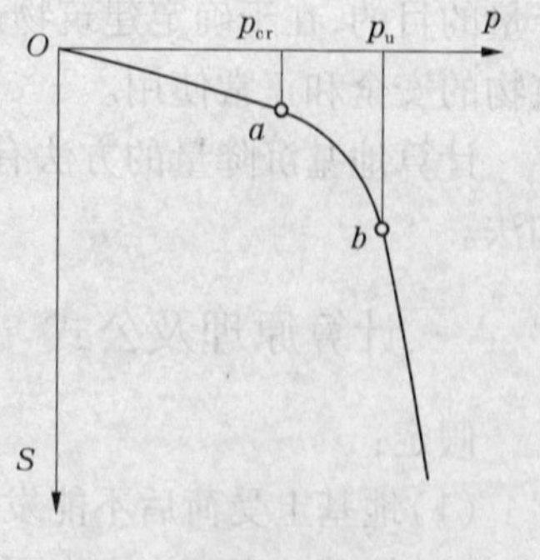

图 3-4　荷载试验曲线

【知识链接】　荷载试验的应用很广，如用于确定地基承载力等，将在后面介绍。

四、土的应力历史

工程上所谓应力历史，是指土层在地质历史发展过程中所形成的前期应力状态以及这个状态对土层强度与变形的影响。

（一）前期固结应力

对于新近沉积的土或人工填土，起初土颗粒尚处于悬浮状态，土的自重由土中孔隙水承担，有效应力为零。随着时间的推移，土在自身重力作用下逐渐排水固结，最后土中孔隙水应力全部消散，自重应力转化为有效应力。这类土在自重作用下尚未完成固结，自重应力即固结应力。而对于大多数天然土层来说，在经历了漫长的地质年代后，土体在自重作用下已完成固结，自重应力不再引起土的固结，使土体进一步产生固结的应力是外荷载在地基内部产生的附加应力。所以，引起土体固结的应力是附加应力。如果将时间后推到土层刚沉积时起算，那么固结应力应包括自重应力。为了研究应力历史对土体压缩性的影响，把土在历史上曾经受到过的最大有效应力称为前期固结应力。

【知识链接】　前期固结应力测定可以通过室内压缩试验获得的 $e \sim \lg p$ 曲线来确定，如卡萨格兰德（Cassagrande）法。

（二）土的固结状态

工程中根据前期固结应力与目前自重应力的相对关系，将土层的天然固结状态划分为三种，即正常固结、超固结和欠固结。用超固结比 OCR 作为反映土层固结状态的定量指标

$$OCR = \frac{p_c}{\sigma_{cz}} \tag{3-11}$$

天然土层按如下方法划分为正常固结土、超固结土和欠固结土：

（1）正常固结土，$p_c = \sigma_{cz}$，即 $OCR = 1.0$。

（2）超固结土，$p_c > \sigma_{cz}$，即 $OCR > 1.0$。

（3）欠固结土，$p_c < \sigma_{cz}$，即 $OCR < 1.0$。

单元二　地基最终沉降量的计算

地基最终沉降量是指地基在建筑物荷载作用下，最后的稳定沉降量。计算地基最终沉

降量的目的，在于确定建筑物最大沉降量、沉降差和倾斜，并控制在容许范围以内，以保证建筑物的安全和正常使用。

计算地基沉降量的方法有多种，如弹性理论法、分层总和法及规范法，在此介绍分层总和法。

一、计算原理及公式

假定：

(1)地基土受荷后不能发生侧向变形。

(2)按基础底面中心点下附加应力计算土层分层的压缩量。

(3)基础最终沉降量等于基础底面下压缩层范围内各土层分层压缩量的总和。

我们将基础底面下压缩层范围内的土层划分为若干分层，现分析第 i 分层压缩量的计算方法，参见图3-5。在建筑物建造以前，第 i 分层仅受到土的自重应力作用，在建筑物建造以后，该分层除受自重应力外，还受到建筑物荷载所产生的附加应力作用。如前所述，一般情况下，土的自重应力产生的变形过程早已完结，而只有附加应力(新增加的)才会产生土层新的变形，从而使基础沉降。由于假定土层受荷后不产生侧向变形，所以它的受力状态与压缩试验时土样一样，故第 i 层的压缩量计算式如下

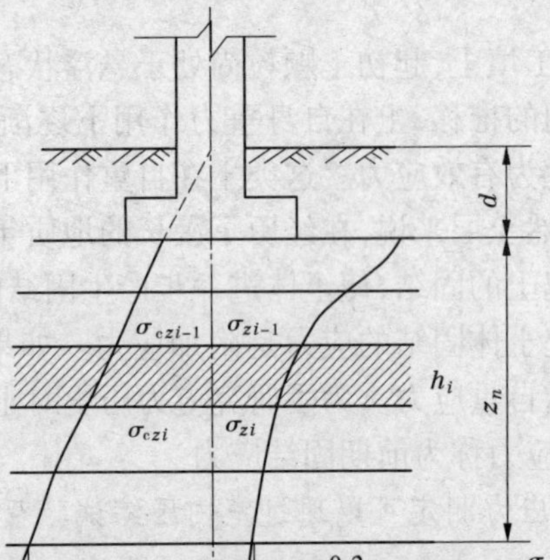

图3-5 分层总和法沉降计算

$$S_i = \Delta\varepsilon_i h_i \tag{3-12}$$

将式(3-7)代入式(3-12)，得

$$S_i = \frac{e_{1i} - e_{2i}}{1 + e_{1i}} h_i \tag{3-13}$$

则基础总沉降量

$$S = \sum_{i=1}^{n} S_i = \sum_{i=1}^{n} \frac{e_{1i} - e_{2i}}{1 + e_{1i}} h_i \tag{3-14}$$

式中 S——基础最终沉降量；

e_{1i}——第 i 分层在建筑物建造前,在土的平均自重应力作用下的孔隙比;

e_{2i}——第 i 分层在建筑物建造后,在土的平均自重应力和平均附加应力作用下的孔隙比;

h_i——第 i 分层的厚度,为了保证计算的精确性,一般取 $h_i \leqslant 0.4b$(b 为基础宽度);

n——压缩层范围内土层分层数目。

式(3-13)、式(3-14)是分层总和法的基本公式,它适用于采用压缩曲线计算。若在计算中采用土的压缩模量 E_S 作为计算指标,则式(3-13)、式(3-14)可变成另外的形式。

由式(3-5)得,$e_1 - e_2 = a(p_2 - p_1)$,并由图 3-5 可知,第 i 分层内相应于上式中的应力 $p_1 = \frac{1}{2}(\sigma_{czi} + \sigma_{czi-1})$,而 $p_2 = \frac{1}{2}(\sigma_{czi} + \sigma_{czi-1}) + \frac{1}{2}(\sigma_{zi} + \sigma_{zi-1})$,于是,第 i 层土孔隙比的变化为

$$e_{1i} - e_{2i} = a_i \frac{\sigma_{zi} + \sigma_{zi-1}}{2} \tag{2}$$

将式(2)代入式(3-13),并注意到 $E_{si} = \frac{1 + e_{1i}}{a_i}$,则得

$$S = \sum_{i=1}^{n} \frac{1}{E_{si}} \frac{\sigma_{zi} + \sigma_{zi-1}}{2} h_i \tag{3-15}$$

式中　E_{si}——第 i 分层土的压缩模量;

其余符号意义同前。

综上所述,按分层总和法计算基础沉降量的具体步骤如下:

(1)按比例尺绘出地基剖面图和基础剖面图。

(2)计算基底的附加应力和自重应力。

(3)确定地基压缩层厚度。

(4)将压缩层范围内各土层划分成厚度 $h_i \leqslant 0.4b$(b 为基础宽度)的薄土层。

(5)绘出自重应力和附加应力分布图(各分层的分界面应标明应力值)。

(6)按式(3-13)计算各分层的压缩量。

(7)按式(3-14)或式(3-15)算出基础总沉降量。

二、地基压缩层厚度

地基土层产生压缩变形是由附加应力引起的,地基土内的附加应力随深度增加而减小。在基础底面某一深度以下的土层压缩变形很小,可以忽略不计。这个深度范围内的土层称为压缩层,即地基沉降计算的范围。

目前,确定压缩层厚度的方法有以下几种:

(1)当无相邻荷载影响,基础宽度 B 为 1 ~ 50 m 时,基础中点的地基沉降计算深度可按下列简化公式计算

$$z_n = B(2.5 - 0.41\ln B) \tag{3-16}$$

式中　B——基础宽度,m。

如 z_n 以下有较软土层,还应继续向下计算,直到再次满足式(3-16)为止。在计算深度范围内存在基岩时,此值可取至基岩表面。

(2)当有相邻基础影响时,地基沉降计算深度应满足式(3-17)要求

$$\Delta S'_n \leqslant 0.025 \sum_{i=1}^{n} \Delta S'_i \tag{3-17}$$

式中 $\Delta S'_n$——深度 z_n 处,向上取计算厚度为 Δz(按表 3-1 确定)的沉降计算变形值;

$\Delta S'_i$——深度 z_n 范围内,第 i 层土的沉降计算变形值。

表 3-1 计算层厚度 Δz 值

B(m)	≤2	2<B≤4	4<B≤8	8<B≤15	15<B≤30	>30
Δz(m)	0.3	0.6	0.8	1.0	1.2	1.5

(3)附加应力与自重应力比值法。

如前所述,附加应力随深度增加而减小,而土的自重应力随深度的增加而增大。这一情况下,自重应力已不再使土层产生压缩,可以认为当基底下某处附加应力与自重应力的比值小到一定程度即可认为该处就为压缩层的下限。一般认为,可取附加应力与自重应力的比值为 0.2(软土取 0.1)处作为压缩层的下限条件,并精确到 5 kPa,即满足式(3-18)

$$|\sigma_z - 0.2\sigma_{cz}| \leqslant 5\ \text{kPa} \quad 或 \quad |\sigma_z - 0.1\sigma_{cz}| \leqslant 5\ \text{kPa} \tag{3-18}$$

【知识链接】 弹性理论法计算地基沉降量,考虑不同变形阶段的沉降量计算。

【案例 3-1】 某基础底面为正方形,边长为 $l=b=4.0$ m,上部结构传至基础底面荷载 $N=1\ 440$ kN。基础埋深 $d=1.0$ m。地基为粉质黏土,土的天然重度 $\gamma=16.0\ \text{kN/m}^3$。地下水位深 3.4 m,水下饱和重度 $\gamma_{sat}=18.2\ \text{kN/m}^3$。土的压缩试验结果 $e \sim p$ 曲线如图 3-6 所示,计算基础的沉降量。

【案例解析】 (1)绘制基础与地基剖面图,如图 3-7 所示。

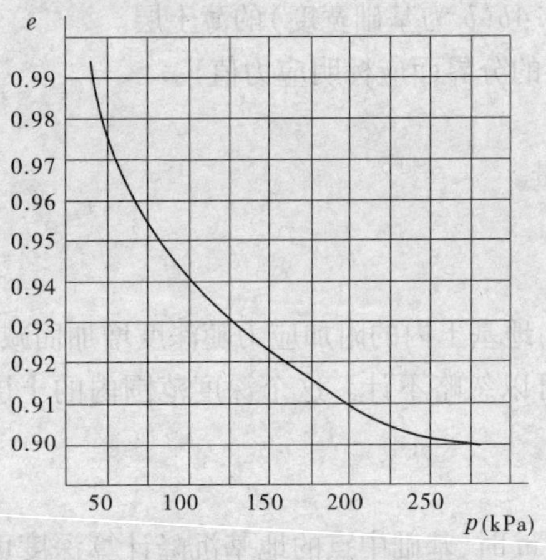

图 3-6 压缩曲线

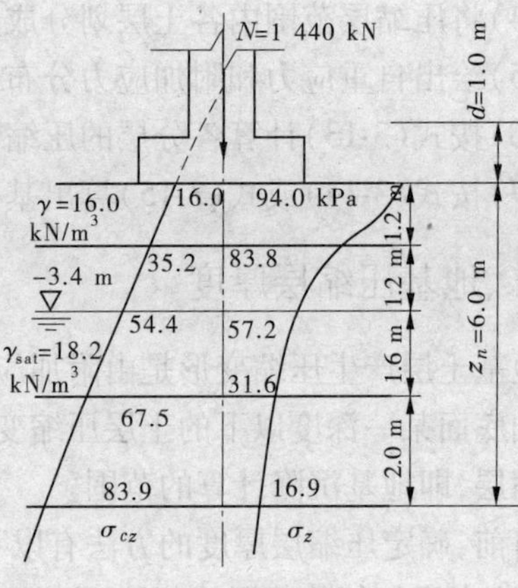

图 3-7 地基应力分布

(2)计算地基土的自重应力。

基础底面处 $\sigma_{cz1}=\gamma d=16.0\times1=16.0(\text{kPa})$

地下水面处 $\sigma_{cz2}=3.4\gamma=3.4\times16.0=54.4(\text{kPa})$

地面下 $2b$ 深度处 $\sigma_{cz3}=3.4\times16.0+(8-3.4)\times(18.2-10)=92.1(\text{kPa})$

(3)基础底面接触压力(设基础及其回填土的重度为 20 kN/m³)。

$$p=\frac{N+G}{F}=\frac{1\ 440+20\times4.0\times4.0\times1.0}{4\times4}=110.0(\text{kPa})$$

(4)基础底面附加应力 $p_0=p-\gamma d=110.0-16.0\times1.0=94.0(\text{kPa})$

(5)地基中的附加应力,计算结果见表 3-2。

表 3-2　附加应力计算

深度 z(m)	l/b	z/b	系数 α_0	$\sigma_z=4\alpha_0 p_0$(kPa)
0	1.0	0	0.250	94.0
1.2	1.0	0.6	0.223	83.8
2.4	1.0	1.2	0.152	57.2
4.0	1.0	2.0	0.084	31.6
6.0	1.0	3.0	0.045	16.9

(6)地基压缩层深度 z_n,根据图 3-7 中自重应力与附加应力分布两条曲线,由 $\sigma_z=0.2\sigma_{cz}$ 知,当深度 $z=6.0$ m 时,$\sigma_z=16.9$ kPa$\approx0.2\sigma_{cz}=0.2\times83.9(\text{kPa})$,故受压层深度取 6.0 m。

(7)地基沉降计算分层,一般要求 $h_i\leqslant0.4b=0.4\times4.0=1.6(\text{m})$。地下水位以上 2.4 m 分两层,每层 1.2 m;第三层 1.6 m,第四层因附加应力较小,可取 2.0 m。

(8)地基沉降量计算公式见式(3-13)。

根据图 3-6 地基土压缩曲线,由各土层的平均自重压力 $\overline{\sigma}_{czi}$ 数值,查得相应的孔隙比 e_1;由各土层的平均自重压力与平均附加应力之和 $\overline{\sigma}_{czi}+\overline{\sigma}_{zi}$,查出相应的孔隙比 e_2,由式(3-13)即可计算各土层的沉降量 S_i。列表计算,如表 3-3 所示。

表 3-3　沉降计算

i	h_i (m)	$\overline{\sigma}_{czi}$ (kPa)	$\overline{\sigma}_{zi}$ (kPa)	$\overline{\sigma}_{czi}+\overline{\sigma}_{zi}$ (kPa)	e_1	e_2	$\left(\frac{e_1-e_2}{1+e_1}\right)_i$	S_i (mm)
1	1.2	25.6	89.0	114.6	0.970	0.937	0.016 8	20.16
2	1.2	44.8	70.5	115.4	0.960	0.936	0.012 2	14.64
3	1.6	61.0	44.4	105.4	0.954	0.940	0.007 16	11.46
4	2.0	75.7	24.2	99.9	0.948	0.941	0.003 59	7.18

(9)基础总沉降量。

$$S=\sum_{i=1}^{4}S_i=20.16+14.64+11.46+7.18\approx53.4(\text{mm})$$

单元三　地基土压缩的时间过程

在外荷载作用下,土的压缩或地基的沉降需要经历一个过程才能达到稳定。因此,对于重要工程,不但需要计算地基的最终沉降量,而且要知道地基土压缩的时间过程,即沉降量与时间的关系,以便掌握建筑物基础各部位在各个时期的沉降速率和沉降差。

【小贴士】 对于高等级公路,为了满足其运行要求,对路堤的容许工后沉降量有较严格的限制。日本道路协会制定的《道路土工软土地基处理技术指南》规定,路面铺筑后三年内路堤中心处允许剩余沉降应根据道路的重要性确定,与桥梁构造物连接的路堤为10～30 cm;我国《公路软土地基路堤设计与施工技术细则》(JTG/T D31—02—2013)中对容许工后沉降也有较严格的限制,表3-4列出了不同等级道路的容许工后沉降。由此可见,由于地基土的性质差异较大以及各部位施工及功能上的差异,有必要计算沉降与时间的关系。关于基础沉降量与时间的关系,目前均以饱和土体的单向固结理论为基础。

表3-4　容许工后沉降量　(单位:m)

道路等级	工程位置		
	桥台与路堤相邻处	涵洞或箱型通道处	一般路段
高速公路、一级公路	≤0.10	≤0.20	≤0.30
二级公路	≤0.20	≤0.30	≤0.50

根据固结理论,饱和土体的固结过程就是土中孔隙水应力向有效应力转化的过程。图3-8表示厚度为H的饱和黏性土层,位于不透水层上,在自重作用下已固结稳定,当受到地面连续均布荷载p_0作用时的情况。

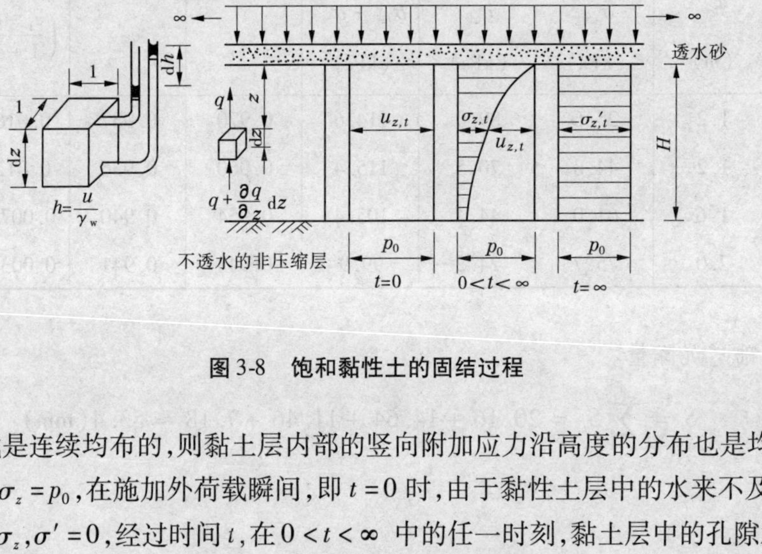

图3-8　饱和黏性土的固结过程

由于荷载是连续均布的,则黏土层内部的竖向附加应力沿高度的分布也是均匀的,且等于荷载p_0,即$\sigma_z = p_0$,在施加外荷载瞬间,即$t = 0$时,由于黏性土层中的水来不及排出,整个土层中的$u = \sigma_z$,$\sigma' = 0$,经过时间t,在$0 < t < \infty$中的任一时刻,黏土层中的孔隙水将逐渐排

出，u 值下降，并转化为 σ'，水的排出是从黏土层层面向深处发展的。在这一转化过程中，任一时刻任一深度上的应力始终遵循着有效应力基本原理 $p_0(\sigma_z)=\sigma'+u$，直至 $t\to\infty$ 时，黏土层中的孔隙水应力全部消散而转化为由土颗粒骨架承受的有效应力，此时 $u=0$，$\sigma'=\sigma_z$，固结稳定。

为了进一步讨论孔隙水应力转化为有效应力的单向渗透固结理论，下面将引入并应用固结度的概念。所谓固结度，是指在某一固结压力作用下，经某一时段 t 后，土体发生固结或孔隙水应力消散的程度。对于图 3-8 所示的单向固结（单面排水）固结应力为均匀分布的情况来说，土层的平均固结度为

$$U=1-\frac{\int_0^H u\mathrm{d}z}{\int_0^H u_0\mathrm{d}z}=1-\frac{\int_0^H u\mathrm{d}z}{p_0H} \tag{3-19}$$

式中 p_0——固结压力，kPa；

H——最大排水距离，m。

单面排水时，H 为土层厚度，双面排水时，H 为土层厚度的 1/2，U 可用理论方法求解。

在求 U 时，为使问题简化，假设土体在固结过程中，土的压缩性和渗透性都不改变，且土的压缩系数 a 和渗透系数 K 可视为常数，孔隙水向外排出的过程符合达西定律，从饱和黏土层中任意深度 z 处取一单元土体，根据单元体体积的减小应等于净流出的水量，可得到单向固结的微分方程，即

$$\frac{\partial u}{\partial t}=C_{\mathrm{v}}\frac{\partial^2 u}{\partial^2 t} \tag{3-20}$$

式中 C_{v}——固结系数，$\mathrm{cm^2/s}$，$C_{\mathrm{v}}=\dfrac{K(1+e_1)}{a\gamma_{\mathrm{w}}}$，$K$ 为土的渗透系数，e_1 为土在固结前的初始孔隙比，a 为土的压缩系数，γ_{w} 为水的重度。

【知识链接】 固结系数的直接确定方法：时间平方根法、时间对数法。

根据单向固结的微分方程，结合一定的初始条件和边界条件，可求出 U 的解，代入式(3-19)可得出相应的固结度的计算式。

表 3-5 中的情况 1 的固结度的计算公式为

$$U=1-\frac{8}{\pi^2}\left(\mathrm{e}^{-\frac{\pi^2}{4}T_{\mathrm{v}}}+\frac{1}{9}\mathrm{e}^{-9\frac{\pi^2}{4}T_{\mathrm{v}}}+\cdots\right) \tag{3-21}$$

式中 e——自然对数的底；

T_{v}——时间因数（无量纲），$T_{\mathrm{v}}=\dfrac{C_{\mathrm{v}}t}{H^2}$。

由式(3-21)可知，固结度 U 是时间因数 T_{v} 的函数，根据不同的时间因数可求得相应的固结度。表 3-5 同时列出了工程实际中可能遇到的 5 种情况对应的各种固结度的 T_{v} 值。

对于双面固结，不论土中附加应力如何分布，固结度均按 $\alpha=1.0$ 的情况计算；对于单向固结，土层的平均固结度计算式如下

$$U=\frac{S_t}{S} \tag{3-22}$$

式中 S_t——经过时间 t 后的基础沉降量。

表 3-5　几种情况下不同固结度对应的时间因数 T_v 值

情况	1	2	3	4	5
附加应力分布	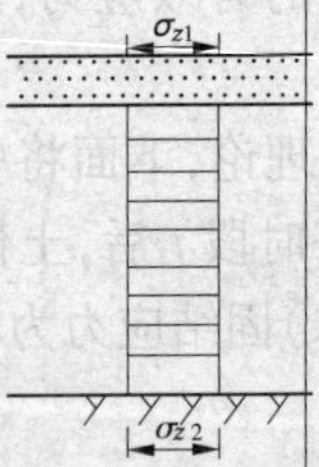	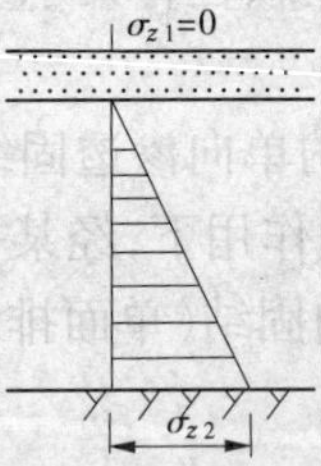	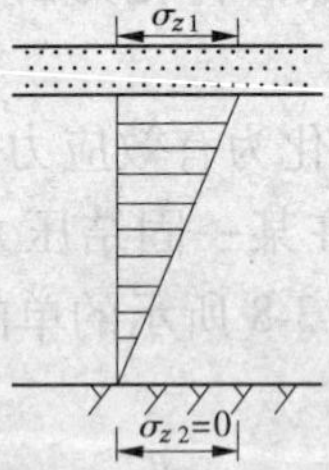	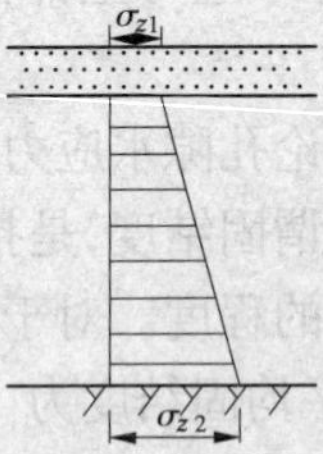	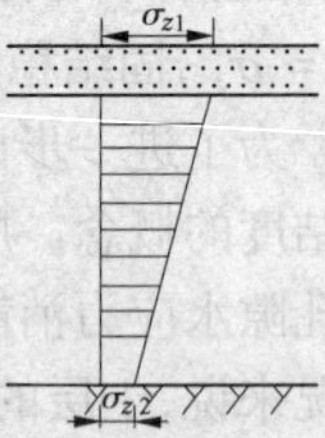
$\alpha=\frac{\sigma_{z1}}{\sigma_{z2}}$	1	0	∞	<1	>1

情况	$\alpha=\frac{\sigma_{z1}}{\sigma_{z2}}$	固结度 U										
		0	0.1	0.2	0.3	0.4	0.5	0.6	0.7	0.8	0.9	1.0
1	1.0	0	0	0.03	0.07	0.12	0.17	0.26	0.40	0.56	0.81	∞
2	0	0	0.04	0.10	0.15	0.21	0.29	0.38	0.50	0.66	0.91	∞
3	∞	0	0	0	0.02	0.04	0.09	0.16	0.23	0.44	0.73	∞
4	0.2	0	0.02	0.07	0.12	0.18	0.26	0.35	0.46	0.53	0.92	∞
	0.4	0	0.01	0.05	0.10	0.16	0.24	0.33	0.44	0.60	0.90	∞
	0.6	0	0.01	0.04	0.09	0.14	0.22	0.31	0.42	0.58	0.88	∞
	0.8	0	0.01	0.03	0.07	0.13	0.20	0.29	0.41	0.57	0.86	∞
5	1.5	0	0	0.02	0.05	0.10	0.17	0.26	0.38	0.54	0.83	∞
	2	0	0	0.01	0.05	0.09	0.16	0.24	0.36	0.52	0.81	∞
	3	0	0	0.01	0.01	0.08	0.14	0.22	0.34	0.05	0.79	∞
	4	0	0	0.01	0.04	0.08	0.13	0.21	0.33	0.49	0.78	∞
	5	0	0	0.01	0.03	0.06	0.12	0.20	0.32	0.48	0.77	∞
	7	0	0	0.01	0.03	0.06	0.12	0.19	0.31	0.47	0.76	∞
	10	0	0	0.01	0.02	0.06	0.11	0.18	0.30	0.46	0.75	∞
	20	0	0	0.01	0.02	0.06	0.11	0.17	0.29	0.45	0.74	∞

【案例 3-2】 某高路堤，堤基土由砂土及黏性土组成，路堤填土在黏性土中引起的附加应力分布见图 3-9。已知黏性土层的初始孔隙比 $e_0=0.80$，压缩系数 $a=0.255\ \mathrm{MPa^{-1}}$，渗透系数 $K=2.0$ cm/年。试求：

(1) 路堤填土一年后的沉降量。

(2) 路堤沉降量达 15 cm 时所需的时间。

【案例解析】 (1) 路堤填土一年后的沉降量。

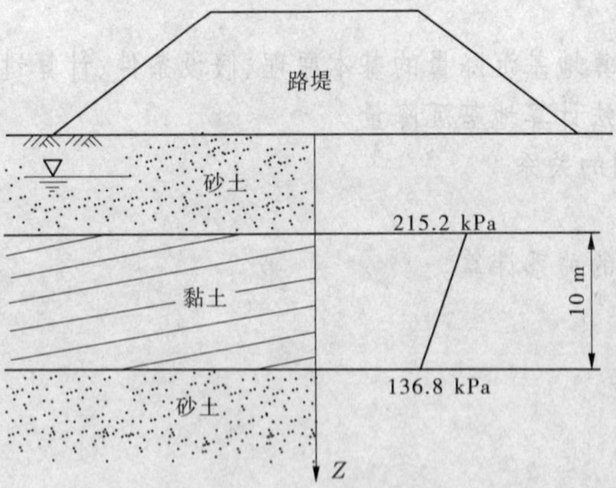

图 3-9　某路堤剖面

黏性土层的附加应力值为

$$\overline{\sigma}_z = \frac{215.2 + 136.8}{2} = 176.0(\text{kPa})$$

路堤的最终沉降量为

$$S = \frac{a}{1+e_1}\overline{\sigma}_z h = \frac{0.255 \times 10^{-3}}{1+0.8} \times 176.0 \times 1\,000 = 24.9(\text{cm})$$

固结系数为

$$C_v = \frac{K(1+e_1)}{a\gamma_w} = \frac{2 \times 10^{-2} \times (1+0.80)}{9.8 \times 0.255 \times 10^{-3}} = 1.44 \times 10^5(\text{cm}^2/\text{年})$$

时间因数

$$T_v = \frac{C_v t}{H^2} = \frac{1.44 \times 10^5 \times 1}{500^2} = 0.576$$

根据 $\alpha = 1.0, T_v = 0.576$，得 $U = 0.802$，所以，路堤填土一年后的沉降量为

$$S_t = US = 0.802 \times 24.9 = 19.97(\text{cm})$$

(2)路基沉降量达 15 cm 时所需时间。

固结度　$$U = \frac{S_t}{S} = \frac{15}{24.9} = 0.6$$

根据 $\alpha = 1.0, U = 0.6$，查得 $T_v = 0.26$

$$t = \frac{T_v H^2}{C_v} = \frac{0.26 \times 500^2}{1.44 \times 10^5} = 0.45(\text{年})$$

项目小结

1. 土的压缩性

(1)获得压缩曲线的条件及过程，压缩曲线的形态及含义。

(2)压缩系数、压缩模量、压缩指数、变形模量等指标的含义、确定方法，以及它们之间的关系。

2. 地基沉降量计算

(1)分层总和法计算地基沉降量的基本原理、假设条件、计算过程。

(2)应用分层总和法计算地基沉降量。

3. 地基变形与时间的关系

(1)单向固结理论。

(2)沉降量与时间的关系计算。

技能训练

一、基础理论思考

1. 工程中采用土的压缩性指标有哪些？这些指标各用什么方法确定？各指标之间有什么关系？

2. 土的变形有何特性？其变形量的大小与变形速率受哪些因素的影响？

3. 分层总和法确定地基沉降量的几点假设是什么？

二、工程模拟训练

1. 已知一矩形基础底面尺寸为 5.6 m × 4.0 m，基础埋深 $d = 2.0$ m。上部结构总荷重 $p = 6\ 600$ kN，基础及其上填土平均重度 $\gamma_0 = 20$ kN/m^3。地基土表层为人工填土，$\gamma_1 = 17.5$ kN/m^3，厚度 6.0 m；第二层为黏土，$\gamma_2 = 16.0$ kN/m^3，$e_1 = 1.0$，$a = 0.6$ MPa^{-1}，厚度 1.6 m；第三层为卵石，$E_s = 25$ MPa，厚 5.6 m。求黏土层的沉降量。

2. 某柱基底面尺寸为 4.0 m × 4.0 m，基础埋深 $d = 1.0$ m。上部结构传至基础顶面中心荷载 $N = 1\ 440$ kN。地基为粉质黏土，土的天然重度 $\gamma = 16.0$ kN/m^3，土的天然孔隙比 $e = 0.97$。地下水位深 3.4 m，地下水位以下土的饱和重度 $\gamma_{sat} = 18.2$ kN/m^3。土的压缩系数：地下水位以上为 $a_1 = 0.30$ MPa^{-1}，地下水位以下为 $a_2 = 0.25$ MPa^{-1}。计算柱基中点的沉降量。

3. 厚度为 10 cm 的黏性土层，上下均为砂土层，地面上作用着无限均布荷载 $p = 180$ kPa，已知黏土层的孔隙比 $e_1 = 0.8$，渗透系数 $K = 1.5$ cm/年，压缩系数 $a = 0.2$ MPa^{-1}，试求：

(1)加荷半年后，地基的沉降量是多少？

(2)黏土层的固结度达到 50% 需要多长时间？

4. 土层条件及土性指标同工程模拟训练 3 题，但黏土地面是不透水层。试问：加荷后地基的沉降量是多少？地基固结度达 90% 需多长时间？

项目四　土的抗剪强度

学习目标

1. 掌握土的抗剪强度及其破坏准则。

2. 理解土的极限平衡条件，能够利用土的极限平衡条件分析土的状态。

3. 掌握库仑定律公式和土的抗剪强度指标的表达方法及指标的选用，会用库仑定律判别土的状态。

4. 了解土的抗剪强度测试方法，能够操作土的抗剪强度试验。

5. 理解库仑定律，并能运用其判别土的应力状态。

【项目导入】

一般而言，在外部荷载作用下，土体中的应力将发生变化，当土体中的剪应力超过土体本身的抗剪强度时，土体将沿着某一滑裂面发生滑动，而使整个土体丧失稳定性。

在工程建设实践中，丧失稳定性的例子有很多，多数土体破坏的本质是剪切破坏，例如边坡太陡、在雨季或受到震动后，容易产生滑动破坏，滑动面显然属于剪切破坏，这种情况比较常见，具有直观性；又如地基破坏，直观上是受压，但本质上也是剪切破坏。通过上面的例子你明白土的抗剪强度的工程意义了吗？怎么确定土的抗剪强度的大小？怎么提高土的抗剪强度？

单元一　概　述

建筑物地基的破坏绝大多数属于剪切破坏，土体抵抗剪切破坏的极限能力即为土的抗剪强度。抗剪强度是土的重要力学性质之一，例如堤坝的边坡太陡时，土体的一部分将沿着滑动面（剪切破坏面）向前滑动。地基土受到过大的荷载作用，也会出现部分土体沿着某一滑动面挤出，导致建筑物严重下陷，甚至倾倒。这是因为土体是由固体颗粒所组成的，颗粒之间的连接强度远小于颗粒本身的强度。因此，在外力作用下，土体的破坏一般是由于一部分土体沿某一滑动面滑动而剪坏的。可以说，土的强度问题实质上就是土的抗剪强度问题。抗剪强度是土力学的重要力学指标。实际工程中建筑物地基承载力、挡土墙的土压力及土坡稳定等都受土的抗剪强度所控制，如图4-1所示。

土的抗剪强度是指土体抵抗剪切破坏的极限能力，其数值等于剪切破坏时滑动面上的剪应力。土的抗剪强度首先取决于它本身的基本性质，即土的组成、土的状态和土的结构，这些性质又与它形成的环境和应力历史等因素有关；其次取决于它所处的应力状态。研究土的抗剪强度及其变化规律对于工程设计、施工都具有非常重要的意义。

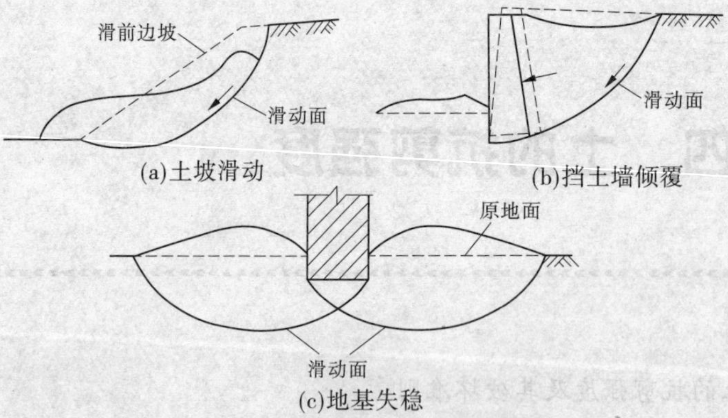

图 4-1　土体剪切破坏示意

单元二　土的抗剪强度理论与强度指标

一、土的抗剪强度定律——库仑定律

(一)库仑公式(总应力法)

工程实践与室内试验都验证了建筑物地基和土工构筑物的破坏绝大多数属于剪切破坏。例如,建筑物倾斜、路堤边坡的坍塌、挡土墙后填土失稳等。为研究土的抗剪强度,1773年,法国科学家库仑通过一系列砂土剪切试验,提出砂土抗剪强度的表达式为

$$\tau_f = \sigma\tan\varphi \tag{4-1}$$

以后又通过进一步试验研究提出了黏性土的抗剪强度表达式为

$$\tau_f = c + \sigma\tan\varphi \tag{4-2}$$

式中　τ_f——土体的抗剪强度,kPa;

σ——剪切滑动面上的法向应力,kPa;

c——土的黏聚力,kPa,对于无黏性土,$c = 0$;

φ——土的内摩擦角,(°)。

式(4-1)和式(4-2)即为著名的库仑抗剪强度定律(简称库仑定律)。定律表明,土的抗剪强度是剪切面上的法向总应力 σ 的线性函数,如图 4-2 所示。同时由该定律可知,对于无黏性土,其抗剪强度仅仅是粒间的摩擦力;而对于黏性土,其抗剪强度由黏聚力和摩擦力两部分构成。

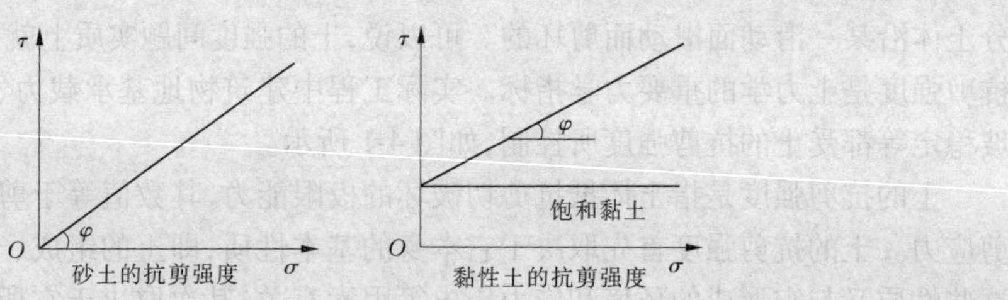

图 4-2　土的抗剪强度

抗剪强度的摩擦力 $\sigma\tan\varphi$ 主要来自两方面:一是滑动摩擦力,即由剪切面土粒间表面的

粗糙所产生的摩擦作用;二是咬合摩擦力,即由粒间互相嵌入所产生的咬合力。因此,抗剪强度的摩擦力除与剪切面上的法向总应力有关外,还与土的原始密度、土粒的形状、表面的粗糙程度以及级配等因素有关。

抗剪强度的黏聚力由土粒之间的胶结作用和物理化学键力等因素所形成。因此,黏聚力通常与土中黏粒含量、矿物成分、含水率、土的结构等因素密切相关。

(二)修正的库仑公式(有效应力法)

长期的试验研究指出,土的抗剪强度不仅与土的性质有关,还与试验时的排水条件、剪切速率、应力状态和应力历史等许多因素有关,其中最重要的是试验时的排水条件。根据太沙基的有效应力原理,土体内的剪应力只能由土的骨架承担,因此土的抗剪强度 τ_f 应表示为剪切破坏面上法向有效应力 σ' 的函数,库仑公式表达为

$$\tau_f = \sigma' \tan\varphi'$$

$$\tau_f = \sigma' \tan\varphi' + c' \tag{4-3}$$

式中 σ'——法向有效应力,kPa;

c'——有效黏聚力,kPa;

φ'——有效内摩擦角。

(三)总应力法与有效应力法的优缺点

土的抗剪强度有两种表达方法,即总应力法和有效应力法。土的 c 和 φ 统称为土的总应力强度指标,直接利用这些指标进行土体稳定性分析称为总应力法;相应地 c' 和 φ' 称为土的有效应力强度指标,应用这些指标进行土体稳定性分析称为有效应力法。

总应力法的优点是操作简单,运用方便;缺点是不能反映地基土在实际固结情况下的抗剪强度。一般用直剪仪确定。

有效应力法的优点是理论上比较严格,能较好地反映抗剪强度的实质,能检验土体处于不同固结情况下的稳定性;缺点是孔隙水压力的正确测定比较困难。

(四)土的抗剪强度的影响因素

(1)土颗粒的矿物成分、形状、大小及颗粒级配。矿物成分不同,土颗粒表面薄膜水和电分子吸力不同,则黏聚力也不同。另外,胶结物质可使黏聚力增大。土颗粒形状不规则的比圆卵形的摩阻力大;土颗粒越细小,表面积越大,与水的作用越强烈,黏聚力大;颗粒粗大且形状多不规则,摩阻力大;颗粒级配越好,越易压密,黏聚力和摩阻力均增大。

(2)原始密实度。一般来说,原始密实度越大其黏聚力和摩阻力越大,土的抗剪强度就越高。

(3)含水率。含水率的增高一般使土的抗剪强度降低。对于黏性土来说,含水率越高则黏粒表面薄膜水越厚,胶结力及粒间吸力减小,因而黏聚力小。对无黏性土来说,水可起润滑作用,因而摩阻力减小。

(4)土的结构扰动。黏性土的结构受到扰动,土体变得疏松,会丧失部分黏聚力,因而抗剪强度会随之降低。

(5)有效法向压力。有效法向压力越大,即粒间传递的应力越大,土骨架压缩越紧密,其黏聚力和摩阻力也越大。

(6)土体的应力历史。超固结土的抗剪强度值比正常固结土的大,而正常固结土的抗剪强度又比欠固结土的大,这是因为超固结土的密实度高于正常固结土,正常固结土的密实

度又高于欠固结土。

二、土的极限平衡理论

（一）土中一点的应力状态

当土中任一点在某一平面上发生剪切破坏时，该点就处于极限平衡状态，此时土中最大主应力 σ_1、最小主应力 σ_3 与土的抗剪强度指标 c、φ 之间的关系，称为土的极限平衡条件。

对于地基中任一点的应力状况取单元微体，由水平向和垂直向的力的平衡关系（见图 4-3）可以得到下述关系式：

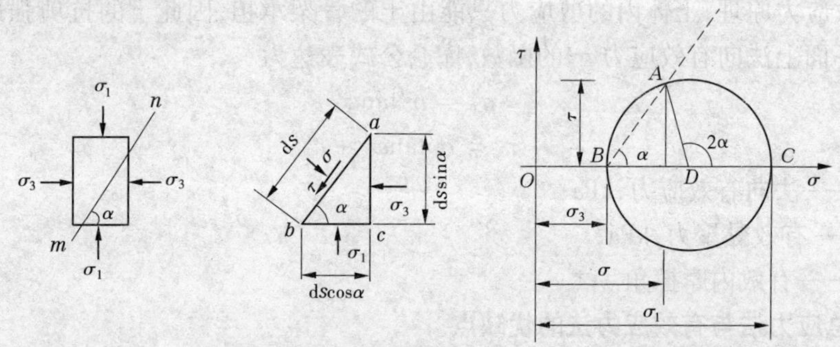

(a)单元微体上的应力　(b)隔离体 abc 上的应力　(c)莫尔圆

图 4-3　土体中任一点的应力

$$\sigma_3 ds\sin\alpha - \sigma ds\sin\alpha + \tau ds\cos\alpha = 0 \tag{4-4}$$

$$\sigma_1 ds\cos\alpha - \sigma ds\cos\alpha - \tau ds\sin\alpha = 0 \tag{4-5}$$

由式(4-4)和式(4-5)得

$$\sigma = \frac{1}{2}(\sigma_1 + \sigma_3) + \frac{1}{2}(\sigma_1 - \sigma_3)\cos2\alpha \tag{4-6}$$

$$\tau = \frac{1}{2}(\sigma_1 - \sigma_3)\sin2\alpha \tag{4-7}$$

将式(4-6)和式(4-7)分别平方后相加得如下关系式

$$\left(\sigma - \frac{\sigma_1 + \sigma_3}{2}\right)^2 + \tau^2 = \left(\frac{\sigma_1 - \sigma_3}{2}\right)^2 \tag{4-8}$$

式(4-8)也可用莫尔圆描述，如图 4-3(c)所示，即在 $\sigma \sim \tau$ 坐标系中，按一定比例沿 σ 轴截取 $OB = \sigma_3$，$OC = \sigma_1$，以 D 点 $\left(\frac{\sigma_1 + \sigma_3}{2},0\right)$ 为圆心、$\frac{\sigma_1 - \sigma_3}{2}$ 为半径作圆，从 DC 开始逆时针方向旋转 2α 角，得 DA 线与圆周交于 A 点。可以证明，A 点的横坐标即为斜面 m—n 上的正应力 σ，纵坐标即为 m—n 面上的剪应力 τ。也就是说，莫尔圆圆周上某点的坐标表示土中该点相应某个面上的正应力和剪应力，该面与大主应力作用面的夹角等于 CA 所含的圆周角的 1/2。由图 4-3 可知，最大剪应力 $\tau_{max} = \frac{1}{2}(\sigma_1 - \sigma_3)$，作用面与大主应力 σ_1 作用面的夹角 $\alpha = 45°$。

(二)土的极限平衡状态

为判别土体中某点的平衡状态,可将抗剪强度包线与描述土体中某点的莫尔圆绘于同一坐标系中,按其相对位置判断该点所处的状态(见图 4-4),可以划分为以下三种状态:

(1)圆Ⅰ位于抗剪强度包线的下方,表明通过该点的任何平面上的剪应力都小于抗剪强度,即 $\tau < \tau_f$,所以该点处于弹性平衡状态。

(2)圆Ⅱ与抗剪强度包线在 A 点相切,表明切点 A 所代表的平面上的剪应力等于抗剪强度,即 $\tau = \tau_f$,该点处于极限平衡状态。

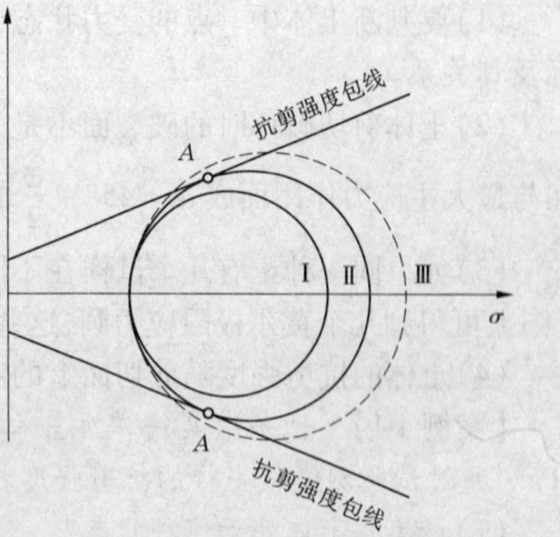

图 4-4　莫尔圆与抗剪强度包线的关系

(3)圆Ⅲ与抗剪强度包线相割,表示过该点的相应于割线所对应弧段代表的平面上的剪应力已超过土的抗剪强度,即 $\tau > \tau_f$,该点已被剪破。实际上圆Ⅲ的应力状态是不可能存在的。

(三)土的极限平衡条件

在土体中取一单元微体,如图 4-5(a)所示,m—n 为破裂面,它与大主应力的作用面成 α_f 夹角。该点处于极限平衡时的莫尔圆如图 4-5(b)所示。将抗剪强度线延长与 σ 轴相交于 R 点,根据几何关系

$$\sin\varphi = \frac{\sigma_1 - \sigma_3}{\sigma_1 + \sigma_3 + 2c\cot\varphi} \tag{4-9}$$

利用三角函数关系,土的极限平衡条件可表示为

$$\sigma_1 = \sigma_3 \tan^2\left(45° + \frac{\varphi}{2}\right) + 2c\tan\left(45° + \frac{\varphi}{2}\right) \tag{4-10}$$

$$\sigma_3 = \sigma_1 \tan^2\left(45° - \frac{\varphi}{2}\right) - 2c\tan\left(45° - \frac{\varphi}{2}\right) \tag{4-11}$$

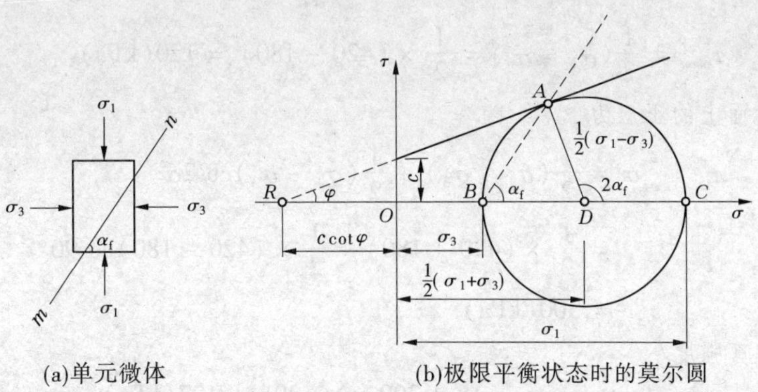

图 4-5　土体中一点达到极限平衡状态时的莫尔圆

由几何关系可得破坏面与最大主应力作用面的夹角 α_f 为

$$\alpha_f = 45° + \frac{\varphi}{2} \tag{4-12}$$

由式(4-10)~式(4-12)及图 4-5 可以得出以下结论:

(1)要判断土体中一点的受力状态,必须同时知道最大、最小主应力和土的抗剪强度指标及其关系。

(2)土体剪切破坏时的破裂面不是发生在最大剪应力的作用面($\alpha=45°$)上,而是发生在与最大主应力作用面成$\alpha_f=45°+\frac{\varphi}{2}$的平面上。

(3)如果同一种土有几个试样在不同的最大、最小主应力组合下受剪切破坏,则在$\sigma\sim\tau$图上可得到几个莫尔极限应力圆,这些应力圆的公切线就是土体的抗剪强度包线。

(4)土体的抗剪强度随剪切面上的法向应力增大而增大。

【案例4-1】 地基中某一单元土体上的大主应力$\sigma_1=420$ kPa,小主应力$\sigma_3=180$ kPa。通过试验测得该土样的抗剪强度指标$c=18$ kPa,$\varphi=20°$。试问:

(1)该单元土体处于何种状态?

(2)是否会沿剪应力最大的面发生破坏?

【案例解析】 (1)单元土体所处状态的判别。

设达到极限平衡状态时所需小主应力为σ_3,则由式(4-11)得,实际应力圆半径

$$\sigma_3=420\times\tan^2\left(45°-\frac{20°}{2}\right)-2\times18\times\tan\left(45°-\frac{20°}{2}\right)=181(\text{kPa})$$

因为σ_3大于该单元土体的实际小主应力,所以该单元土体处于剪切破坏状态。若设达到极限平衡状态的大主应力为σ_1,则

$$\begin{aligned}\sigma_1&=\sigma_3\tan^2\left(45°+\frac{\varphi}{2}\right)+2c\tan\left(45°+\frac{\varphi}{2}\right)\\&=180\times\tan^2\left(45°+\frac{20°}{2}\right)+2\times18\times\tan\left(45°+\frac{20°}{2}\right)\\&=419(\text{kPa})\end{aligned}$$

按照将极限应力圆半径与实际应力圆半径相比较的判别方式,同样可得出上述结论。

(2)是否会沿剪应力最大的面剪破。

最大剪应力为

$$\tau_{max}=\frac{1}{2}(\sigma_1-\sigma_3)=\frac{1}{2}\times(420-180)=120(\text{kPa})$$

剪应力最大面上的正应力

$$\begin{aligned}\sigma&=\frac{1}{2}(\sigma_1+\sigma_3)+\frac{1}{2}(\sigma_1-\sigma_3)\cos2\alpha\\&=\frac{1}{2}\times(420+180)+\frac{1}{2}\times(420-180)\cos90°\\&=300(\text{kPa})\end{aligned}$$

该面上的抗剪强度

$$\tau_f=c+\sigma\tan\varphi=18+300\times\tan20°=127(\text{kPa})$$

因为在剪应力最大面上$\tau_f>\tau_{max}$,所以不会沿该面发生剪破。

单元三　土的抗剪强度试验

土的抗剪强度是决定建筑物地基和土工建筑物稳定性的关键因素,因而正确测定土的

抗剪强度指标 c 和 φ 对工程实践具有重要的意义。确定土的抗剪强度指标的试验称为剪切试验。剪切试验的方法有多种，在实验室内常用的有直接剪切试验、三轴压缩试验和无侧限抗压试验，现场原位测试有十字板剪切试验等。

一、直接剪切试验

直接剪切试验是测定土的抗剪强度的最简便和最常用的方法。所使用的仪器称直剪仪，分应变控制式和应力控制式两种，前者以等应变速率使试样产生剪切位移直至剪破，后者是分级施加水平剪应力并测定相应的剪切位移。目前，我国使用较多的是应变控制式直剪仪。

应变控制式直剪仪的主要工作部件如图 4-6所示。试验时，首先将剪切盒的上、下盒对正，然后用环刀切取土样，并将其推入由上、下盒构成的剪切盒中。通过杠杆对土样施加垂直压力 p 后，由推动座均匀推进对下盒施加剪应力，使土样沿上下盒水平接触面产生剪切变形，直至破坏。剪切面上相应的剪应力值由与上盒接触的量力环的变形值推算。在剪切过程中，每隔一固定时间间隔测计量力环中百分表读数，直至剪损。根据计量的剪应力 τ，与剪切位移 Δl 的值可绘制出一定法向应力 σ 条件下的剪应力—剪切位移关系曲线，如图 4-7所示。

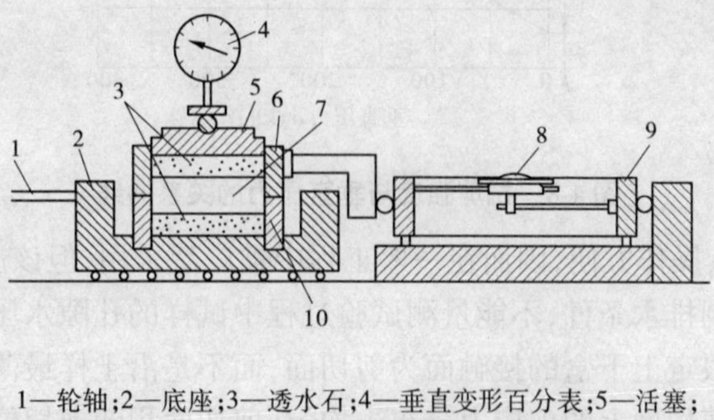

1—轮轴；2—底座；3—透水石；4—垂直变形百分表；5—活塞；
6—土盒；7—土样；8—测微表；9—量力环；10—下盒

图 4-6　应变控制式直剪仪示意

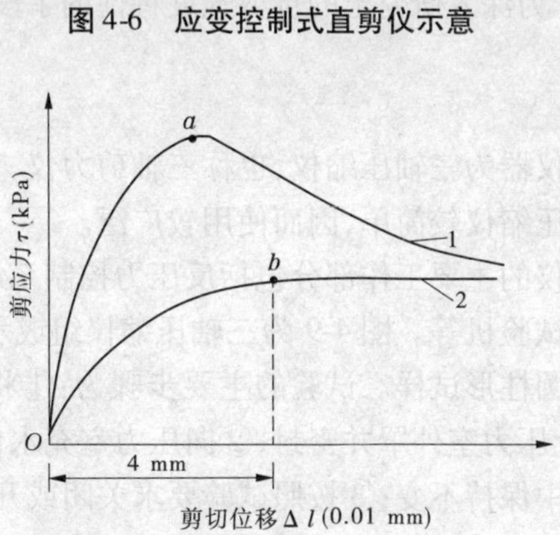

1—应变软化特征曲线；2—应变硬化特征曲线

图 4-7　剪应力与剪切位移关系

对于较密实的黏土及密砂土，$\tau \sim \Delta l$ 曲线具有明显峰值，如图 4-7 中曲线 1，其峰值即

为破坏强度 τ_f；对于软黏土和松砂，$\tau \sim \Delta l$ 曲线常不出现峰值，如图 4-7 中曲线 2，此时可按某一剪切变形量作为控制破坏标准，《土工试验方法标准》(GB/T 50123—1999)规定以相对稳定值 b 点的剪应力作为抗剪强度 τ_f。

图 4-7 中曲线 1 表明出现峰值后，峰后强度随应变增大而降低，此为应变软化特征。曲线 2 无峰值出现，强度随应变增大趋于某一稳定值，此为应变硬化特征。

要通过直剪试验确定某种土的抗剪强度，通常取四个试样，分别施加不同的垂直压力 σ 进行剪切试验，求得相应的抗剪强度 τ_f。将 τ_f 与 σ 绘于直角坐标系中，即得该土的抗剪强度包线，如图 4-8所示。强度包线与 σ 轴的夹角即为内摩擦角 φ，在 τ 轴上的截距即为土的黏聚力 c。绘制图 4-8 所示的抗剪强度与垂直压力的关系曲线时必须注意纵横坐标的比例一致。

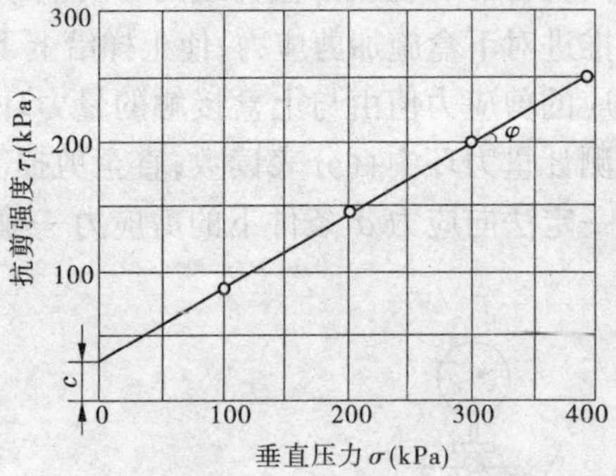

图 4-8　抗剪强度与垂直压力的关系曲线

直剪仪构造简单、操作方便，因而在一般工程中被广泛采用，但该试验存在着下述不足：

(1)不能严格控制排水条件，不能量测试验过程中试样的孔隙水压力。

(2)试验中人为限定上下盒的接触面为剪切面，而不是沿土样最薄弱的面剪切破坏。

(3)剪切过程中剪切面上的剪应力分布不均匀，剪切面积随剪切位移的增加而减小。

因此，直剪试验不宜作为深入研究土的抗剪强度特性的手段。

二、三轴压缩试验

三轴压缩试验所用的仪器为三轴压缩仪，也称三轴剪力仪，分为应变控制式和应力控制式两种。应变控制式三轴压缩仪较简单，因而使用较广泛。

应变控制式三轴压缩仪的主要工作部分包括反压力控制系统、周围压力控制系统、压力室、孔隙水压力测量系统、试验机等。图 4-9 为三轴压缩仪组成示意。

三轴压缩试验采用正圆柱形试样。试验的主要步骤为：①将制备好的试样套在橡皮膜内置于压力室底座上，装上压力室外罩并密封；②向压力室充水使周围压力达到所需的 σ_3，并使液压在整个试验过程中保持不变；③按照试验要求关闭或开启各阀门，开动马达使压力室的压力按选定的速率匀速上升，活塞即对试样施加轴向压力增量 $\Delta\sigma$，$\sigma_1 = \sigma_3 + \Delta\sigma$，如图 4-10(a)所示。$\sigma_3$ 维持不变，σ_1 不断增大，莫尔圆逐渐扩大至极限莫尔圆，试样被剪坏，如图 4-10(b)所示。极限莫尔圆可由试样剪坏时的 σ_{1f} 和 σ_3 作出，如图 4-10(c)中的实线圆。

试验时一般采用 3～4 个土样，在不同的 σ_3 作用下进行剪切，得出 3～4 个不同的破坏

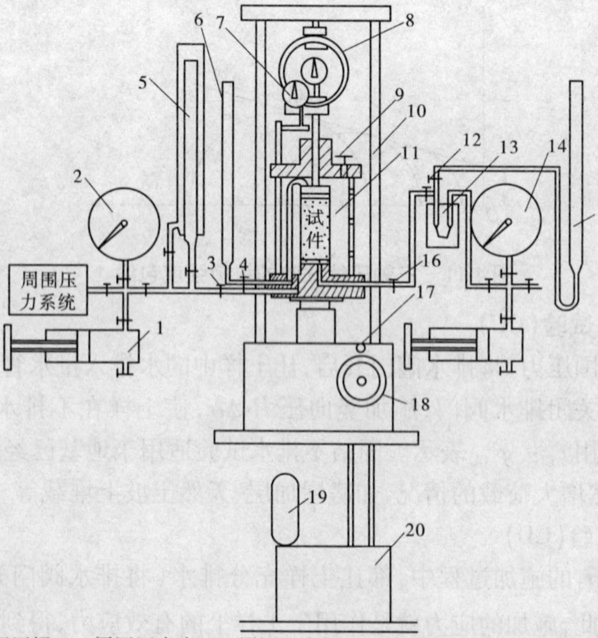

1—调压桶;2—周围压力表;3—周围压力阀;4—排水阀;5—体变管;6—排水管;
7—变形量表;8—测力环;9—排气孔;10—轴向加压设备;11—压力室;12—量管阀;
13—零位指标器;14—孔隙水压力表;15—量管;16—孔隙水压力阀;17—离合器;
18—手轮;19—马达;20—变速箱

图 4-9 三轴压缩仪组成示意

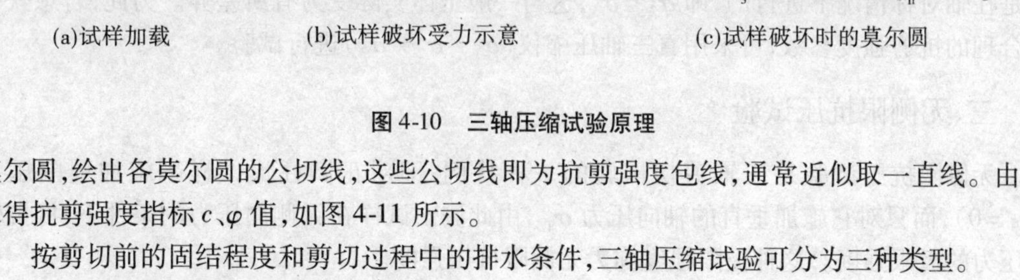

(a)试样加载 (b)试样破坏受力示意 (c)试样破坏时的莫尔圆

图 4-10 三轴压缩试验原理

莫尔圆,绘出各莫尔圆的公切线,这些公切线即为抗剪强度包线,通常近似取一直线。由此求得抗剪强度指标 c、φ 值,如图 4-11 所示。

按剪切前的固结程度和剪切过程中的排水条件,三轴压缩试验可分为三种类型。

(一)不固结不排水试验(UU)

试验过程自始至终关闭排水阀门,土样在剪切破坏时不能将土中的孔隙水排出。土样在加压和剪切过程中,含水率始终保持不变,得到的抗剪强度指标用 c_{UU}、φ_{UU} 表示。不固结不排水试验适用于地基透水条件差、排水不良,并且施工速度较快或斜坡稳定性验算的情况。

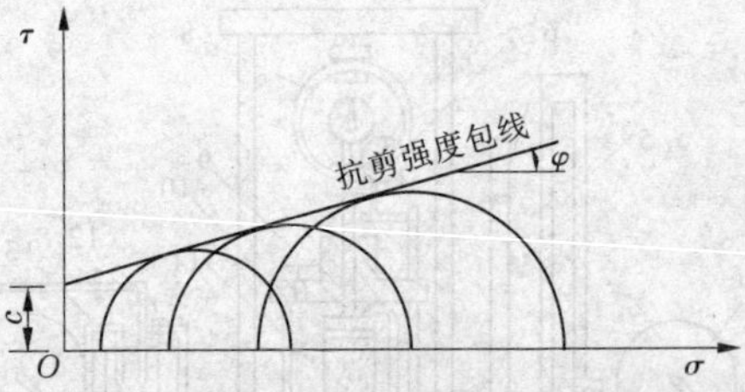

图 4-11　三轴压缩试验的抗剪强度包线

(二)固结不排水试验(CU)

先对土样施加周围压力,将排水阀门开启,让土样中的水排入量水管中,直至排水终止,土样固结稳定。然后关闭排水阀门,施加竖向压力 $\Delta\sigma$,使土样在不排水条件下剪切破坏,得到的抗剪强度指标用 c_{CU}、φ_{CU}表示。固结不排水试验适用于地基已经充分固结或者建筑物竣工后较久,又突然增大荷载的情况,如房屋加层、天然土坡上堆载等。

(三)固结排水试验(CD)

在固结过程和 $\Delta\sigma_1$ 的施加过程中,都让土样充分排水(将排水阀门开启),使土样中不产生孔隙水压力。因此,施加的应力就是作用于土样上的有效应力,得到的抗剪强度指标用 c_{CD}、φ_{CD}表示。固结排水试验适用于如黏土层中夹有砂层、粉土层、砂土层等地基透水性好、排水条件良好的土层。

三轴压缩试验可供在复杂应力条件下研究土的抗剪强度特性,具有以下几个优点:

(1)试验中能严格地控制试样的排水条件,准确测定试样在剪切过程中孔隙水压力的变化,从而定量获得土中有效应力的变化情况。

(2)与直接剪切试验对比,试样中的应力分布比较明确,土样沿最薄弱面产生剪切破坏。

(3)除抗剪强度指标外,还可测定土的灵敏度、侧压力系数、孔隙水压力系数等力学指标。

三轴压缩试验存在仪器较复杂、操作技术要求高、试样制备比较麻烦的缺点。此外,试验是在轴对称情况下进行的,即 $\sigma_2=\sigma_3$,这与一般土体实际受力有所差异。为此,若想获得更合理的抗剪强度参数,可采用真三轴压缩仪($\sigma_1\neq\sigma_2\neq\sigma_3$)进行试验。

三、无侧限抗压试验

无侧限抗压试验是三轴剪切试验的一种特例,即对正圆柱形试样不施加周围压力($\sigma_3=0$),而只对它施加垂直的轴向压力 σ_1,由此测出试样在无侧向压力的条件下,抵抗轴向压力的极限强度。这种极限强度称为无侧限抗压强度。

图 4-12(a)为应变控制式无侧限压缩仪,试样受力情况如图 4-12(b)。因为试验时 $\sigma_3=0$,所以试验成果只能作出一个极限莫尔圆,对于一般非饱和黏性土,难以作出强度包线。

对于饱和软黏土,根据三轴不排水剪切试验成果,其强度包线近似于一水平线,即 $\varphi_u=0$,故无侧限抗压试验适用于测定饱和软黏土的不排水强度,如图 4-12(c)所示。在 $\sigma\sim\tau$ 坐标图上,以无侧限抗压强度 q_u 为直径,通过 $\sigma_3=0$、$\sigma_1=q_u$ 作极限莫尔圆,其水平切线就

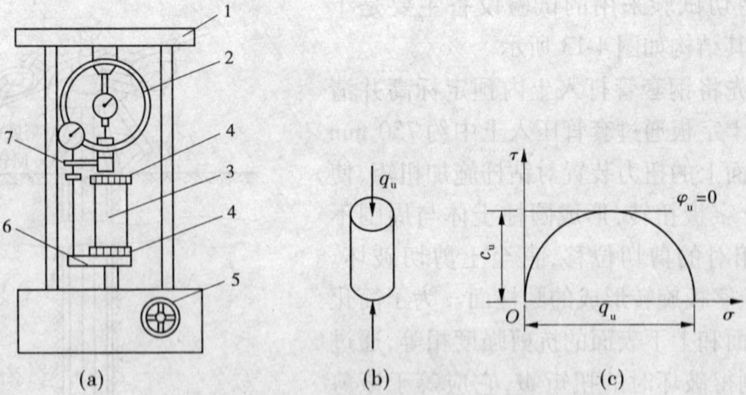

1—轴向加压架；2—轴向测力计；3—试样；4—上、下传压板；
5—手动或电动转轮；6—升降板；7—轴向位移计

图 4-12　应变控制式无侧限压缩仪

是强度包线，该线在 τ 轴上的截距 c_u 即等于抗剪强度 τ_f，即

$$\tau_f = c_u = \frac{q_u}{2} \tag{4-13}$$

式中　c_u ——饱和软黏土的不排水强度，kPa。

饱和软黏土的强度与土的结构有关，当土的结构遭受破坏时，其强度会迅速降低，工程上常用灵敏度 S_t 来反映土的结构性的强弱。

$$S_t = \frac{q_u}{q_0} \tag{4-14}$$

式中　q_u ——原状土的无侧限抗压强度，kPa；

q_0 ——重塑土（指在含水率不变的条件下使土的天然结构彻底破坏再重新制备的土）的无侧限抗压强度，kPa。

根据灵敏度可将饱和黏性土分为三类：

(1)低灵敏度，$1 < S_t \leqslant 2$。

(2)中灵敏度，$2 < S_t \leqslant 4$。

(3)高灵敏度，$S_t > 4$。

土的灵敏度越高，其结构性越强，受扰动后土的强度降低就越多。所以，在高灵敏度土上修建建筑物时，应尽量减少对土的扰动。

四、十字板剪切试验

上述介绍的抗剪强度试验都是室内试验，这些测试要求取得原状土样。但是由于试样在取样、运送、保存和制备等方面不可避免地受到扰动，含水率也会有所变化，特别是对于高灵敏度的软黏土，室内试验结果的精度难以保证。

在抗剪强度的原位测试方法中，目前国内广泛应用的是十字板剪切试验。十字板剪切试验是一种土的抗剪强度的原位测试方法。它不需要取原状土样，试验时的排水条件、受力状态与土所处的天然状态比较接近。这种试验方法适合于在现场测定难以取样的饱和软黏土的抗剪强度。

十字板剪切试验采用的试验设备主要是十字板剪切仪,其结构如图4-13所示。

试验时,先将钢套管打入土内预定标高并清除管内土,将十字板通过套管压入土中约750 mm深,然后由地面上的扭力装置对钻杆施加扭矩,使埋在土中的十字板扭转,形成圆柱土体与周围不动土体发生相对的剪切位移,直至土剪切破坏。其剪切面为十字板旋转形成的圆柱面。为了简化计算,设圆柱面和上下表面的抗剪强度相等,通过量力设备可测得破坏时的扭矩 M,它应等于该剪切面上的抵抗力矩之和,通过计算可以得到现场十字板测定的抗剪强度为

$$\tau_f = \frac{2M}{\pi D^2\left(H + \dfrac{D}{3}\right)} \tag{4-15}$$

式中 M——剪切破坏时的扭矩,kN·m;

H——十字板的高度,m;

D——十字板的直径,m。

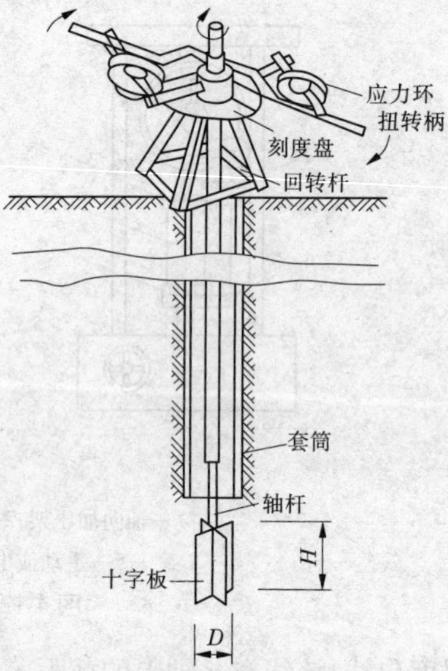

图4-13 十字板剪切仪

十字板剪切试验具有无须钻孔取样和使土少扰动的优点,且仪器结构简单、操作方便,因而在软黏土地基中有较好的适用性,常用于在现场对软黏土的灵敏度的测定。但这种原位测试方法中剪切面上的应力条件十分复杂,排水条件也不能严格控制,因此所测得的不排水强度与原状土的不排水剪切试验成果可能会有一定差别。

单元四 综合案例

在实际工程中,与土的抗剪强度有关的工程问题主要有以下四方面:

(1)地基承载力,若外荷载很大,基础下地基产生整体滑动或因局部剪切破坏而导致过大的地基变形,都会造成上部结构的破坏或影响其正常使用的事故,如图4-14(a)所示。

(2)土坡稳定性,包括土坝、路堤等人工填方土坡和山坡、河岸等天然土坡,以及挖方边坡等的稳定性问题,如图4-14(b)所示。

(3)深基坑土壁稳定性,如图4-14(c)所示。

(4)挡土墙地基稳定性,包括挡土墙、地下结构物等所受的周围土体对其产生的侧向压力,它受土强度的影响,可能导致这些构造物发生滑动或倾覆,如图4-14(d)所示。

土的抗剪强度对于工程设计、施工和管理都具有非常重要的理论和实际意义。下面通过对几个典型的工程事故实例的剖析,运用所讲授知识点分析工程实例或事故产生的原因及预防措施。

一、南京江南水泥厂土坡滑动

南京江南水泥厂位于南京市东北部、长江南岸栖霞山麓,山坡多次滑动。1975年夏,滑

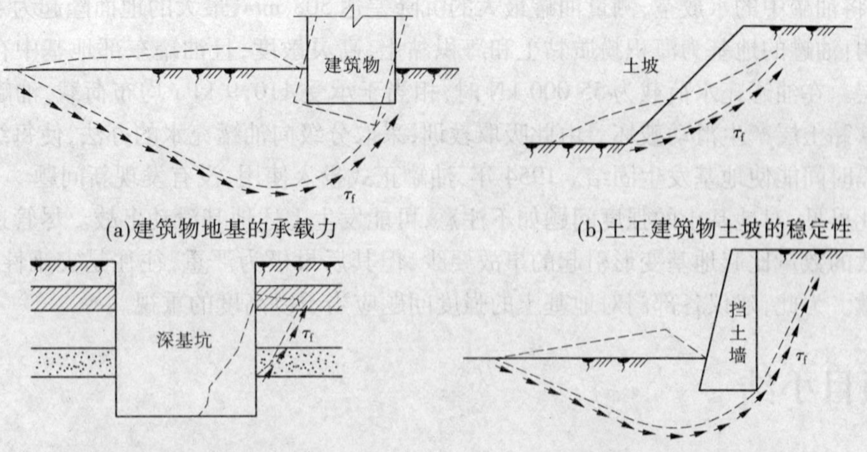

(a)建筑物地基的承载力　(b)土工建筑物土坡的稳定性

(c)深基坑土壁的稳定性　(d)挡土墙地基的稳定性

图 4-14　土的强度破坏有关的工程问题

动土体达数万立方米,危及水泥厂 3 号窑头厂房,工厂停工处理滑坡事故。栖霞山的山坡原是稳定的,建厂平整场地时开挖坡脚,使山坡土体失去平衡。夏季雨量集中,雨水渗入山坡残积土中,使土体含水率增加,抗剪强度降低,导致山坡滑动事故。为防止新的滑坡,在山麓修筑一道钢筋混凝土挡土墙。

二、香港宝城大厦土坡滑动

香港人口稠密,市区建筑密集,新建住宅只好建在山坡上。1972 年 7 月,香港发生一次大滑坡,数万立方米残积土从山坡上下滑,巨大的冲击力正好通过一幢高层住宅——宝城大厦,顷刻之间,宝城大厦倒塌被毁。因楼间净距太小,宝城大厦倒塌时,砸毁相邻一幢大楼一角约五层住宅。宝城大厦居住着金城银行等银行界人士,因大厦冲毁时为清晨 7 时,人们都还在睡梦中,当场死亡 120 人,这起重大伤亡事故引起了极大的震惊。

三、美国纽约汉森河旁一座的地基事故

美国纽约汉森河旁一座水泥仓库的地基事故是近代世界上最严重的建筑物破坏事例之一,这座水泥仓库位于纽约市汉森河旁,呈圆筒形,高约 21 m,仓库直径 13 m,一排圆筒仓库下部的基础为整块筏板基础,埋深 2.8 m。1940 年水泥仓库装载水泥,使黏土地基超载,引起地基土剪切破坏而滑动,水泥筒仓倾斜成 45°,地基土被挤出地面高达 5.18 m,与此同时,离筒仓净距 23 m 以外的办公楼受地基滑动影响,也发生了倾斜。

分析这起灾难性事故的原因,为仓库满载时超过地基强度的极限荷载引起地基整体滑动破坏,这是设计工程师的失误。

四、弗莱德里克斯特油罐倾斜事故

挪威弗莱德里克斯特 T8 号油罐的直径为 25.4 m,高度为 19.3 m,容积为 6 230 m^3。1952 年快速建造这座大油罐,竣工后试水,在 35 h 内注入油罐的水量约 6 000 m^3,因荷载增加太快,2 h 后,发现此油罐向东边倾斜,同时发现油罐东边的地面有很大隆起。事故发生

后,立即将油罐中的水放空,测量油罐最大的沉降差达 508 mm,最大的地面隆起为 406 mm。事后查明:油罐的地基为海积粉质黏土和海积黏土,高灵敏度,且油罐东部地基中存在局部软黏土层。在油罐充水荷载为 55 000 kN 时,相当于承受 110.9 kPa 均布荷载,油罐地基通过局部软黏土层产生滑动破坏。由此吸取教训,采取分级向油罐充水的办法,使每级充水之间的间隔时间能使地基发生固结。1954 年,油罐正式投入使用,没有发现新问题。

由此可见,对地基土的强度问题如不注意,可能发生上述地基滑动事故。尽管这类地基强度事故的数量比起地基变形引起的事故要少,但其后果极为严重,往往是灾难性的破坏,难以挽救。为此,建议各部门对地基土的强度问题应当予以高度的重视。

项目小结

1. 土体的破坏通常是剪切破坏。建筑物地基土受到过大的荷载作用,会出现部分土体沿着某一滑动面挤出,导致建筑物严重下陷,甚至倾倒。因此,在外力作用下,土体的破坏一般是由于一部分土体沿某一滑动面滑动而剪坏。土的强度问题实质上就是土的抗剪强度问题。抗剪强度是土力学的重要力学指标。

2. 库仑公式 $\tau_f = \sigma\tan\varphi$ 、$\tau_f = c + \sigma\tan\varphi$ 是验算砂土和黏土抗剪强度的最基本公式,由此公式推导和派生的其他公式和理论是地基土抗剪设计的依据。

3. 土处于极限平衡状态时的极限平衡条件。当为无黏性土时,可让 $c = 0$,由此得简化形式为 $\sigma_1 = \sigma_3 \tan^2\left(45° + \dfrac{\varphi}{2}\right)$, $\sigma_3 = \sigma_1 \tan^2\left(45° - \dfrac{\varphi}{2}\right)$, 上述公式统称为莫尔—库仑强度理论,由该理论所描述的土体极限平衡状态可知,土的剪切破坏并不是由最大剪应力 $\tau_{max} = \dfrac{\sigma_1 - \sigma_3}{2}$ 所控制的,即剪破面并不产生于最大剪应力面,而与最大剪应力面成 $\dfrac{\varphi}{2}$ 的夹角。

4. 土的抗剪强度理论可以归纳为以下几点:

(1)土的抗剪强度与该面上正应力的大小成正比。

(2)土的强度破坏是由土中某点的剪应力达到土的抗剪强度所引起的。

(3)破坏面不发生在最大剪应力作用面上,而是在应力圆与抗剪强度包线相切的切点所代表的平面上,即与最大主应力作用面成 $\alpha = 45° + \dfrac{\varphi}{2}$ 交角的平面上。

(4)如果同一种土中有几个试样在不同的大、小主应力组合下受剪,则在 $\tau \sim \sigma$ 坐标图上可得几个极限莫尔圆,这些应力圆的公切线就是其抗剪强度包线(可视为一直线)。

(5)土的极限平衡条件是判别土体中某点是否达到极限平衡状态的基本公式。

5. 抗剪强度指标的测定包括直接剪切试验、三轴压缩试验、无侧限抗压试验和十字板剪切试验等。

技能训练

一、基础理论思考

1. 何谓土的抗剪强度? 砂土与黏性土的抗剪强度表达式有何不同? 为什么说土的抗剪

强度不是一个定值?

2. 简述抗剪强度的理论要点。

3. 简述影响土抗剪强度的主要因素。

4. 土体中发生剪切破坏的平面是不是剪应力最大的平面?在什么情况下,破裂面与最大剪应力面是一致的?一般情况下,破裂面与最大主应力面成什么角?

5. 简述室内确定土抗剪强度指标的基本方法及这些方法的特点。

6. 简述直接剪切试验和三轴压缩试验的优缺点。

二、工程模拟训练

1. 已知地基土中某点的最大主应力为 $\sigma_1 = 600$ kPa,最小主应力 $\sigma_3 = 200$ kPa。绘制该点应力状态的莫尔圆。求最大剪应力 τ_{max} 值及其作用面的方向,并计算与最大主应力面成 $\alpha = 15°$ 夹角的斜面上的正应力和剪应力。

2. 一饱和黏性土试样在三轴压缩仪中进行固结不排水试验,施加周围压力 $\Delta\sigma_3 = 200$ kPa,试件破坏时的主应力差 $\sigma_1 - \sigma_3 = 280$ kPa,测得孔隙水压力 $u_f = 180$ kPa,如果破坏面与水平面的夹角为 57°。试求破坏面上的法向应力和剪应力以及试件中的最大剪应力。

项目五 土压力计算

学习目标

1. 理解三种土压力的概念及产生条件。

2. 掌握朗肯土压力和库仑土压力理论,能根据实际情况,简化计算各种情况下的土压力。

3. 了解经典理论的误差,了解两种土压力理论的区别。

【项目导入】

土建工程中,许多构筑物如挡土墙、隧道和基坑围护结构等挡土墙起着支撑土体、保持土体稳定,使其不致坍塌的作用,挡土墙通常承受其后填土因自重或外荷载作用对墙背产生的侧向压力,这种侧向压力就是土压力。挡土墙的土压力与填土性质、挡土墙的形状和位移方向,以及地基土性质等因素有关,如何理解三种土压力的产生条件?如何进行土压力的计算?

单元一 概 述

土坡可分为由于地质作用而形成的天然土坡和因人类平整场地、开挖基坑等而形成的人工土坡。由于某些外界不利因素,土坡可能出现局部土体滑动而丧失其稳定性。土坡的坍塌常造成严重的工程事故,并危及人身安全。因此,应验算土坡的稳定性并采取适当的工程措施。

挡土墙是防止土体坍塌的构筑物,在房屋建筑和铁路、公路、桥梁以及水利工程中广泛使用。建造挡土墙的目的是用来阻挡土坡滑动或用于储藏粒状材料等。如图 5-1 所示,为工程中经常采用的几种挡土墙形式。挡土墙通常承受其后填土因自重或外荷载作用对墙背产生的侧向压力,侧向压力是挡土墙所承受的主要荷载。挡土墙的土压力与填土性质、挡土墙的形状和位移方向,以及地基土性质等因素有关。

一、土压力的种类

挡土墙上承受的土压力的大小及其分布情况受墙体可能产生位移的方向、墙后填土的种类、填土的角度、墙的截面刚度和地基变形等一系列因素影响,其中挡土墙的位移方向和位移量是计算挡土墙承受土压力的重要因素。根据挡土墙的位移情况和墙后土体所处的应力状态,土压力可分为静止土压力、主动土压力和被动土压力三种。

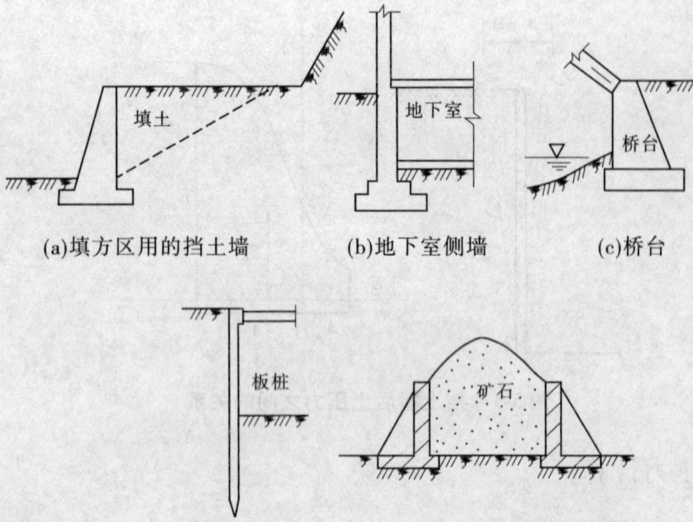

(a)填方区用的挡土墙　(b)地下室侧墙　(c)桥台

(d)基坑支护　(e)散粒贮仓

图 5-1　挡土墙在实际工程中的应用

(一)静止土压力

当挡土墙静止不动,墙后土体处于弹性平衡状态时(见图 5-2(a)),作用在墙背上的土压力称为静止土压力,用 E_0 表示。如地下室外墙、地下水池侧壁、涵洞的侧壁以及其他不产生位移的挡土构筑物,均可按静止土压力计算。

(二)主动土压力

当挡土墙向前移动或转动时,墙后土体向墙一侧伸展达到极限平衡状态时(见图 5-2(b)),作用在墙背上的土压力称为主动土压力,一般用 E_a 表示。

(三)被动土压力

当挡土墙在外力作用下,向土体方向偏移至墙后土体达到极限平衡状态时(见图 5-2(c)),作用在墙背上的土压力称为被动土压力,一般用 E_p 表示。如拱桥桥台在桥上荷载作用下挤压土体并产生一定量的位移,则作用在台背的侧压力属于被动土压力。

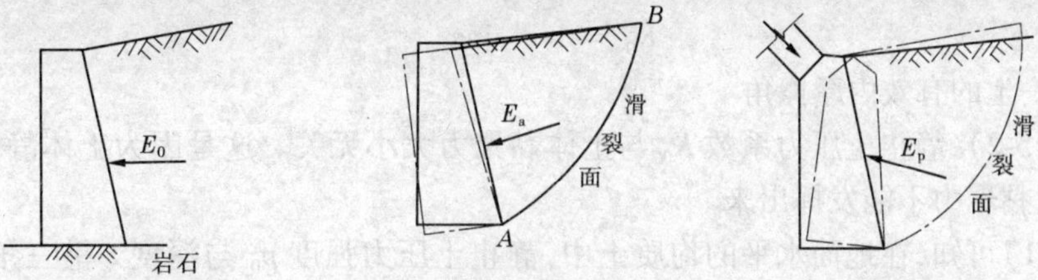

(a)静止土压力　(b)主动土压力　(c)被动土压力

图 5-2　挡土墙上的三种土压力

图 5-3 给出了三种土压力与挡土墙位移的关系。

【小贴士】　由图 5-3 可知,在其他条件相同的情况下,$E_a < E_0 < E_p$。实际工程中墙后填土未必达到极限平衡状态,作用在挡土墙上的土压力可能为主动土压力和被动土压力之间的某一数值,其大小与挡土墙的位移情况有关。

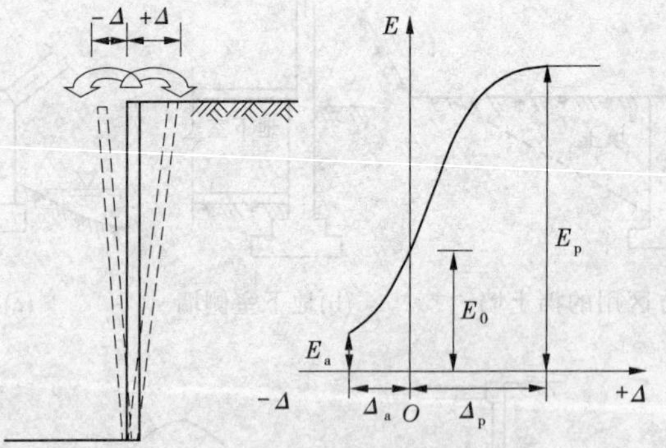

图 5-3　挡土墙后土压力之间的关系

二、静止土压力计算

挡土墙受静止土压力作用时，由于挡土墙静止不动，土体无侧向位移，墙后任一点土体均处于稳定状态，假设墙体为刚性的，墙后填土为均质、各向同性且无限延伸，则可以把墙体看作土体的一部分进行研究。在墙后深度 z 处取一微小单元体，作用在此单元体上的竖向应力为土的自重应力 γz，水平应力即为静止土压力强度 p_0，那么

$$p_0 = K_0 \gamma z \tag{5-1}$$

式中　p_0——静止土压力强度，kPa；

γ——墙后填土的重度，kN/m^3；

z——计算点深度，m；

K_0——静止土压力系数。

静止土压力系数 K_0 与土的性质、密实程度等因素有关，一般砂土可取 0.35 ~ 0.50，黏性土为 0.50 ~ 0.70。

静止土压力系数 K_0 可在室内由三轴压缩仪或在现场由原位自钻式旁压仪等测试手段和方法得到。应该指出，目前测定 K_0 的设备和方法还不够完善，所得结果还不能令人满意。在缺乏试验资料时，对正常固结土，可近似地按下列半经验公式计算

$$K_0 = 1 - \sin\varphi' \tag{5-2}$$

式中　φ'——土的有效内摩擦角。

根据式(5-2)，静止土压力系数 K_0 与土体黏聚力大小无关。这是因为土体静止时无位移，无位移则黏聚力不能发挥出来。

由式(5-1)可知，在地面水平的均质土中，静止土压力强度 p_0 与深度 z 呈三角形分布，对于高度为 H 的竖直挡土墙，作用在单位长度墙后的静止土压力合力 E_0 为

$$E_0 = \frac{1}{2} K_0 \gamma H^2 \tag{5-3}$$

式中　H ——挡土墙高度，m。

合力 E_0 的方向水平，作用点在距墙底 $H/3$ 高度处。

【案例 5-1】　某边坡嵌于岩基上的挡土墙，墙高 $H = 4$ m，墙后填土重度 $\gamma = 18.5$ kN/m^3，静止土压力系数 $K_0 = 0.35$，求作用在挡土墙上的土压力。

【案例解析】　因为挡土墙嵌于岩基上，可以认为挡土墙基本不发生移动，应按静止土压力计算。

(1)计算墙顶和墙踵两点处的静止土压力强度

墙顶处　$p_0 = 0$

墙踵处　$p_0 = K_0\gamma H = 0.35 \times 18.5 \times 4 = 25.9\text{(kPa)}$

(2)绘出静止土压力分布图，如图5-4所示。

(3)计算总静止土压力，大小即土压力分布图面积，方向水平指向墙背，作用点距墙底 $H/3 = 1.33$ m。

$$E_0 = \frac{1}{2}K_0\gamma H^2 = \frac{1}{2} \times 25.9 \times 4 = 51.8\text{(kN/m)}$$

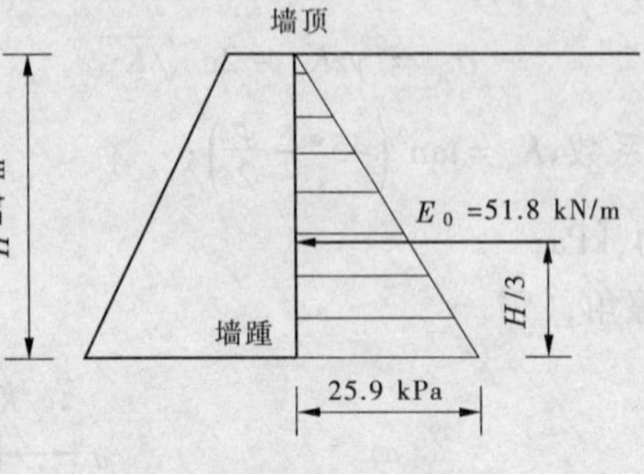

图5-4　案例5-1图

单元二　朗肯土压力理论

1857年英国学者朗肯研究了土体在自重作用下发生平面应变时达到极限平衡的应力状态，建立了计算土压力的理论。由于其概念明确、方法简便，至今仍被广泛应用。

一、朗肯土压力理论条件

朗肯土压力理论是根据半空间的应力状态和土体的极限平衡条件建立的，即将土中某一点的极限平衡条件应用到挡土墙的土压力计算中，分析时假定：

(1)挡土墙是无限均质土体的一部分。

(2)墙背垂直光滑。

(3)墙后填土面是水平的。

由前述假定可以保证墙背直立且和填土之间没有摩擦力，按墙身的移动情况，根据填土内任一点处于主动或被动极限平衡状态时最大主应力与最小主应力之间的关系求得主动或被动土压力强度。因未考虑摩擦力的存在，这种方法求得的主动土压力值偏大而被动土压力值偏小。因此，用朗肯土压力理论来设计挡土墙是偏安全的，而且公式简单，便于记忆，被广泛应用。

二、主动土压力

由土体极限平衡理论公式可知，大小主应力应满足下述关系：

黏性土 $$\sigma_3 = \sigma_1 \tan^2\left(45° - \frac{\varphi}{2}\right) - 2c\tan\left(45° - \frac{\varphi}{2}\right) \tag{5-4}$$

无黏性土 $$\sigma_3 = \sigma_1 \tan^2\left(45° - \frac{\varphi}{2}\right) \tag{5-5}$$

设墙背竖直光滑、填土面水平(见图5-5(a)),当挡土墙偏离土体时,墙背土体中离地表任一深度 z 处竖向应力 σ_{cz} 为大主应力 σ_1,σ_{cx} 为小主应力 σ_3,且 $\sigma_{cz} = \gamma z$、$\sigma_{cx} = \sigma_a$,故可得朗肯主动土压力强度 σ_a 为

无黏性土 $$\sigma_a = \sigma_{cx} = \gamma z\tan^2\left(45° - \frac{\varphi}{2}\right)$$

$$\sigma_a = \gamma z K_a \tag{5-6}$$

黏性土 $$\sigma_a = \sigma_{cx} = \gamma z\tan^2\left(45° - \frac{\varphi}{2}\right) - 2c\tan\left(45° - \frac{\varphi}{2}\right)$$

$$\sigma_a = \gamma z K_a - 2c\sqrt{K_a} \tag{5-7}$$

式中 K_a——主动土压力系数,$K_a = \tan^2\left(45° - \frac{\varphi}{2}\right)$;

c——填土的黏聚力,kPa;

φ——填土的内摩擦角,(°)。

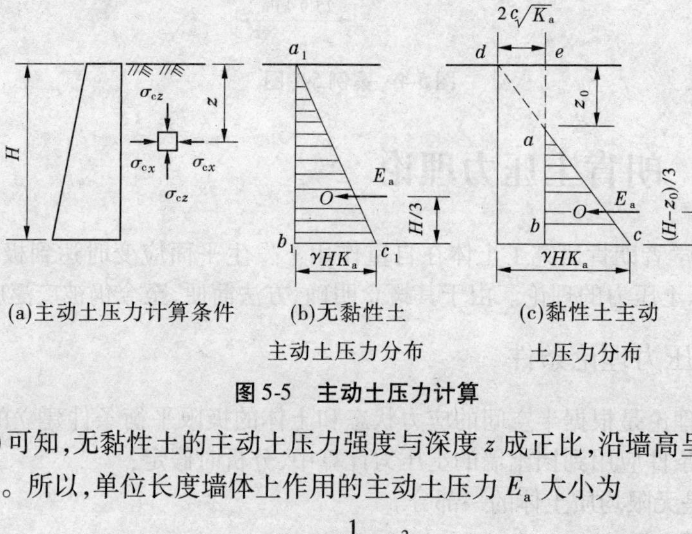

(a)主动土压力计算条件 (b)无黏性土主动土压力分布 (c)黏性土主动土压力分布

图5-5 主动土压力计算

由式(5-6)可知,无黏性土的主动土压力强度与深度 z 成正比,沿墙高呈三角形分布,如图5-5(b)所示。所以,单位长度墙体上作用的主动土压力 E_a 大小为

$$E_a = \frac{1}{2}\gamma H^2 K_a \tag{5-8}$$

E_a 的作用点通过三角形压力分布图 $a_1b_1c_1$ 的形心,距墙底 $H/3$ 处。

对于黏性土,其土压力强度分布如图5-5(c)所示。主动土压力强度由两部分组成:一部分是由土的自重应力引起的土压力,另一部分是由黏聚力引起的负侧压力。主动土压力是这两部分土压力叠加的结果。土压力强度为零的点处在土面以下 z_0 处,z_0 深度以上土压力为负值,即拉力。实际上挡土墙与土之间是不能承担拉力的,因此 σ_a 随深度 z 增加会逐渐由负值变为零,对应于 $\sigma_a = 0$ 处的相应深度为

$$z_0 = \frac{2c}{\gamma\sqrt{K_a}} \tag{5-9}$$

黏性土单位长度挡土墙上作用的主动土压力 E_a 可按下式计算

$$E_a = \frac{1}{2}(H - z_0)(\gamma H K_a - 2c\sqrt{K_a}) \tag{5-10}$$

将式(5-9)代入式(5-10)得

$$E_a = \frac{1}{2}\gamma H^2 K_a - 2cH\sqrt{K_a} + \frac{2c^2}{\gamma} \tag{5-11}$$

E_a 的作用点通过三角形 abc 的形心,距墙底 $(H-z_0)/3$ 处。

【案例5-2】 有一挡土墙,高6 m,墙背直立、光滑,墙后填土面水平。填土为黏性土,其重度 $\gamma = 17\ \text{kN/m}^3$,内摩擦角 $\varphi = 20°$,黏聚力 $c = 8\ \text{kPa}$。试求主动土压力及其作用点,并绘出主动土压力分布图。

【案例解析】 主动土压力系数

$$K_a = \tan^2\left(45° - \frac{\varphi}{2}\right) = \tan^2\left(45° - \frac{20}{2}\right) = 0.49$$

墙底土压力强度

$$\sigma_a = \gamma H K_a - 2c\sqrt{K_a} = 17 \times 6 \times 0.49 - 2 \times 8 \times \sqrt{0.49} = 38.8(\text{kPa})$$

临界深度

$$z_0 = \frac{2c}{\gamma\sqrt{K_a}} = \frac{2 \times 8}{17 \times \sqrt{0.49}} = 1.34(\text{m})$$

主动土压力合力

$$E_a = \frac{1}{2}(H - z_0)\sigma_a = \frac{1}{2} \times (6 - 1.34) \times 38.8 = 90.4(\text{kN/m})$$

主动土压力合力作用点距墙底的距离 $= \frac{H - z_0}{3} = \frac{6 - 1.34}{3} = 1.55(\text{m})$

主动土压力分布如图5-6所示。

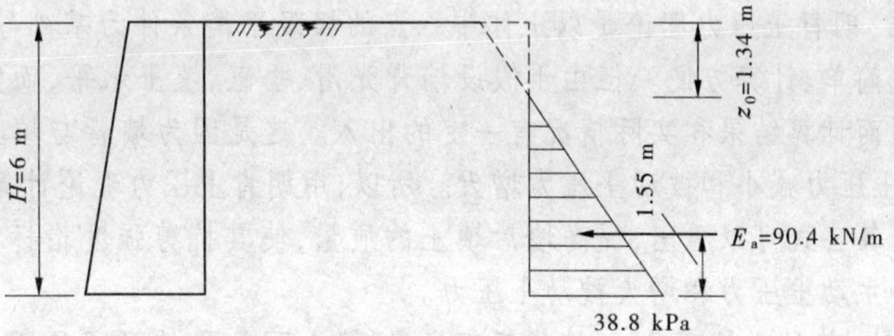

图5-6　案例5-2图

三、被动土压力

朗肯被动土压力假设条件和基本原理与其主动土压力理论相同。

当挡土墙受到被动土压力作用时,墙后一定范围内填土达到被动极限平衡状态。与主动土压力相反,分析墙后任一深度 z 处的一单元微体时,水平方向的土压力相当于大主应力 σ_1,即 $\sigma_p = \sigma_1$,而竖直方向的应力相当于小主应力 σ_3,即 $\sigma_3 = \sigma_{cz} = \gamma z$。

如图5-7(a)为被动土压力计算简图,图5-7(b)为无黏性土土压力简图,图5-7(c)为黏性土土压力简图。

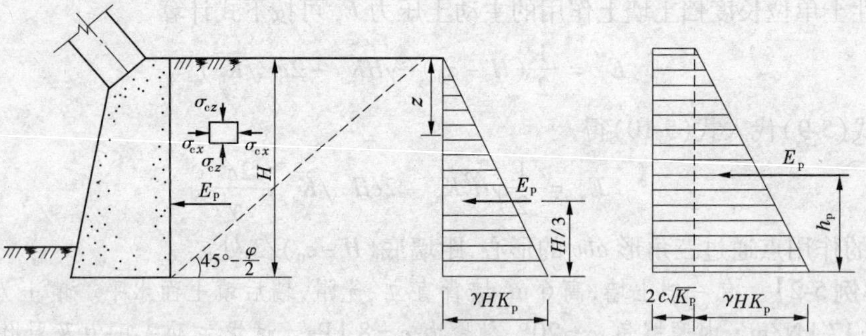

(a)被动土压力计算简图　(b)无黏性土土压力简图　(c)黏性土土压力简图

图 5-7　被动土压力分布

按主动土压力的方法,由土体极限平衡条件可得

黏性土
$$\sigma_p = \gamma z K_p + 2c\sqrt{K_p} \tag{5-12}$$

无黏性土
$$\sigma_p = \gamma z K_p \tag{5-13}$$

式中　K_p——朗肯被动土压力系数,$K_p = \tan^2(45° + \varphi/2)$;

σ_p——被动土压力,kPa;

其余符号意义同前。

被动土压力分布的合力为

黏性土
$$E_p = \frac{1}{2}\gamma H^2 K_p + 2cH\sqrt{K_p} \tag{5-14}$$

无黏性土
$$E_p = \frac{1}{2}\gamma H^2 K_p \tag{5-15}$$

无黏性土的被动土压力合力作用点距墙底 $H/3$ 处,方向垂直墙背。黏性土的被动土压力合力作用点在梯形的形心处,方向也垂直墙背。

【小贴士】　朗肯土压力理论是以土体中一点的极限平衡条件为基础导出计算公式,其概念明确、公式简单、计算方便。但由于假设墙背光滑、垂直、填土水平,而实际中一般挡土墙并非光滑,因而计算结果和实际情况有一定的出入。这是因为墙背与填土之间存在的摩擦力将使主动土压力减小和被动土压力增大。所以,用朗肯土压力理论计算是偏于安全的。此外,从上述计算公式可以看出,提高墙后填土的质量,使其抗剪强度指标和黏聚力 c 值增加,有助于减小主动土压力和增大被动土压力。

【案例 5-3】　某挡土墙高 5 m,墙背铅直光滑,填土面水平,如图 5-8 所示。墙后填土物理力学性质指标为:$c = 10$ kPa,$\varphi = 20°$,$\gamma = 18$ kN/m³。绘出被动土压力强度分布图,并求出土压力合力大小,指出其方向和作用点的位置。

【案例解析】　(1)求被动土压力系数

$$K_p = \tan^2\left(45° + \frac{20°}{2}\right) = 2.04$$

(2)计算墙顶和墙踵处的被动土压力强度

墙顶处

$$\sigma_p = 2c\sqrt{K_p} = 2 \times 10 \times \sqrt{2.04} = 28.6(\text{kPa})$$

墙踵处

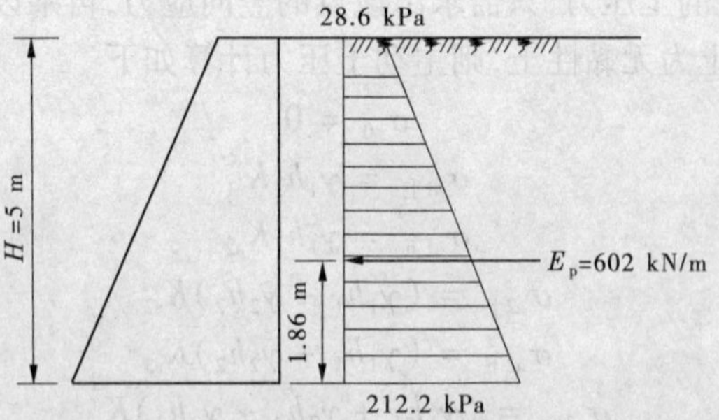

图 5-8　案例 5-3 附图

$$\sigma_p = \gamma H K_a + 2c\sqrt{K_p} = 18 \times 5 \times 2.04 + 2 \times 10 \times \sqrt{2.04} = 212.2(\text{kPa})$$

被动土压力强度分布如图 5-8 所示。

$$E_p = \frac{1}{2}\gamma H^2 K_p + 2cH\sqrt{K_p} = \frac{1}{2} \times (212.2 - 28.6) \times 5 + 28.6 \times 5$$

$$= 459 + 143 = 602(\text{kN/m})$$

方向为垂直指向墙背，作用点距墙踵距离为

$$y_c = \frac{143 \times \frac{5}{2} + 459 \times \frac{5}{3}}{602} = 1.86(\text{m})$$

四、几种常见土压力计算

(一)填土面有均布荷载

当填土面上作用均布荷载 q 时，如图 5-9 所示，根据式(5-7)的推导方法，墙后距填土面为 z 深度处一点的大主应力(竖向)$\sigma_1 = q + \gamma z$，小主应力 $\sigma_3 = \sigma_a$，于是根据土的极限平衡条件可得：

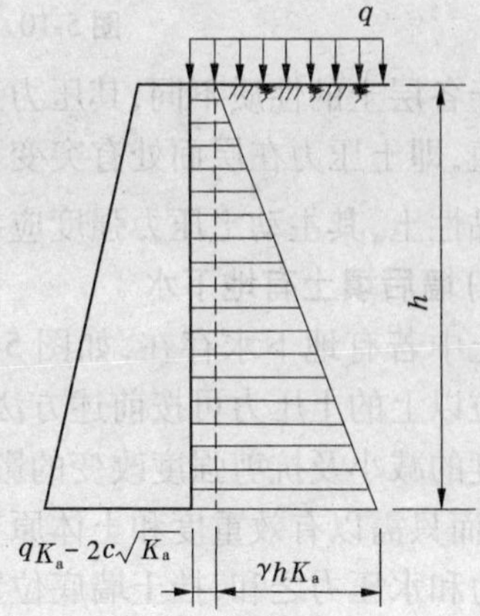

图 5-9　填土面上均布荷载作用的土压力计算

黏性土

$$\sigma_a = (q + \gamma z)K_a - 2c\sqrt{K_a} \quad (5\text{-}16)$$

砂土

$$\sigma_a = (q + \gamma z)K_a \quad (5\text{-}17)$$

当填土为黏性土时，令 $z = z_0$，$\sigma_a = 0$，带入式(5-16)，可得临界深度计算公式为

$$z_0 = \frac{2c}{\gamma\sqrt{K_a}} - \frac{q}{\gamma} \quad (5\text{-}18)$$

若荷载 q 较大，则式(5-18)计算的 z_0 会出现负值，此时说明在墙顶处存在土压力，其值可通过令 $z = 0$ 由式(5-16)求得

$$\sigma_a = qK_a - 2c\sqrt{K_a} \quad (5\text{-}19)$$

(二)成层填土情况

如图 5-10 所示，挡土墙后填土由几种性质不同的土层组成，在计算土压力时将受到不同填土性质的影响。当满足朗肯土压力理论的基本假设时，仍可用朗肯土压力理论进行计

算。若要求某深度 z 处的土压力，只需求出该点的竖向应力，再乘以该点所在土层的土压力系数。假设图 5-10 填土为无黏性土，则主动土压力计算如下

$$\sigma_{a0} = 0$$

$$\sigma_{a1上} = \gamma_1 h_1 K_{a1}$$

$$\sigma_{a1下} = \gamma_1 h_1 K_{a2}$$

$$\sigma_{a2上} = (\gamma_1 h_1 + \gamma_2 h_2) K_{a2}$$

$$\sigma_{a2下} = (\gamma_1 h_1 + \gamma_2 h_2) K_{a3}$$

$$\sigma_{a3上} = (\gamma_1 h_1 + \gamma_2 h_2 + \gamma_3 h_3) K_{a3}$$

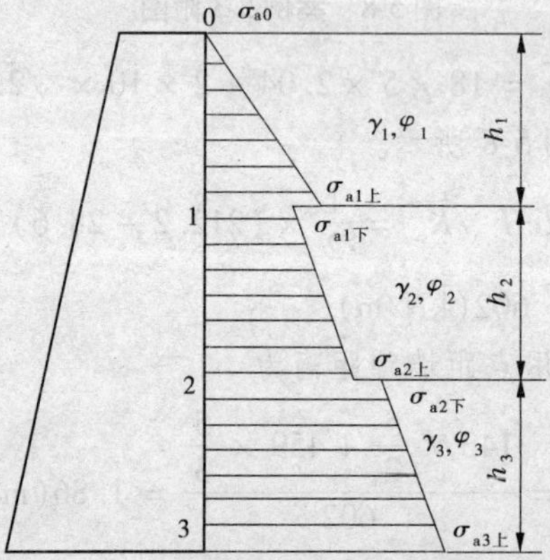

图 5-10　挡土墙后土压力之间的关系

由于各层土的性质不同，其压力系数也不相同，因此在土层的分界面上，土压力强度有两个数值，即土压力在层面处有突变。图 5-10 中，1 点处 $K_{a1} > K_{a2}$，2 点处 $K_{a2} < K_{a3}$。若墙后土体为黏性土，其主动土压力强度应扣除 $2c\sqrt{K_a}$。

（三）墙后填土有地下水

填土中若有地下水存在，如图 5-11 所示，则墙背同时受到土压力和静水压力的作用。地下水位以上的土压力可按前述方法计算。地下水位以下的土层压力，应考虑地下水引起填土重度的减小及抗剪强度改变的影响。在一般的工程中，可不计地下水对土体抗剪强度的影响，而只需以有效重度和土体原有的黏聚力 c 和内摩擦角 φ 来计算土压力。总侧压力为土压力和水压力之和，挡土墙底位置处的总侧压力为 $\sigma_{a上}$ 和 $\sigma_{a水}$ 之和

$$\sigma_a = \sigma_{a上} + \sigma_{a水} = (\gamma_1 h_1 + \gamma' h_2) K_a + \gamma_w h_2 \tag{5-20}$$

【案例 5-4】　有一挡土墙高为 5 m，墙背直立、光滑，墙后填土面水平，其上作用有均布荷载 $q = 10\ \text{kN/m}^2$（见图 5-12）。填土的物理力学指标为：$\varphi = 24°$，$c = 6\ \text{kPa}$，$\gamma = 18\ \text{kN/m}^3$。求主动土压力 E_a，并绘出主动土压力强度分布图。

【案例解析】　填土表面处主动土压力强度

$$\sigma_{a1} = qK_a - 2c\sqrt{K_a} = 10 \times \tan^2(45° - 24°/2) - 2 \times 6 \times \tan(45° - 24°/2) = -3.58(\text{kPa})$$

墙底处的土压力强度

$$\sigma_{a2} = (q + \gamma h)K_a - 2c\sqrt{K_a} = -3.58 + 18 \times 5 \times \tan^2(45° - 24°/2) = 34.4(\text{kPa})$$

临界深度　$z_0 = \dfrac{2c}{\gamma\sqrt{K_a}} - \dfrac{q}{\gamma} = \dfrac{2 \times 6}{18 \times \tan(45° - 24°/2)} - \dfrac{10}{18} = 0.47(\text{m})$

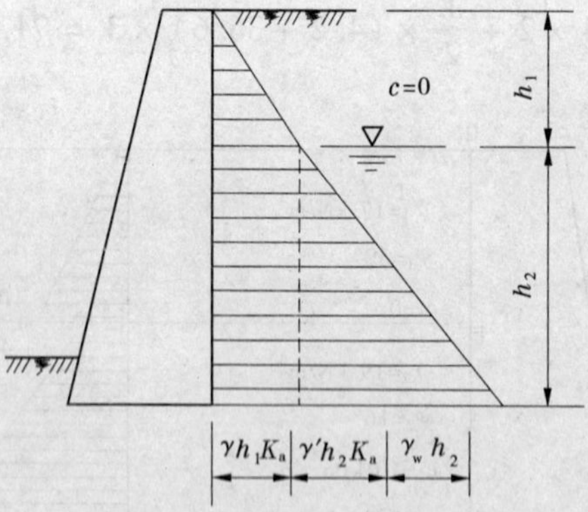

图 5-11　填土中有地下水的土压力计算简图

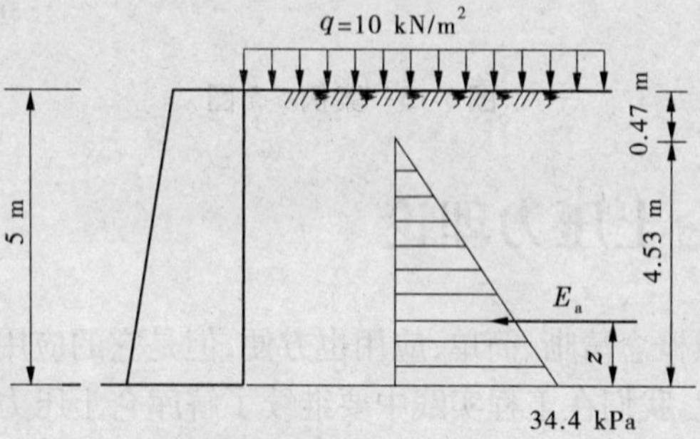

图 5-12　案例 5-4 图

总主动土压力　$E_a = \frac{1}{2} \times 34.4 \times 4.53 = 77.9(\mathrm{kN/m})$

土压力作用点位置　$z = \frac{1}{3} \times (5 - 0.47) = 1.51(\mathrm{m})$

【案例 5-5】　有一挡土墙高为 5 m，墙背直立、光滑，墙后填土面水平，且分两层。各层土的物理力学性质指标如图 5-13 所示。试求主动土压力合力 E_a，并绘制出主动土压力 E_a 的分布图。

【案例解析】　(1)各层土上、下面处的 σ_a。

$$\sigma_{a0} = \gamma z \tan^2(45° - \varphi_1/2) = 0$$

$$\sigma_{a1上} = \gamma_1 h_1 K_{a1} = 17 \times 2 \times \tan^2(45° - 32°/2) = 10.4(\mathrm{kPa})$$

$$\begin{aligned}\sigma_{a1下} &= \gamma_1 h_1 K_{a2} - 2c_2\sqrt{K_{a2}} \\ &= 17 \times 2 \times \tan^2(45° - 16°/2) - 2 \times 10 \\ &\quad \times \tan(45° - 16°/2) = 4.2(\mathrm{kPa})\end{aligned}$$

$$\begin{aligned}\sigma_{a2} &= (\gamma_1 h_1 + \gamma_2 h_2)K_{a2} - 2c_2\sqrt{K_{a2}} \\ &= (17 \times 2 + 19 \times 3) \times \tan^2(45° - 16°/2) - \\ &\quad 2 \times 10 \times \tan(45° - 16°/2) = 36.6(\mathrm{kPa})\end{aligned}$$

(2)主动土压力合力。

$$E_a = \frac{1}{2}\sigma_{a1上} h_1 + \frac{1}{2}(\sigma_{a1下} + \sigma_{a2})h_2$$

$$= \frac{1}{2} \times 10.4 \times 2 + \frac{1}{2} \times (4.2 + 36.6) \times 3 = 71.6(\text{kN/m})$$

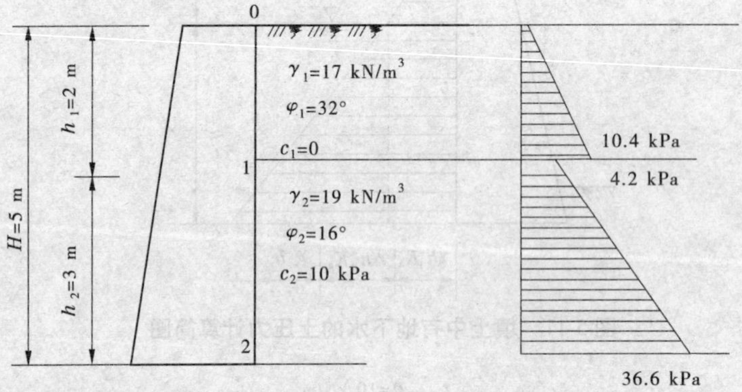

图 5-13　案例 5-5 图

单元三　库仑土压力理论

朗肯土压力理论虽然概念清晰、简单,应用也方便,但是它的应用条件非常苛刻,工程上很难满足其假设条件。因此,我们在工程实践中要继续了解库仑土压力理论以及我国规范方法。

一 、库仑土压力理论条件

库仑在 1776 年总结了大量的工程实践经验后,根据挡土墙的具体情况,提出了较为符合当时实际情况的土压力计算理论。虽然这一方法的被动土压力计算值与实际情况相差较大,但这一方法对于挡土墙的设计计算具有较好的实用性。库仑土压力理论所要求的条件,也比朗肯土压力理论更为符合实际情况。

库仑土压力理论基本假设有以下几方面:

(1)墙后填土为均匀的无黏性土($c=0$),填土表面倾斜($\beta>0$)。

(2)挡土墙是刚性的,墙背倾斜,倾角为 ε。

(3)墙面粗糙,墙背与土之间存在摩擦力($\delta>0$)。

(4)滑动破裂面为通过墙踵的平面。

库仑土压力理论适用于砂土或碎石填土的挡土墙计算,可考虑墙背倾斜、填土面倾斜以及墙背与填土间的摩擦等多种因素的影响。可以适用于不符合朗肯假设的墙后填土为砂类土的各种情况挡土墙的土压力的计算。

二、主动土压力

沿挡土墙长度方向取一单位长度的墙进行分析,当土压力作用迫使墙体向前位移或绕墙前趾转动,当位移或转动达到一定数值,墙后土体达到极限平衡状态时,产生滑动面 BC,滑动土体 ABC 有下滑的趋势。取土体 ABC 作为脱离体,它所受重力 W、滑动面上的作用力及挡土墙对它的作用力的方向如图 5-14 所示。墙对它的作用力就是主动土压力的反作用力。在极限平衡状态下,三个力组成封闭三角形。

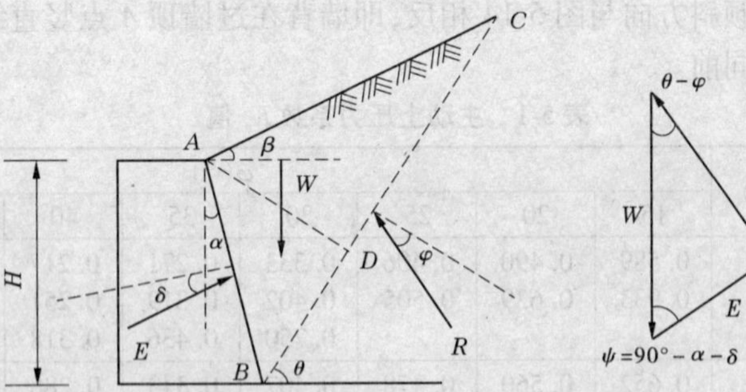

δ—墙背与土的摩擦角，称为外摩擦角；φ—土的内摩擦角

图 5-14 库仑主动土压力理论

滑动土体 ABC 的重量

$$W = \gamma \times \frac{1}{2} BC \times AD \tag{5-21}$$

由正弦定律知

$$BC = AB \times \frac{\sin(90^\circ - \alpha + \beta)}{\sin(\theta - \beta)}$$

即

$$BC = \frac{H}{\cos\alpha} \frac{\sin(90^\circ - \alpha + \beta)}{\sin(\theta - \beta)} = \frac{H\cos(\alpha - \beta)}{\cos\alpha\sin(\theta - \beta)} \tag{5-22}$$

在直角三角形 ADB 中

$$AD = AB \times \cos(\theta - \alpha) = H\frac{\cos(\theta - \alpha)}{\cos\alpha} \tag{5-23}$$

于是

$$W = \frac{\gamma H^2}{2} \frac{\cos(\alpha - \beta)\cos(\theta - \alpha)}{\cos^2\alpha\sin(\theta - \beta)}$$

在力封闭三角形中，由正弦定律给出

$$E = W\frac{\sin(\theta - \varphi)}{\sin(\theta - \varphi + \psi)} \tag{5-24}$$

E 值随破裂面倾角 θ 而变化。按微分学求极值的方法，可得$\frac{dE}{d\theta}$的条件求得 E 的最大值即主动土压力 E_a 时的角 θ，此时的 θ 角即危险的滑动破裂面与水平面的夹角。根据推导，可得库仑主动土压力的计算公式如下

$$E_a = \frac{1}{2}\gamma H^2 \frac{\cos^2(\varphi - \alpha)}{\cos^2\alpha\cos(\alpha + \delta)\left[1 + \sqrt{\frac{\sin(\varphi + \delta)\sin(\varphi - \beta)}{\cos(\alpha + \delta)\cos(\alpha - \beta)}}\right]^2}$$

即

$$E_a = \frac{\gamma H^2}{2} K_a \tag{5-25}$$

式中 K_a——库仑主动土压力系数，其值与角 φ、α、β、δ 有关，可由表 5-1 查得，表中 $-\alpha$ 表

示墙背倾斜方向与图 5-14 相反，即墙背在过墙顶 A 点竖直线的左方；其他符号意义同前。

表 5-1　主动土压力系数 K_a 值

δ(°)	α(°)	β(°)	φ(°)							
			15	20	25	30	35	40	45	50
0	0	0	0.589	0.490	0.406	0.333	0.271	0.217	0.172	0.132
		15	0.933	0.639	0.505	0.402	0.319	0.251	0.194	0.147
		30				0.750	0.436	0.318	0.235	0.172
	10	0	0.652	0.560	0.478	0.407	0.343	0.288	0.238	0.194
		15	1.039	0.737	0.603	0.498	0.411	0.337	0.274	0.221
		30				0.925	0.566	0.433	0.337	0.262
	20	0	0.763	0.648	0.569	0.498	0.434	0.375	0.332	0.274
		15	1.196	0.868	0.730	0.621	0.529	0.450	0.380	0.318
		30				1.169	0.740	0.586	0.474	0.385
	−10	0	0.540	0.433	0.344	0.270	0.209	0.158	0.117	0.083
		15	0.860	0.562	0.425	0.322	0.243	0.180	0.130	0.090
		30				0.614	0.331	0.226	0.155	0.104
	−20	0	0.497	0.380	0.287	0.212	0.153	0.106	0.070	0.043
		15	0.809	0.494	0.352	0.250	0.175	0.119	0.076	0.045
		30				0.498	0.239	0.147	0.090	0.051
10	0	0	0.533	0.447	0.373	0.309	0.253	0.204	0.163	0.127
		15	0.947	0.609	0.476	0.379	0.301	0.238	0.185	0.141
		30				0.762	0.423	0.306	0.226	0.166
	10	0	0.603	0.520	0.448	0.384	0.326	0.275	0.230	0.189
		15	1.089	0.721	0.582	0.408	0.396	0.326	0.267	0.262
		30				0.969	0.564	0.427	0.332	0.258
	20	0	0.695	0.615	0.543	0.478	0.419	0.365	0.316	0.271
		15	1.298	0.872	0.723	0.613	0.522	0.444	0.377	0.317
		30				1.268	0.758	0.596	0.478	0.388
	−10	0	0.477	0.385	0.309	0.245	0.191	0.146	0.109	0.078
		15	0.847	0.520	0.390	0.297	0.224	0.167	0.121	0.085
		30				0.605	0.313	0.212	0.146	0.098
	−20	0	0.427	0.330	0.252	0.188	0.137	0.096	0.064	0.039
		15	0.772	0.445	0.315	0.225	0.158	0.108	0.070	0.042
		30				0.475	0.220	0.135	0.082	0.047
20	0	0			0.357	0.297	0.245	0.199	0.160	0.125
		15			0.464	0.371	0.295	0.234	0.183	0.140
		30				0.798	0.425	0.306	0.225	0.166
	10	0			0.438	0.377	0.322	0.273	0.229	0.190
		15			0.586	0.480	0.397	0.328	0.269	0.218
		30				1.051	0.582	0.437	0.338	0.264
	20	0			0.543	0.479	0.422	0.370	0.321	0.277
		15			0.747	0.629	0.535	0.456	0.387	0.327
		30				1.434	0.807	0.624	0.501	0.406
	−10	0			0.291	0.232	0.182	0.140	0.105	0.076
		15			0.374	0.284	0.215	0.161	0.117	0.083
		30				0.614	0.306	0.207	0.142	0.096
	−20	0			0.231	0.174	0.128	0.090	0.061	0.038
		15			0.294	0.210	0.148	0.102	0.067	0.042
		30				0.468	0.210	0.129	0.079	0.045

若 $\alpha = \beta = \delta = 0$，即墙背垂直、填土面水平和墙背光滑，则不难证明式(5-25)与朗肯土压力理论完全一致。

库仑土压力强度

$$\sigma_a = \frac{dE_a}{dz} = \gamma z K_a \tag{5-26}$$

其作用方向与墙背法线夹角为 δ，作用点距墙底 $H/3$，如图 5-15 所示。

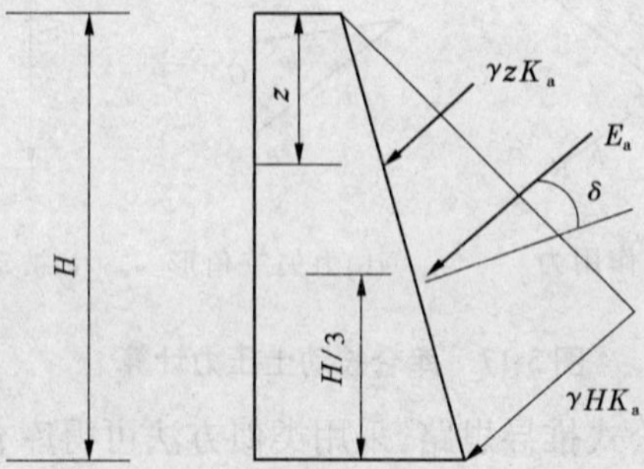

图 5-15　库仑主动土压力分布

【案例 5-6】　如图 5-16 所示，挡土墙高 5 m，墙背倾角 $\alpha = 10°$。回填砂土并填成水平，其重度 $\gamma = 18\ kN/m^3$，$\varphi = 35°$，$\delta = 20°$。试计算作用于挡土墙上的主动土压力。

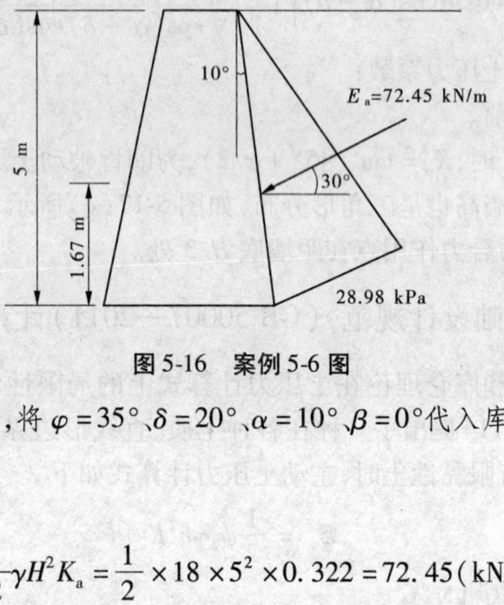

图 5-16　案例 5-6 图

【案例解析】　据题意，将 $\varphi = 35°$、$\delta = 20°$、$\alpha = 10°$、$\beta = 0°$代入库仑主动土压力系数公式得：$K_a = 0.322$。

总主动土压力为

$$E_a = \frac{1}{2}\gamma H^2 K_a = \frac{1}{2} \times 18 \times 5^2 \times 0.322 = 72.45 (kN/m)$$

土压力为三角形分布，墙踵处土压力强度为

$$p_a = \gamma H K_a = 18 \times 5 \times 0.322 = 28.98 (kPa)$$

土压力合力作用在 $H/3 = 1.67$ m 处，合力位于法线上方，方向与水平面夹角为 $\alpha + \delta = 30°$。

三、被动土压力

当墙在外力作用下挤压墙后土体，直至墙后土体沿某一破裂面 AM 破坏时(见图 5-17

(a)),土楔体 ABM 在破坏瞬间处于被动极限平衡状态。取 ABM 为隔离体,其上各作用力的静力平衡条件如图 5-17(b)所示。

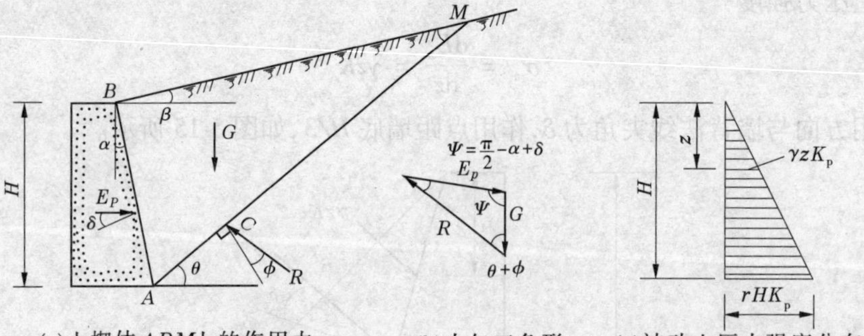

(a)土楔体ABM上的作用力　(b)力矢三角形　(c)被动土压力强度分布

图 5-17　库仑被动土压力计算

按前述库仑主动土压力公式推导思路,采用类似方法可得库仑被动土压力公式

$$E_p = \frac{1}{2}\gamma H^2 K_p \tag{5-27}$$

其中

$$K_p = \frac{\cos^2(\varphi+\alpha)}{\cos^2\alpha\cos(\alpha-\delta)\left[1-\sqrt{\dfrac{\sin(\varphi+\delta)\sin(\varphi+\beta)}{\cos(\alpha-\delta)\cos(\alpha-\beta)}}\right]^2}$$

式中　K_p——库仑被动土压力系数;

其他符号意义同前。

当 $\alpha=0$、$\delta=0$、$\beta=0$ 时,$K_p=\tan^2(45°+\varphi/2)$,为朗肯被动土压力系数公式。

被动土压力强度沿墙高也呈三角形分布,如图 5-17(c)所示,其方向与墙背的法线成 δ 角且在法线上侧,土压力合力作用点在距墙底 $H/3$ 处。

四、《建筑地基基础设计规范》(GB 50007—2011)计算法

为了减少朗肯理论和库仑理论在土压力计算式上的局限性和误差,《建筑地基基础设计规范》(GB 50007—2011)提出了一种在各种土质、直线形边界条件下均能适用的土压力计算式,当墙后填土为有限黏性土时,主动土压力计算式如下

$$E_a = \frac{1}{2}\psi_a\gamma h^2 K_a \tag{5-28}$$

式中　E_a——主动土压力,kN;

ψ_a——主动土压力增大系数,挡土墙高度小于 5 m 时宜取 1.0,高度为 5 ~ 8 m 时宜取 1.1,高度大于 8 m 时宜取 1.2;

γ——填土的重度,kN/m³;

h——挡土墙的高度,m;

K_a——主动土压力系数,其值按式(5-29) ~ 式(5-31)计算。

$$K_a = \frac{\sin(\alpha+\beta)}{\sin^2\alpha\sin^2(\alpha+\beta-\varphi-\delta)}\{K_q[\sin(\alpha+\beta)\sin(\alpha-\delta)+\sin(\alpha+\delta)\sin(\varphi-\beta)]+$$

$$2\eta\sin\alpha\cos\varphi\cos(\alpha+\beta-\varphi-\delta)-2[K_q\sin(\alpha+\beta)\sin(\varphi-\beta)+\eta\sin\alpha\cos\varphi]$$

$$[K_q\sin(\alpha-\delta)\sin(\varphi+\delta)+\eta\sin\alpha\cos\varphi)]\}^{\frac{1}{2}} \tag{5-29}$$

$$K_q=1+\frac{2q\sin\alpha\cos\beta}{\gamma h\sin(\alpha+\beta)} \tag{5-30}$$

$$\eta=\frac{2c}{\gamma h} \tag{5-31}$$

式中　q——地表均布荷载，kPa，以单位水平投影面上的荷载强度计算。

为了避免主动土压力系数的烦琐计算，《建筑地基基础设计规范》(GB 50007—2011)对于墙高 $h\leqslant 5$ m 的挡土墙，当排水条件和填土质量符合规范要求时，其主动土压力系数可根据土类、α 和 β 值查其附录 L 确定。当地下水丰富时，应考虑地下水的作用。工程实践中，当现场实测指标与上述选取指标相差较大时，应采用式(5-29)计算主动土压力系数。

五、两种经典土压力理论的对比

朗肯土压力理论与库仑土压力理论均为经典理论。它们分别根据不同的假设，以不同的分析方法计算土压力，只有在最简单的情况下($\alpha=0,\beta=0,\delta=0$)，用这两种理论计算的结果才相同，否则将得出不同的结果。

朗肯土压力理论基于半空间应力状态和极限平衡理论，概念比较明确，公式简单，便于记忆。对于黏性土、粉土和无黏性土，都可以用该公式直接计算，故在工程中应用广泛。但为了使墙后的应力状态符合半空间的应力状态，必须假设墙背是直立的、光滑的，墙后填土是水平的，因而出现其他条件时计算繁杂。同时，由于该理论忽略了墙背与填土之间摩擦的影响，计算得出的主动土压力偏大，而得出的被动土压力偏小。

库仑土压力理论是根据墙后滑动土楔体的静力平衡条件推导出的土压力计算公式，考虑了墙背与土之间的摩擦力，并可用于墙背倾斜、填土面倾斜的情况。但由于该理论假设填土是无黏性土，因此不能用库仑理论的原始公式直接计算黏性土或粉土的土压力。库仑土压力理论假设墙后填土破坏时，破坏面是一平面，而实际上却是一曲面。试验证明，在计算主动土压力时，只有当墙背的斜度不大，墙背与填土间的摩擦角较小时，破坏面才接近于一平面，因此计算结果与按曲线滑动面计算的有出入。通常情况下，这种偏差在计算主动土压力时为2%～10%，可以认为已满足实际工程所要求的精度；但在计算被动土压力时，由于破坏面接近于对数螺线，因此计算结果误差较大，有时可达2～3倍，甚至更大。

两种土压力理论的比较见表5-2。

表5-2　两种土压力理论的比较

项目	朗肯土压力理论	库仑土压力理论
分析原理	土体的极限平衡条件	墙后滑动土楔体的静力平衡条件
墙背条件	光滑、直立	粗糙、倾斜
填土表面	水平	水平或倾斜
填土材料	黏性土或无黏性土	无黏性土，对黏性土只能用图表法
计算误差	主动土压力偏大 被动土压力偏小	主动土压力接近实际值 被动土压力误差较大

项目小结

1. 土坡根据形成的原因分为天然土坡和人工土坡。山区的天然山坡,江河的岸坡,建筑工程中由于平整场地、开挖基坑而形成的人工斜坡,常由于某些不利因素的影响造成土坡的局部滑动而丧失稳定性,为了有效防止因土坡局部滑动造成的工程事故,应对边坡的稳定性进行验算并采取适当的工程措施。

2. 挡土墙上承受的土压力大小及其分布情况受墙体可能产生位移的方向、墙后填土的种类、填土的角度、墙的截面刚度和地基变形等一系列因素影响,但挡土墙的位移方向和位移量是计算挡土墙承受土压力的重要因素。根据挡土墙的位移情况和墙后土体所处的应力状态,土压力可分为静止土压力、主动土压力和被动土压力。

3. 朗肯土压力理论是根据半空间的应力状态和土体的极限平衡条件建立的,分析时假定:挡土墙是无限均质土体的一部分,墙背垂直光滑,墙后填土面是水平的。

(1)主动土压力合力 E_a 计算。砂性土:$E_a=\frac{1}{2}\gamma H^2K_a$;黏性土:$E_a=\frac{1}{2}\gamma H^2K_a-2cH\sqrt{K_a}+\frac{2c^2}{\gamma}$。

(2)被动土压力合力 E_p 计算。砂性土:$E_p=\frac{1}{2}\gamma H^2K_p$;黏性土:$E_p=\frac{1}{2}\gamma H^2K_p+2cH\sqrt{K_p}$。

4. 库仑土压力理论是根据墙后所形成的滑动土楔体处于极限平衡状态时力的静力平衡条件出发而求主动或被动土压力的理论,分析时基本假定为:①挡土墙是刚性的,墙后填土为均匀的无黏性土($c=0$);②当墙身向前或向后移动以产生主动土压力或被动土压力时,滑动土楔体的破裂面为通过墙踵的平面;③滑动土楔体可视为刚体。

(1)库仑主动土压力的计算公式。

$$E_a=\frac{1}{2}\gamma H^2K_a$$

(2)库仑被动土压力的计算公式。

$$E_p=\frac{1}{2}\gamma H^2K_p$$

5. 按《建筑地基基础设计规范》(GB 50007—2011)的计算法

为了减少朗肯理论和库仑理论在土压力计算式上的局限性和误差,《建筑地基基础设计规范》(GB 50007—2011)提出了一种在各种土质、直线形边界条件下均能适用的土压力计算式,建议当墙后填土为有限黏性土时,主动土压力计算式为

$$E_a=\frac{1}{2}\psi_a\gamma h^2K_a$$

技能训练

一、基础理论思考

1. 什么是静止土压力、主动土压力和被动土压力？三者的大小关系以及挡土墙位移大小和方向的关系怎样？

2. 影响土压力的因素有哪些？其中最主要的影响因素是什么？

3. 朗肯土压力理论与库仑土压力理论的基本假定和适用条件有哪些异同？

4.《建筑地基基础设计规范》(GB 50007—2011)计算土压力的方法适用范围如何？

5. 填土表面有均布荷载、成层填土和地下水时，土压力如何计算？

二、工程模拟训练

1. 挡土墙高5 m，假定墙背垂直和光滑，墙后填土面水平，填土的黏聚力 $c=11$ kPa，内摩擦角 $\varphi=20°$，重度 $\gamma=18$ kN/m^3。试求出墙背主动土压力(强度)分布图形和主动土压力的合力。

2. 某挡土墙4 m，墙背铅直光滑，墙后填土面水平，填土为中砂，含水率 $\omega=25\%$，孔隙比 $e=1.0$，土颗粒相对密度 $G_s=2.65$，$c=0$，$\varphi=30°$，若地下水位自墙底处上升到地面，试求此时作用在墙背上的总主动土压力和水压力的合力以及总压力合力的变化。

3. 某挡土墙高6 m，墙背铅直光滑，墙后填土面水平，填土顶面作用有15 kPa均布荷载，填土重度 $\gamma=18$ kN/m^3，$c=0$，$\varphi=30°$，地下水位距地表2 m。试求作用在墙背上的主动土压力合力及作用点位置。

4. 某挡土墙高5 m，墙背倾角为10°，填土表面倾角20°，填土为无黏性土，重度 $\gamma=18$ kN/m^3，内摩擦角 $\varphi=30°$，$c=0$。墙背与土的摩擦角 $\delta=\varphi/2$。试求作用在墙上的总主动土压力。

5. 某挡土墙高4 m，墙后填土为中密粗砂，$\gamma_d=16.8$ kN/m^3，$\omega=10\%$，$\varphi=36°$，$\delta=18°$，$\beta=15°$，墙背与竖直线的夹角 $\alpha=-8°$。试按相关规范要求计算该墙主动土压力。

项目六 土坡稳定性分析

学习目标

1. 理解无黏性土土坡稳定性的分析方法。
2. 熟悉整体圆弧法分析黏性土土坡稳定。
3. 了解条分法在黏性土土坡稳定分析中的应用。

【项目导入】

土坡是指具有倾斜坡面的土体，如天然土坡及人工修建的堤坝，公路、铁路的路堤和路堑等。当由于各种自然因素或人为因素的作用而破坏了土坡的力学平衡时，土坡的土体就要沿着内部的某一滑面发生滑动，工程中称这一现象为滑坡。所谓土坡的稳定分析，就是用土力学的理论来研究发生滑坡时滑面可能的位置和形式、滑面上的剪应力和抗剪强度的大小等问题，以评价土坡的安全性并决定是否需要治理。

从工程意义上来说，地基的沉降还有均匀沉降与不均匀沉降的不同估算。均匀沉降一般对建筑工程的上部结构危害较小，但过量的均匀沉降影响建筑物正常使用；不均匀沉降则会造成建筑物开裂，甚至影响其正常和安全使用。因此，为了确保建筑工程的安全使用，需要确定地基土变形的大小，也需要了解和估计沉降随时间的发展及其趋于稳定的可能性。

单元一 概 述

土坡就是由土体构成、具有倾斜坡面的土体，它的简单外形如图 6-1 所示。一般而言，土坡有两种类型：由自然地质作用所形成的土坡称为天然土坡，如山坡、江河岸坡等；由人工开挖或回填而形成的土坡称为人工土（边）坡，如基坑、土坝、路堤等的边坡。土坡在各种内力和外力的共同作用下，有可能产生剪切破坏和土体的移动。如果靠坡面处剪切破坏的面积很大，则将产生一部分土体相对于另一部分土体滑动的现象，称为滑坡。土体的滑动一般是指土坡在一定范围内整体沿某一滑动面向下和向外移动而丧失其稳定性。除设计或施工不当可能导致土坡的失稳外，外界的不利因素影响也会触发和加剧土坡的失稳，一般有以下几种因素：

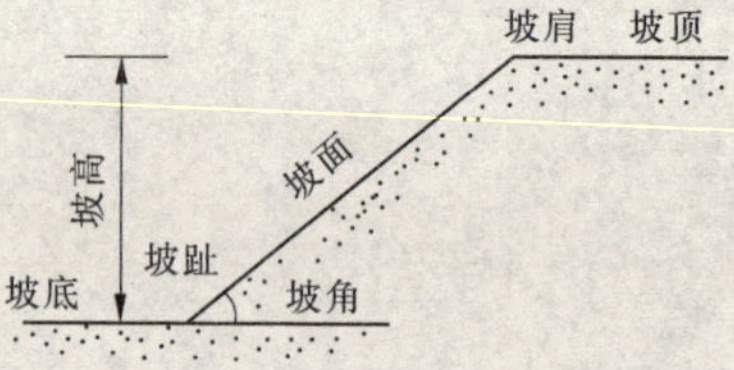

图 6-1 土坡各部位名称

（1）土坡所受的作用力发生变化。例如，由于在土坡顶部堆放材料或建造建筑物而使坡顶承受荷载,或由于打桩振动、车辆行驶、爆破、地震等引起的振动而改变了土坡原来的平衡状态。

(2)土体抗剪强度的降低。例如,土体中含水率或超静水压力的增加。

(3)静水压力的作用。例如,雨水或地面水流入土坡中的竖向裂缝,对土坡产生侧向压力,从而促进土坡产生滑动。因此,黏性土坡发生裂缝常常是土坡稳定性的不利因素,也是滑坡的预兆之一。

在土木工程建筑中,如果土坡失去稳定造成塌方,不仅影响工程进度,有时还会危及人的生命安全,造成工程失事和巨大的经济损失。因此,土坡稳定问题在工程设计和施工中应引起足够的重视。

天然的斜坡、填筑的堤坝以及基坑放坡开挖等问题,都要演算斜坡的稳定性,亦要比较可能滑动面上的剪应力与抗剪强度,这种工作称为稳定性分析。土坡稳定性分析是土力学中重要的稳定分析问题。土坡失稳的类型比较复杂,大多是土体的塑性破坏。土体塑性破坏的分析方法有极限平衡法、极限分析法和有限元法等。在边坡稳定性分析中,极限分析法和有限元法都还不够成熟。因此,目前工程实践中基本上都是采用极限平衡法。极限平衡法分析的一般步骤是:假定斜坡破坏是沿着土体内某一确定的滑裂面滑动,根据滑裂土体的静力平衡条件和库仑定律,可以计算出沿该滑裂面滑动的可能性,即土坡稳定安全系数的大小或破坏概率的高低,然后系统地选取许多个可能的滑动面,用同样的方法计算其稳定安全系数或破坏概率。稳定安全系数最低或者破坏概率最高的滑动面就是可能性最大的滑动面。

单元二　无黏性土坡稳定性分析

无黏性土坡即由粗颗粒土所堆筑的土坡。相对而言,无黏性土坡的稳定性分析比较简单,可以分为下面两种情况进行讨论。

一、均质的干坡和水下坡

均质的干坡是指由一种土组成,完全在水位以上的无黏性土坡。水下土坡亦是由一种土组成的,但完全在水位以下,没有渗透水流作用的无黏性土坡。在上述两种情况下,只要土坡坡面上的土颗粒在重力作用下能够保持稳定,那么整个土坡就是稳定的。

在无黏性土坡表面取一小块土体来进行分析(见图6-2),设该小块土体的重量为 W,其法向分力 $N=W\cos\alpha$,切向分力 $T=W\sin\alpha$。法向分力产生摩擦阻力,阻止土体下滑,称为抗滑力,其值为 $R=N\tan\varphi=W\cos\alpha\tan\varphi$。切向分力 T 是促使小土体下滑的滑动力,则土体的稳定安全系数 F_s 为

$$F_s=\frac{抗滑力}{滑动力}=\frac{R}{T}=\frac{W\cos\alpha\tan\varphi}{W\sin\alpha}=\frac{\tan\varphi}{\tan\alpha} \tag{6-1}$$

式中　φ——土的内摩擦角,(°);

α——土坡坡角,(°)。

由式(6-1)可见,当 $\alpha=\varphi$ 时,$F_s=1$,即其抗滑力等于滑动力,土坡处于极限平衡状态,此时的 α 就称为天然休止角。当 $\alpha<\varphi$ 时,土坡就是稳定的。为了使土坡具有足够的安全

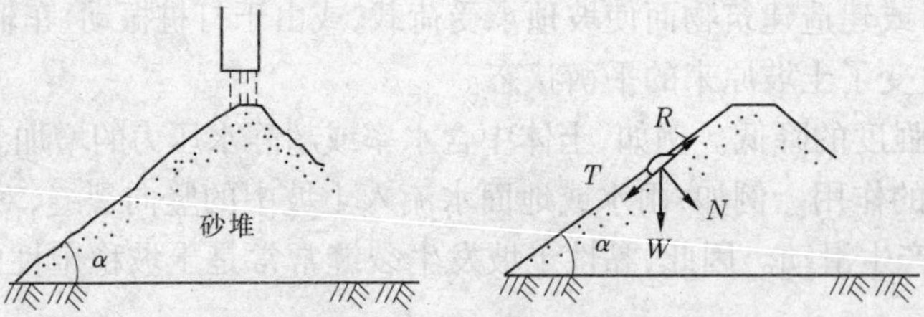

图 6-2 无黏性土坡

储备,一般取 $F_s = 1.1 \sim 1.5$。

二、有渗透水流的均质土坡

当边坡的内、外出现水位差时,例如基坑排水、坡外水位下降,在挡水土堤内形成渗流场,如果浸润线在下游坡面逸出,这时,在浸润线以下,下游坡内的土体除受到重力作用外,还受到由于水的渗流而产生的渗透(流)力作用,因而使下游边坡的稳定性降低。

渗透力可用绘流网的方法求得。做法是先绘制流网,求滑弧范围内每一流网网格的平均水力梯度 i,从而求得作用在网格上的渗透力

$$J_i = \gamma_w i A_i \tag{6-2}$$

式中 γ_w——水的重度;

A_i——网格的面积。

求出每一个网格上的渗透力 J_i 后,便可求得滑弧范围内渗透力的合力 T_J。将此力作为滑弧范围内的外力(滑动力)进行计算,在滑动力矩中增加一项

$$\Delta M_s = T_J l_J \tag{6-3}$$

式中 l_J——T_J 距圆心的距离。

如果水流方向与水平面呈夹角 θ,则沿水流方向的渗透力 $j = \gamma_w i$。在坡面上取土体 V 中的土骨架为隔离体,其有效的重量为 $\gamma' V$。分析这块土骨架的稳定性,作用在土骨架上的渗透力为 $J = jV = \gamma_w iV$。因此,沿坡面的全部滑动力,包括重力和渗透力为

$$T = \gamma' V\sin\alpha + \gamma_w iV\cos(\alpha - \theta) \tag{6-4}$$

坡面的正压力为

$$N = \gamma' V\cos\alpha - \gamma_w iV\sin(\alpha - \theta) \tag{6-5}$$

则土体沿坡面滑动的稳定安全系数为

$$F_s = \frac{N\tan\varphi}{T} = \frac{[\gamma' V\cos\alpha - \gamma_w iV\sin(\alpha - \theta)]\tan\varphi}{\gamma' V\sin\alpha + \gamma_w iV\cos(\alpha - \theta)} \tag{6-6}$$

式中 i——渗透坡降;

γ'——土的浮重度;

γ_w——水的重度;

φ——土的内摩擦角。

若水流在逸出段顺着坡面流动,即 $\theta = \alpha$。这时,流经路途 ds 的水头损失为 dh,所以有

$$i = \frac{dh}{ds} = \sin\alpha \tag{6-7}$$

将其代入式(6-6),得

$$F_s = \frac{\gamma' \tan\varphi}{\gamma_{sat} \tan\alpha} \tag{6-8}$$

由此可见,当逸出段为顺坡渗流时,土坡稳定安全系数降低 γ'/γ_{sat}。因此,要保持同样的安全度,有渗流逸出时的坡角比没有渗流逸出时的坡角要平缓得多。为了使土坡的设计既经济又合理,在实际工程中,一般要在下游坝趾处设置排水棱体,使渗透水流不直接从下游坡面逸出(见图6-3)。这时的下游坡面虽然没有浸润线逸出,但是,在下游坡内,浸润线以下的土体仍然受到渗透力的作用。这种渗透力是一种滑动力,它将降低从浸润线以下通过的滑动面的稳定性。这时深层滑动面(如图6-3中虚线表示)的稳定性可能比下游坡面的稳定性差,即危险的滑动面向深层发展。这种情况下,除要按前述方法验算坡面的稳定性外,还应该用圆弧滑动法验算深层滑动的可能性。

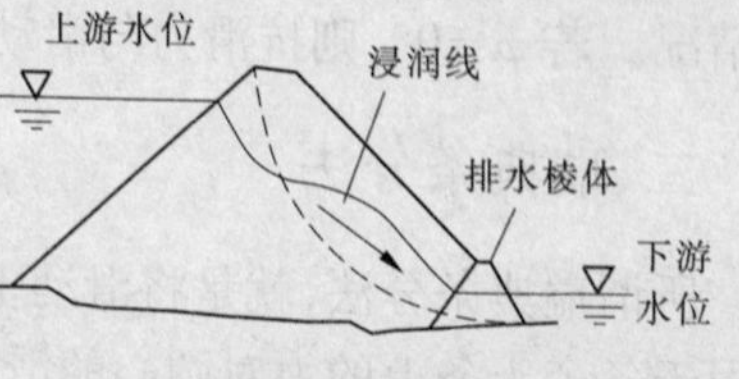

图6-3 渗透水流未逸出的土坡

单元三 黏性土坡的稳定性

一般而言,黏性土坡由于剪切而破坏的滑动面大多数为一曲面,一般在破坏前坡顶先有张裂缝发生,继而沿某一曲线产生整体滑动。图6-4中的实线表示一黏性土坡滑动面的曲面,在理论分析时可以近似地将其假设为圆弧,如图中点画线表示。为了简化计算,在黏性土坡的稳定性分析中,常假设滑动面为圆弧面。建立在这一假定上的稳定性分析方法称为圆弧滑动法。这是极限平衡方法的一种常用分析方法。

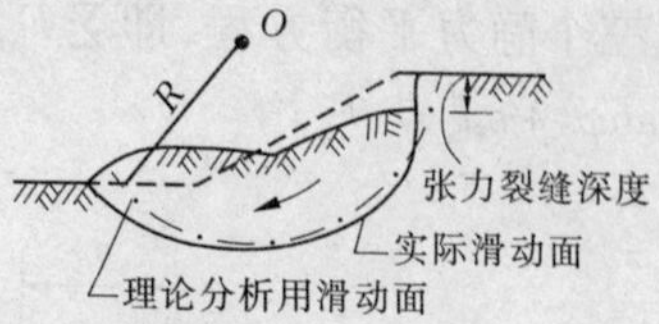

图6-4 黏性土坡的滑动面

一、整体圆弧滑动法

瑞典的彼得森(K. E. Petterson)于1915年采用圆弧滑动法分析了边坡的稳定性。此后,该法在世界各国的土木工程界得到了广泛的应用。所以,整体圆弧滑动法也被称为瑞典圆弧法。

如图6-5表示一个均质的黏性土坡,它可能沿圆弧面 AC 滑动。土坡失去稳定就是滑动土体绕圆心 O 发生转动。这里把滑动土体当成一个刚体,滑动土体的重力 W 为滑动力,将使土体绕圆心 O 旋转,滑动力矩 $M_s = Wd$ (d 为通过滑动土体重心的竖直线与圆心 O 的水平距离)。抗滑力矩 M_R 由两部分组成:①滑动面 AC 上黏聚力产生的抗滑力矩,值为 $c\,\widehat{AC}R$;②滑动土体的重力 W 在滑动面上的反力所产生的抗滑力矩。反力的大小和方向与土的内摩擦角 φ 值有关。当 $\varphi = 0°$时,滑动面是一个光滑曲面,反力的方向必定垂直

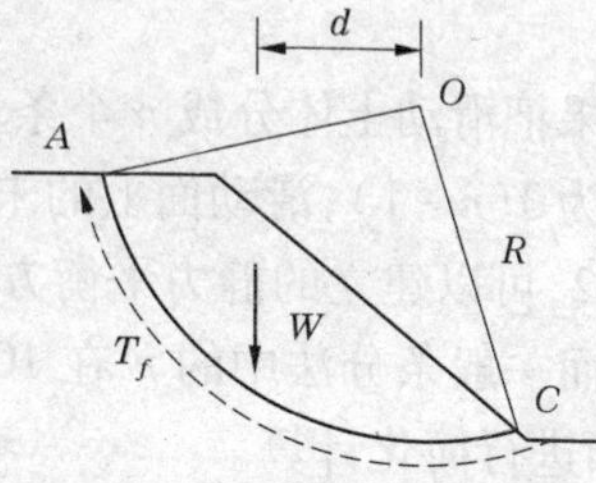

图6-5 整体圆弧滑动受力示意

于滑动面，即通过圆心 O，它不产生力矩，所以，抗滑力矩只有前一项 $c\,\widehat{AC}R$。这时，可定义黏性土坡的稳定安全系数为

$$F_s = \frac{\text{抗滑力矩}}{\text{滑动力矩}} = \frac{M_R}{M_s} = \frac{c\,\widehat{AC}R}{Wd} \tag{6-9}$$

式(6-9)即为整体圆弧滑动法计算边坡稳定安全系数的公式。注意，它只适用于 $\varphi=0°$ 的情况。若 $\varphi\neq0°$，则抗滑力与滑动面上的法向力有关，其求解可参阅下文的瑞典条分法。

二、瑞典条分法

所谓瑞典条分法，就是将滑动土体竖直分成若干个土条，把土条看成是刚体，分别求出作用于各个土条上的力对圆心的滑动力矩和抗滑力矩，然后按公式(6-9)求土坡的稳定安全系数。

把滑动土体分成若干个土条后，土条的两个侧面分别存在着条块间的作用力（见图6-6）。作用在条块 i 上的力，除重力 W_i 外，条块侧面 ac 和 bd 上作用有法向力 P_i、P_{i+1}，切向力 H_i、H_{i+1}，法向力的作用点至滑动弧面的距离为 h_i、h_{i+1}。滑弧段 cd 的长度 l_i，其上作用着法向力 N_i 和切向力 T_i，T_i 包括黏聚阻力 c_il_i 和摩擦阻力 $N_i\tan\varphi_i$。考虑到条块的宽度不大，W_i 和 N_i 可以看成是作用于 cd 弧段的中点。在所有的作用力中，P_i、H_i 在分析前一土条时已经出现，可视为已知量，因此待定的未知量有 P_{i+1}、H_{i+1}、h_{i+1}、N_i 和 T_i 五个。每个土条可以建立三个静力平衡方程，即 $\sum F_{xi}=0$，$\sum F_{zi}=0$，以及 $\sum M_i=0$ 和一个极限平衡方程 $T_i=(N_i\tan\varphi_i+c_il_i)/F_s$。

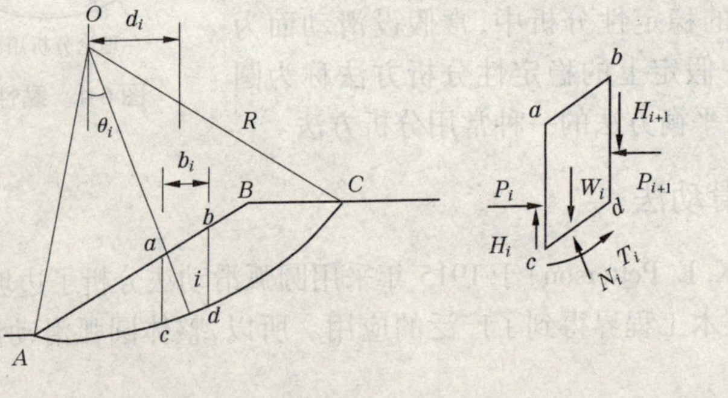

图6-6　瑞典条分法条块作用力分析

如果把滑动土体分成 n 个条块，则 n 个条块之间的分界面就有$(n-1)$个。分界面上的未知量为$3(n-1)$，滑动面上的未知量为$2n$个，还有待求的稳定安全系数 F_s，未知量总个数为$5n-2$，可以建立的静力平衡方程和极限平衡方程为$4n$个。待求未知量与方程数之差为$n-2$。而一般条分法中的 n 在10以上。因此，这是一个高次的超静定问题。为使问题求解，必须进行简化计算。

瑞典条分法假定滑动面是一个圆弧面，并认为条块间的作用力对土坡的整体稳定性影响不大，故而忽略不计。或者说，假定条块两侧的作用力大小相等、方向相反且作用于同一直线上。图6-6中取条块 i 进行分析，由于不考虑条块间的作用力，根据径向力的静力平衡

条件,有

$$N_i = W_i \cos\theta_i \tag{6-10}$$

根据滑动弧面上的极限平衡条件,有

$$T_i = T_{fi}/F_s = (c_i l_i + N_i \tan\varphi_i)/F_s \tag{6-11}$$

式中 T_{fi}——条块 i 在滑动面上的抗剪强度;

F_s——滑动圆弧的稳定安全系数。

另外,按照滑动土体的整体力矩平衡条件,外力对圆心力矩之和为零。在条块的三个作用力中,法向力 N_i通过圆心不产生力矩。重力 W_i产生的滑动力矩为

$$\sum W_i d_i = \sum W_i R \sin\theta_i \tag{6-12}$$

滑动面上抗滑力产生的抗滑力矩为

$$\sum T_i R = \sum \frac{c_i l_i + N_i \tan\varphi_i}{F_s} R \tag{6-13}$$

滑动土体的整体力矩平衡,即$\sum M = 0$,故有

$$\sum W_i d_i = \sum T_i R \tag{6-14}$$

将式(6-12)和式(6-13)代入式(6-14),并进行简化,得

$$F_s = \frac{\sum (c_i l_i + W_i \cos\theta_i \tan\varphi_i)}{\sum W_i \sin\theta_i} \tag{6-15}$$

式(6-15)是最简单的条分法计算公式,因为它是由瑞典人费伦纽斯等首先提出的,所以称为瑞典条分法,又称为费伦纽斯条分法。

从分析过程可以看出,瑞典条分法是忽略了土条块之间力的相互影响的一种简化计算方法,它只满足滑动土体整体的力矩平衡条件,却不满足土条块之间的静力平衡条件。这是它区别于后面将要讲述的其他条分法的主要特点。由于该方法应用的时间很长,积累了丰富的工程经验,一般得到的安全系数偏低,即误差偏于安全,所以目前仍然是工程上常用的方法。

三、毕肖普条分法

毕肖普于1955年提出了一个考虑条块间侧面力的土坡稳定性分析方法,称为毕肖普条分法。此法仍然是圆弧滑动条分法。

在图6-7中,从圆弧滑动体内取出条块 i 进行分析。作用在条块 i 上的力,除重力 W_i外,滑动面上有切向力 T_i和法向力 N_i,条块的侧面分别有法向力 P_i、P_{i+1}和切向力 H_i、H_{i+1}。假设土条处于静力平衡状态,根据竖向力的平衡条件,应有

$$\sum F_z = 0$$

$$W_i + \Delta H_i = N_i \cos\theta_i + T_i \sin\theta_i$$

则

$$N_i \cos\theta_i = W_i + \Delta H_i - T_i \sin\theta_i \tag{6-16}$$

根据满足土坡稳定安全系数 F_s的极限平衡条件,有

$$T_i = (c_i l_i + N_i \tan\varphi_i)/F_s$$

将式(6-11)代入式(6-16),整理后得

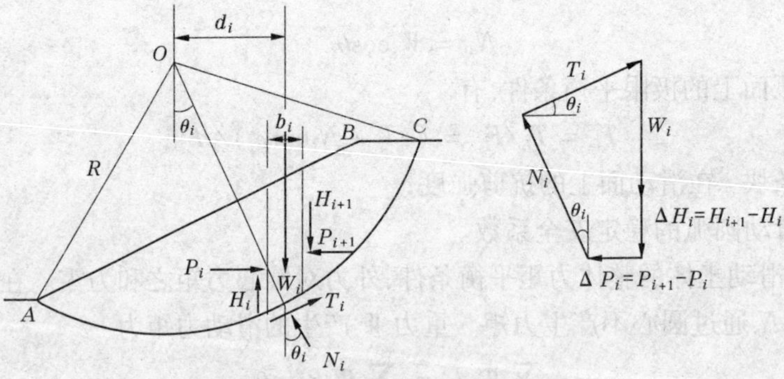

图 6-7　毕肖普法条块作用力分析

$$N_i = \frac{W_i + \Delta H_i - \dfrac{c_i l_i}{F_s}\sin\theta_i}{\cos\theta_i + \dfrac{\sin\theta_i \tan\varphi_i}{F_s}} = \frac{1}{m_{\theta i}}\left(W_i + \Delta H_i - \frac{c_i l_i}{F_s}\sin\theta_i\right) \tag{6-17}$$

式中

$$m_{\theta i} = \cos\theta_i + \frac{\sin\theta_i \tan\varphi_i}{F_s} \tag{6-18}$$

考虑整个滑动土体的整体力矩平衡条件，各个土条的作用力对圆心的力矩之和为零。这时条块之间的力 P_i 和 H_i 成对出现，大小相等，方向相反，相互抵消，对圆心不产生力矩。滑动面上的正压力 N_i 通过圆心，也不产生力矩。因此，只有重力 W_i 和滑动面上的切向力 T_i 对圆心产生力矩。按式(6-14)，有 $\sum W_i d_i = \sum T_i R$，将式(6-11)代入式(6-14)，得

$$\sum W_i R\sin\theta_i = \sum \frac{1}{F_s}(c_i l_i + N_i \tan\varphi_i)R \tag{1}$$

将式(6-17)代入式(1)，简化后得

$$F_s = \frac{\sum \dfrac{1}{m_{\theta i}}[c_i b_i + (W_i + \Delta H_i)\tan\varphi_i]}{\sum W_i \sin\theta_i} \tag{6-19}$$

这就是毕肖普条分法计算土坡稳定安全系数 F_s 的一般公式。式中的 $\Delta H_i = H_{i+1} - H_i$，仍然是未知量。如果不引进其他的简化假定，式(6-19)仍然不能求解。毕肖普进一步假定 $\Delta H_i = 0$，实际上也就是认为条块间只有水平作用力 P_i，而不存在切向作用力 H_i。于是式(6-19)进一步简化为

$$F_s = \frac{\sum \dfrac{1}{m_{\theta i}}[c_i b_i + W_i \tan\varphi_i]}{\sum W_i \sin\theta_i} \tag{6-20}$$

此式称为简化毕肖普公式。式中的参数 $m_{\theta i}$ 包含稳定安全系数 F_s。因此，不能直接求出土坡的稳定安全系数 F_s，而需要采用试算的办法，迭代求算 F_s 值。为了便于迭代计算，已编制成 $m_\theta \sim \theta$ 关系曲线。试算时，可以先假定 $F_s = 1.0$，然后由曲线查出各个 θ_i 所对应的 $m_{\theta i}$ 值，并将其代入式(6-20)中，求得边坡的稳定安全系数 F'_s。若 F'_s 与 F_s 之差大于规定的误差，用 F'_s 查 $m_{\theta i}$，再次计算出稳定安全系数 F''_s，如此反复迭代计算，直至前后两次计算的稳定安全系数非常接近，满足规定精度的要求。通常迭代总是收敛的，一般只要试算 3 ~4 次，

就可以满足迭代精度的要求。

与瑞典条分法相比,简化毕肖普条分法是在不考虑条块间切向力的前提下,满足力的多边形闭合条件,也就是说,隐含着条块间有水平力的作用,虽然在公式中水平作用力并未出现。所以,它的特点是:①满足整体力矩平衡条件;②满足各个条块力的多边形闭合条件,但不满足条块的力矩平衡条件;③假设条块间作用力只有法向力没有切向力;④满足极限平衡条件。由于考虑了条块间水平力的作用,得到的稳定安全系数较瑞典条分法略高一些。很多工程计算表明,毕肖普条分法与严格的极限平衡分析法,即满足全部静力平衡条件的方法(如下述的简布法)相比,结果甚为接近。由于计算过程不很复杂,精度也比较高,所以该方法是目前工程中很常用的一种方法。

四、普遍条分法

普遍条分法的特点是假定条块间水平作用力的位置。在这一假定前提下,每个土条块都满足全部的静力平衡条件和极限平衡条件,滑动土体的整体力矩平衡条件也自然得到满足,而且它适用于任何滑动面,而不必规定滑动面是一个圆弧面,所以称为普遍条分法。它是由简布提出的,又常称为简布法。

按照静力平衡条件

$\sum F_z=0$,得

$$W_i+\Delta H_i=N_i\cos\theta_i+T_i\sin\theta_i$$

则

$$N_i\cos\theta_i=W_i+\Delta H_i-T_i\sin\theta_i$$

$\sum F_x=0$,得

$$\Delta P_i=T_i\cos\theta_i-N_i\sin\theta_i \tag{6-21}$$

将式(6-16)代入式(6-21)整理后得

$$\Delta P_i=T_i\left(\cos\theta_i+\frac{\sin^2\theta_i}{\cos\theta_i}\right)-(W_i+\Delta H_i)\tan\theta_i \tag{6-22}$$

根据极限平衡条件,考虑土坡稳定安全系数 F_s,有

$$T_i=\frac{1}{F_s}(c_il_i+N_i\tan\varphi_i)$$

由式(6-16)得

$$N_i=\frac{1}{\cos\theta_i}(W_i+\Delta H_i-T_i\sin\theta_i) \tag{6-23}$$

代入式(6-11),整理后得

$$T_i=\frac{\frac{1}{F_s}\left[c_il_i+\frac{1}{\cos\theta_i}(W_i+\Delta H_i\tan\varphi_i)\right]}{1+\frac{\tan\theta_i\tan\varphi_i}{F_s}} \tag{6-24}$$

将式(6-24)代入式(6-22),得

$$\Delta P_i=\frac{1}{F_s}\frac{\sec^2\theta_i}{1+\frac{\tan\theta_i\tan\varphi_i}{F_s}}[c_il_i\cos\theta_i+(W_i+\Delta H_i)\tan\theta_i]-(W_i+\Delta H_i)\tan\theta_i \tag{6-25}$$

图6-8表示作用在条块侧面的法向力 P,显然有 $P_1=\Delta P_1$,$P_2=P_1+\Delta P_2=\Delta P_1+\Delta P_2$,

依此类推，有

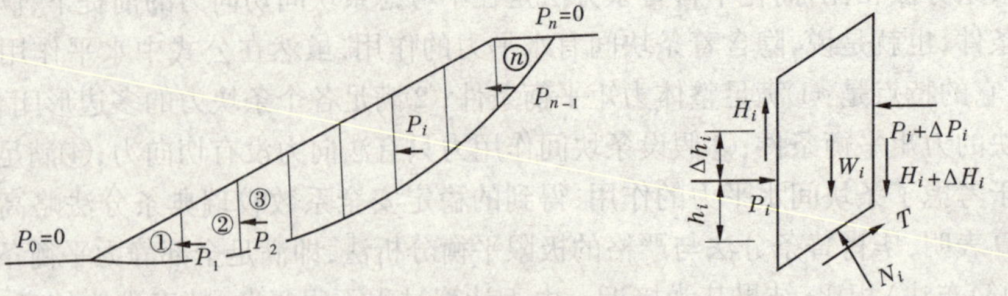

图 6-8　条块侧面法向力

$$P_i = \sum_{j=1}^{i} \Delta P_j \tag{6-26}$$

若全部条块的总数为 n，则有

$$P_n = \sum_{i=1}^{n} \Delta P_i = 0 \tag{6-27}$$

将式(6-25)代入式(6-27)，得

$$\sum \frac{1}{F_s} \frac{\sec^2\theta_i}{1+\frac{\tan\theta_i\tan\varphi_i}{F_s}}[c_i l_i\cos\theta_i + (W_i+\Delta H_i)\tan\varphi_i] - \sum (W_i+\Delta H_i)\tan\theta_i = 0$$

整理后得

$$F_s = \frac{\sum [c_i l_i \cos\theta_i + (W_i+\Delta H_i)\tan\varphi_i] \frac{\sec^2\theta_i}{1+\tan\theta_i\tan\varphi_i/F_s}}{\sum (W_i+\Delta H_i)\tan\theta_i}$$

$$= \frac{\sum \frac{1}{m_{\theta i}}[c_i b_i + (W_i+\Delta H_i)\tan\varphi_i]}{\sum (W_i+\Delta H_i)\sin\theta_i} \tag{6-28}$$

比较毕肖普公式(6-19)和简布公式(6-28)，可以看出两者很相似，但分母有差别。毕肖普公式是根据滑动面为圆弧面，滑动土体满足整体力矩平衡条件推导出的；简布公式则是利用力的多边形闭合和极限平衡条件，最后由 $\sum_{i=1}^{n}\Delta P_i=0$ 得出。显然这些条件适用于任何形式的滑动面而不仅仅局限于圆弧面，在式(6-28)中，ΔH_i 仍然是待定的未知量。毕肖普条分法没有解出 ΔH_i，而让 $\Delta H_i=0$，从而成为简化的毕肖普公式；而简布条分法则是利用条块的力矩平衡条件，因而整个滑动土体的整体力矩平衡也自然得到满足。将作用在条块上的力对条块滑弧段中点 O_i 取矩，并让 $\sum M_{Oi}=0$。重力 W_i 和滑弧段上的力 N_i 和 T_i 均通过 O_i，不产生力矩。条块间力的作用点位置已确定，故有

$$H_i\frac{\Delta X_i}{2} + (H_i+\Delta H_i)\frac{\Delta X_i}{2} - (P_i+\Delta P_i)\left(h_i+\Delta h_i-\frac{1}{2}\Delta X_i\tan\theta_i\right) +$$

$$P_i\left(h_i - \frac{1}{2}\Delta X_i\tan\theta_i\right) = 0$$

略去高阶微量整理后得

$$H_i\Delta X_i - P_i\Delta h_i - \Delta p_i h_i = 0$$

$$H_i = P_i \frac{\Delta h_i}{\Delta X_i} + \Delta P_i \frac{h_i}{\Delta X_i} \tag{6-29}$$

$$\Delta H_i = H_{i+1} - H_i \tag{6-30}$$

式(6-29)表示条块间切向力与法向力之间的关系。

由公式(6-25)~式(6-30),利用迭代法可以求得普遍条分法的边坡稳定安全系数 F_s。其步骤如下:

(1)假定 $\Delta H_i=0$,利用式(6-28),迭代求第一次近似的边坡稳定安全系数 F_{s1}。

(2)将 F_{s1} 和 $\Delta H_i=0$ 代入式(6-25),求相应的 ΔP_i(对每一条块,从 1 到 n)。

(3)用式(6-26)求条块间的法向力(对每一条块,从 1 到 n)。

(4)将 P_i 和 ΔP_i 代入式(6-29)和式(6-30),求条块间的切向作用力 H_i(对每一条块,从 1 到 n)和 ΔH_i。

(5)将 ΔH_i 重新代入式(6-28),迭代求新的稳定安全系数 F_{s2}。

如果 $F_{s2}-F_{s1}>\Delta$(Δ 为规定的计算精度),重新按上述步骤(2)~(5)进行第二轮计算。如此反复进行,直至 $F_{s(k)}-F_{s(k-1)}\le\Delta$。$F_{s(k)}$ 就是该假定滑动面的稳定安全系数。边坡真正的稳定安全系数还要计算很多滑动面,进行比较,找出最危险的滑动面,其边坡稳定安全系数才是真正的安全系数。这种计算工作量相当浩繁,一般要在计算机上计算。

【案例 6-1】 一简单的黏性土坡,高 25 m,坡比 1:2,碾压土的重度 $\gamma=20\ \text{kN/m}^3$,内摩擦角 $\varphi=26.6°$(相当于 $\tan\varphi=0.5$),黏聚力 $c=10\ \text{kN/m}^2$,滑动圆心 O 点如图 6-9 所示。试分别用瑞典条分法和简化毕肖普条分法求该滑动圆弧的稳定安全系数,并对结果进行比较。

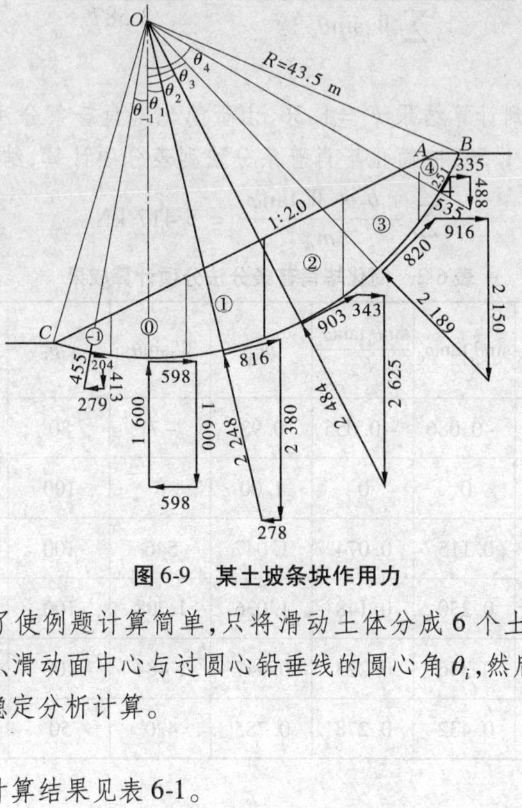

图 6-9　某土坡条块作用力

【案例解析】 为了使例题计算简单,只将滑动土体分成 6 个土条,分别计算各条块的重量 W_i、滑动面长度 l_i、滑动面中心与过圆心铅垂线的圆心角 θ_i,然后,按照瑞典条分法和简化毕肖普条分法进行稳定分析计算。

(1)瑞典条分法。

瑞典条分法分项计算结果见表 6-1。

表 6-1　瑞典条分法分项计算成果

条块编号	θ_i (°)	W_i (kN)	$\sin\theta_i$	$\cos\theta_i$	$W_i\sin\theta_i$ (kN)	$W_i\cos\theta_i$ (kN)	$W_i\cos\theta_i\tan\varphi_i$ (kN)	l_i (m)	c_il_i (kN)
-1	-9.93	412.5	-0.172	0.985	-71	406.3	203	8.0	80
0	0	1 600	0	1.0	0	1 600	800	10.0	100
1	13.29	2 375	0.230	0.973	546	2 311	1 156	10.5	105
2	27.37	2 625	0.460	0.888	1 208	2 331	1 166	11.5	115
3	43.60	2 150	0.690	0.724	1 484	1 557	779	14.0	140
4	59.55	487.5	0.862	0.507	420	247	124	11.0	110

$$\sum W_i\sin\theta_i = 3\ 587\ \text{kN}$$

$$\sum W_i\cos\theta_i\tan\varphi_i = 4\ 228\ \text{kN}$$

$$\sum c_il_i = 650\ \text{kN}$$

边坡稳定安全系数

$$F_s = \frac{\sum(W_i\cos\theta_i\tan\varphi_i + c_il_i)}{\sum W_i\sin\theta_i} = \frac{4\ 228 + 650}{3\ 587} = 1.36$$

(2)简化毕肖普法。

根据瑞典条分法得到计算结果 $F_s = 1.36$，由于简化毕肖普条分法的稳定安全系数稍高于瑞典条分法。设 $F_{s1} = 1.55$，按简化毕肖普条分法列表分项计算，结果见表 6-2。

$$\sum \frac{c_ib_i + W_i\tan\varphi_i}{m_{\theta i}} = 5\ 417\ \text{kN}$$

表 6-2　简化毕肖普条分法分项计算成果

编号	$\cos\theta_i$	$\sin\theta_i$	$\sin\theta_i\tan\varphi_i$	$\frac{\sin\theta_i\tan\varphi_i}{F_s}$	$m_{\theta i}$	$W_i\sin\theta_i$	c_ib_i	$W_i\tan\varphi_i$	$\frac{c_ib_i + W_i\tan\varphi_i}{m_{\theta i}}$
-1	0.985	-0.172	-0.086	-0.055	0.93	-71	80	206.3	307.8
0	1.00	0	0	0	1.00	0	100	800	900
1	0.973	0.230	0.115	0.074	1.047	546	100	1 188	1 230
2	0.888	0.460	0.230	0.148	1.036	1 208	100	1 313	1 364
3	0.724	0.690	0.346	0.223	0.947	1 484	100	1 075	1 241
4	0.507	0.862	0.432	0.278	0.785	420	50	243.8	374.3

安全系数 $$F_{s2}=\frac{\sum\frac{1}{m_{\theta i}}(c_ib_i+W_i\tan\varphi_i)}{\sum W_i\sin\theta_i}=\frac{5\ 417}{3\ 586}=1.51$$

毕肖普条分法稳定安全系数公式中的滑动力$\sum W_i\sin\theta_i$与瑞典条分法相同。$F_{s1}-F_{s2}=0.04$,误差较大。按$F_{s2}=1.51$,进行第二次迭代计算,结果列于表6-3中。

表6-3 毕肖普条分法分项第二次迭代计算成果

编号	$\cos\theta_i$	$\sin\theta_i$	$\sin\theta_i\tan\varphi_i$	$\frac{\sin\theta_i\tan\varphi_i}{F_s}$	$m_{\theta i}$	$W_i\sin\theta_i$	c_ib_i	$W_i\tan\varphi_i$	$\frac{c_ib_i+W_i\tan\varphi_i}{m_{\theta i}}$
-1	0.985	-0.172	-0.086	-0.057	0.928	-71	80	206.3	308.5
0	1.00	0	0	0	1.00	0	100	800	900
1	0.973	0.230	0.115	0.076	1.045	546	100	1 188	1 232.5
2	0.888	0.460	0.230	0.152	1.040	1 208	100	1 313	1 358.6
3	0.724	0.690	0.346	0.229	0.952	1 484	100	1 075	1 234.2
4	0.507	0.862	0.431	0.286	0.792	420	50	243.8	371

$$\sum\frac{c_ib_i+W_i\tan\varphi_i}{m_{\theta i}}=5\ 404.8\ \text{kN}$$

稳定安全系数

$$F_{s3}=\frac{\sum\frac{1}{m_{\theta i}}(c_ib_i+W_i\tan\varphi_i)}{\sum W_i\sin\theta_i}=\frac{5\ 404.8}{3\ 586}=1.507$$

$F_{s2}-F_{s3}=0.003$,十分接近,因此可以认为$F_s=1.51$。

计算结果表明,简化毕肖普条分法的稳定安全系数较瑞典条分法高,约大0.15,与一般结论相同。

五、最危险滑裂面的确定方法和容许安全系数

稳定安全系数F_s是对于某一个假定滑动面求得的,因此需要试算许多个可能的滑动面,相应于最小安全系数的滑动面即为最危险滑动面。也可以根据费伦纽斯等提出的近似方法确定最危险滑动面圆心的位置,但当坡形复杂时,一般还是采用电算搜索的方法确定。

为了减轻计算工作量,费伦纽斯根据大量计算,提出了确定最危险滑动面圆心的近似方法。费伦纽斯认为,对于均质黏性土坡,最危险滑动面常通过坡脚。当$\varphi=0°$时,土坡的最危险滑动面如图6-10所示,圆心D为由坡脚B及坡肩C分别做BD和CD线的交点,BD与坡脚成β_1交角,β_1、β_2与β相关,可由表6-4查得。

当$\varphi>0°$时,最危险滑动面圆心位置可能在ED延长线向上移动,计算时由D点向上取圆心O_1、O_2、O_3…,分别求取各滑弧的安全系数F_{s1}、F_{s2}、F_{s3},画出相应F_s值曲线,确定相应的F_{smin}和O_m。

这样确定的O还不甚可靠,需继续上述步骤,过点O_m作ED延线的垂线,并在FG上取几个试算滑弧圆心O_1'、O_2'、O_3'…,并求出相应的稳定安全系数F_{s1}'、F_{s2}'、F_{s3}'…,绘出相应的

F'_s值曲线，确定F'_{smin}和O'_m，即土坡的最危险滑动圆弧的圆心和最小稳定安全系数。

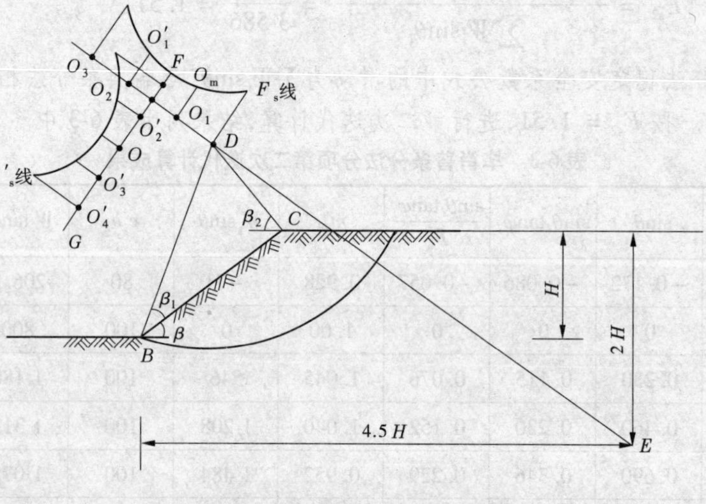

图 6-10　最危险滑动面圆心位置

表 6-4　不同边坡的β_1、β_2的值

坡比	坡角	β_1	β_2	坡比	坡角	β_1	β_2
1:0.58	60°	29°	40°	1:2	26.57°	25°	35°
1:1	45°	28°	37°	1:3	18.43°	25°	35°
1:1.5	33.79°	26°	35°	1:5	11.32°	25°	37°

项目小结

1. 无黏聚性土土坡稳定性分析

(1)静力平衡条件。

(2)安全稳定系数定义。

(3)无黏性土土坡稳定条件以及分析方法。

2. 黏聚性土土坡稳定性分析

(1)整体稳定分析。

(2)条分法：瑞典条分法、毕肖普条分法各自适用条件及计算过程。

(3)最危险滑动面确定方法。

技能训练

一、基础理论思考

1. 影响无黏聚性土土坡稳定的因素有哪几个？怎样影响？

2. 瑞典条分法与简化毕肖普条分法有何区别？

二、工程模拟训练

1. 已知某工程基坑开挖深度 $H=5.0\ \mathrm{m}$，地基土的天然重度 $\gamma=19.0\ \mathrm{kN/m^3}$，内摩擦角为 15°，黏聚力 $c=12\ \mathrm{kPa}$。求此基坑开挖的稳定坡角。

2. 设计一土坡的坡度，使其稳定安全系数 $F_s=1.25$，该土坡高 $H=10\ \mathrm{m}$，土的性质指标 $\gamma=18\ \mathrm{kN/m^3}$，$\varphi=12°$，$c=17.0\ \mathrm{kPa}$。

3. 一均质土坡，$\gamma=18\ \mathrm{kN/m^3}$，$\varphi=15°$，$c=16.0\ \mathrm{kPa}$，$H=15\ \mathrm{m}$，$\beta=30°$。问安全系数多大？

项目七　土在动荷载作用下的力学特性

学习目标

1. 掌握土的压实特性和压实填土的力学特性。
2. 了解土在动荷载作用下的力学性质。
3. 理解砂土液化的工程危害以及预防措施。

【项目导入】

动荷载在地基或土工建筑物上普遍存在,按荷载持时及其与时间的关系可分为三类:循环荷载(周期荷载)、冲击荷载与不规则荷载。循环荷载是指以同一振幅和周期往复循环作用的荷载(如机械振动及一般波浪荷载);冲击荷载是强度很大、持时很短的荷载;不规则荷载是随时间没有规律变化的荷载(如地震荷载)。路基所受的动荷载既具一定的循环反复特性,又在一定的应力水准下具有不规则性,因此此类荷载可称为反复变动荷载,但许多试验研究中也将路基荷载简化为循环荷载或反复荷载。

在工程实际应用中,地基土对于上部结构而言,其主要功能是承载由面层传递而下的荷载,并对上部结构起到支撑作用。在荷载的反复作用下,地基土会发生变形并导致上部结构的破坏。这种破坏形式在构件面层主要体现为开裂和破坏。在上层结构的永久变形的开始和传递过程中起着关键的作用,直接影响构件的使用性能。

单元一　土的压实性

工程建设中广泛用到的填土,例如路基、土堤、土坝、飞机跑道、平整场地修建建筑物等,都是把土作为建筑材料按一定要求和范围进行堆填而成。显然,未经压实的填土强度低,压缩性大且不均匀,遇水易发生塌陷等。因此,这些填土一般都要经过压实,以减少其沉降量,降低其透水性,提高其强度。特别是高土石坝,往往是方量达数百万方甚至千万方,是质量要求很高的人工填土。进行填土时,通常采用夯实、振动或碾压等方法,使土得到压实。土的压实就是指填土在压实能量作用下,土颗粒克服粒间阻力而重新排列,使土中的孔隙减小、密度增大,从而使填土在短时间内得到新的结构强度。土的压实在松软地基处理方面也得到广泛应用。

实践经验表明,压实细粒土宜用夯击机具或压力较大的碾压机具,同时必须控制土的含水率。对过湿的黏性土进行碾压或夯实时会出现软弹现象,填土难以压实;对很干的黏性土进行碾压或夯实时,也不能把填土充分压实。因此,含水率太高或太低的填土都得不到好的压密效果,必须把填土的含水率控制在适当的范围内。压实粗粒土时,则宜采用振动机具,同时充分洒水。两种不同的做法说明细粒土和粗粒土具有不同的压密性质。

一、黏性土的压实性

研究黏性土的压实性可以在实验室或现场进行。在实验室内研究土的压实性是通过击实试验进行的。试验的仪器和方法见《土工试验方法标准》(GB/T 50123—1999)。试验时将某一种土配成若干份具有不同含水率的土样。将每份土样装入击实仪内,用完全同样的方法加以击实。击实后,测出压实土的含水率 ω 和干密度 ρ_d。以含水率 ω 为横坐标、干密度 ρ_d 为纵坐标,绘制含水率—干密度曲线,也称压实曲线,如图 7-1 所示。这种试验称为土的击实试验。

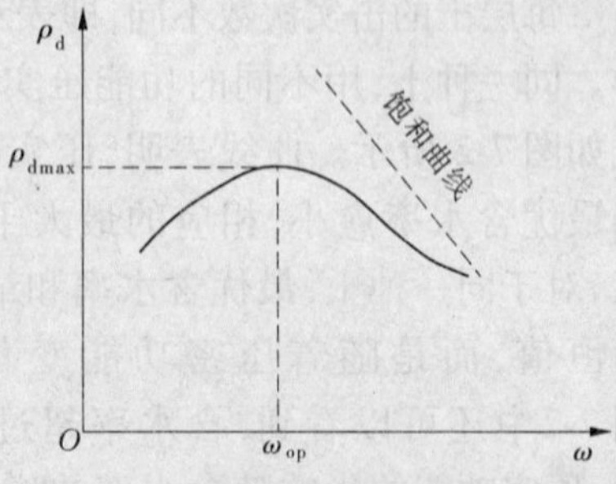

图 7-1 黏性土的含水率—干密度曲线

(一)最优含水率与最大干密度

在一定的压实功能(在实验室压实功能是用击数表示的)下使土最容易压实,并能达到最大密实度时的含水率称为土的最优含水率 ω_{op}。在图 7-1 所示的压实曲线上,峰值干密度 ρ_{dmax} 对应的含水率就是最优含水率 ω_{op}。同一种土,干密度愈大,孔隙比愈小,所以最大干密度与击实试验所能达到的最小孔隙比相对应。在某一含水率下,将土压到最密,理论上就是将土中所有的气体都从孔隙中赶走,使土达到饱和。将不同含水率所对应的土体达到饱和状态时的干密度也点绘于图 7-1 中,得到理论上所能达到的最大压实曲线,即饱和度 $S_r = 100\%$ 的压实曲线,也称饱和曲线。该曲线可用式(7-1)表示

$$\omega = \rho_w/\rho_d - 1/G_s \tag{7-1}$$

按照饱和曲线,当含水率很大时,干密度很小,因为这时土体中很大的一部分体积都是水。若含水率很小,则饱和曲线上的干密度很大。当 $\omega = 0$ 时,饱和曲线上的干密度应等于土粒相对密度 G_s。显然松散的土是无法达到这一密度的。

实际上,试验的压实曲线在峰值以右逐渐接近于饱和曲线,并且大体上与它平行。在峰值以左,则两根曲线差别较大,而且随着含水率减小,差值迅速增大。土的最优含水率的大小随土的性质而异,试验表明 ω_{op} 在土的塑限 ω_P 附近。有各种理论解释这种现象的机制。归纳起来,可以这样理解:当含水率很小时,颗粒表面的水膜很薄,要使颗粒相互移动需要克服很大的粒间阻力,因而需要消耗很大的能量。这种阻力可能来源于毛细压力或者结合水的剪切阻力。随着含水率增加,水膜加厚,粒间阻力减小,颗粒就容易移动。但是,当含水率超过最优含水率 ω_{op} 以后,水膜继续增厚所引起的润滑作用已不明显。这时,土中的剩余空气已经不多,并且处于与大气隔绝的封闭状态。封闭气体很难全部被赶走,因此压实曲线不可能达到饱和曲线,即压实土不会达到完全饱和状态。注意到,这里所讨论的是黏性土,黏性土的渗透性很小,在压实的过程中,土中的水来不及渗出,可以认为含水率保持不变,因此必然是含水率愈高得到的压实干密度愈小。

(二)压实功能的影响

压实功能是指压实单位体积土所消耗的能量。击实试验中的压实功能可用下式表示

$$E = \frac{WdNn}{V} \tag{7-2}$$

式中　E——压实功能；

W——击锤的质量，在标准击实试验中击锤质量为 2.5 kg；

d——落距，击实试验中定为 0.30 m；

N——每层土的击实次数，标准试验为 27 击；

n——铺土层数，试验中分 3 层；

V——击实筒的体积，为 1×10^{-3} m³。

每层土的击实次数不同，即表示压实功能有差异。同一种土，用不同的功能压实，得到的压实曲线如图 7-2 所示。曲线表明，压实功能愈大，得到的最优含水率愈小，相应的最大干密度愈大。所以，对于同一种土，最优含水率和最大干密度并不是恒值，而是随着压密功能变化的。同时，从图 7-2 中还可以看到，含水率超过最优含水率以后，压实功能的影响随含水率的增大而逐渐减小。压实曲线均趋近于饱和曲线。

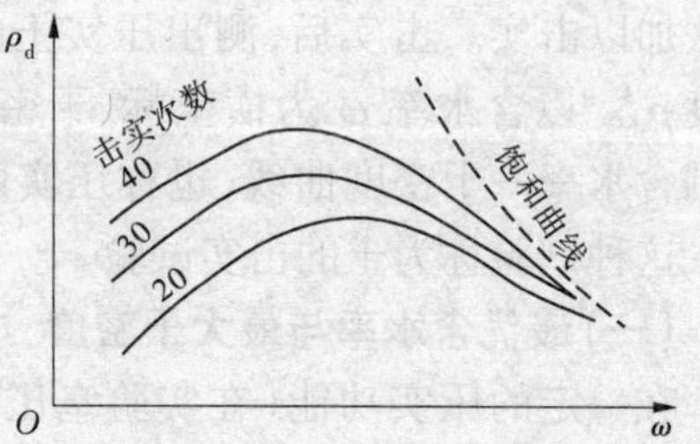

图 7-2　不同压实功能的压实曲线

(三)填土的含水率和碾压标准的控制

由于黏性填土存在最优含水率，因此在填土施工时应将土料的含水率控制在最优含水率左右，以期用较小的能量获得最大的干密度。当含水率控制在最优含水率的左侧时（即小于最优含水率），压实土的结构常具有絮凝结构的特征。这样的土比较均匀，强度较高，较脆硬，不易压密，但浸水时容易产生附加沉降。当含水率控制在最优含水率的右侧时（即大于最优含水率），压实土具有分散结构的特征。这样的土可塑性大，适应变形的能力强，但强度较低，且具有不等向性。所以，含水率比最优含水率偏大或偏小，填土的性质各有优缺点。因此，要根据对填土提出的要求和当地土料的天然含水率，选定合适的含水率进行压实，一般选用的含水率要求在 $\omega_{op} \pm (2\% \sim 3\%)$ 范围内。

要求填土达到的压密标准，工程上采用压实度 D_c 控制。压实度的定义为

$$D_c = \frac{\text{填土干密度}\ \rho_d}{\text{室内标准功能击实的最大干密度}\ \rho_{dmax}} \times 100\% \tag{7-3}$$

我国土坝设计规范中规定，Ⅰ、Ⅱ级土石坝，填土的压实度应达到 95% ~98%，Ⅲ级至Ⅴ级土石坝，压实度应大于 92% ~95%。填土地基的压实标准也可参照这一规定。式中的标准压实功能规定为 607.5 kN · m/m³，相当于击实试验中每层土夯击 27 次。

二、无黏性土的压实性

砂和砂砾等无黏性土的压实性也与含水率有关，不过不存在最优含水率问题。一般在完全干燥或者充分洒水饱和的情况下容易压实到较大的干密度。潮湿状态下，由于毛细压力增加了粒间阻力，压实干密度显著降低。粗砂在含水率为 4% ~5%、中砂在含水率为 7% 左右时，压实干密度最小，如图 7-3 所示。所以，在压实砂砾时要充分洒水使

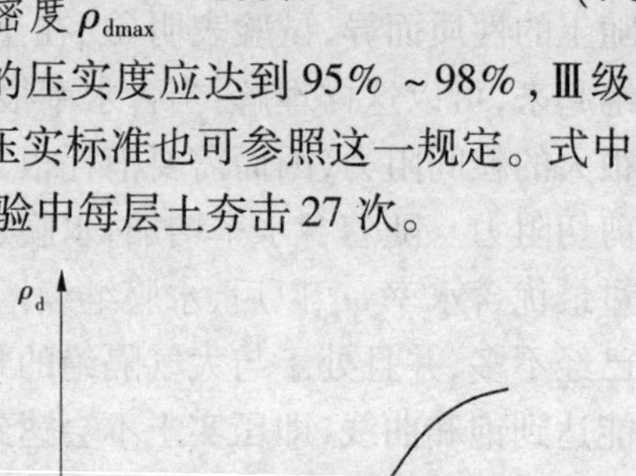

图 7-3　粗粒土的压实曲线

土料饱和。

无黏性土的压实标准，一般用相对密度 d_r 控制。以前要求相对密度达到0.70以上，近年来根据地震震害资料的分析结果，认为高烈度区相对密度还应提高。室内试验的结果也表明，对于饱和的无黏性土，在静力或动力的作用下，相对密度大于0.70～0.75时，土的强度明显增加，变形显著减小，可以认为相对密度为0.7～0.75是土的力学性质的一个转折点。同时，由于大功率的振动碾压机具的发展，使提高碾压密实度成为可能。所以，我国现行的《水电工程水工建筑物抗震设计规范》（NB 35047—2015）规定，位于浸润线以上的无黏性土要求相对密度达到0.7以上，而浸润线以下的饱和土，相对密度则应达到0.75～0.85。这些标准对于有抗震要求的其他类型的填土，也可参照采用。

【案例7-1】　某土料场土料的分类为低液限黏土（CL），天然含水率 $\omega=21\%$，土粒相对密度 $G_s=2.70$。室内标准功能击实试验得到最大干密度 $\rho_{dmax}=1.85\ g/cm^3$。设计中取压实度 $D_c=95\%$，并要求压实后土的饱和度 $S_r\leqslant0.9$。问该土料的天然含水率是否适于填筑？碾压时土料的含水率应控制为多大？

【案例解析】　(1)求压实后土的孔隙比。

由式(7-3)，填土的干密度　$\rho_d=\rho_{dmax}D_c=1.85\times0.95=1.76(g/cm^3)$

则压实后土的孔隙比　$e=G_s\rho_w/\rho_d-1=2.70\times1.0/1.76-1=0.534$

假设土粒的体积　$V_s=1\ cm^3$，则

孔隙的体积　$V_v=eV_s=0.534\times1=0.534(cm^3)$

土粒的质量　$m_s=G_sV_s\rho_w=2.70\times1.0\times1.0=2.7(g)$

(2)求碾压含水率。

根据题意，按饱和度 $S_r\leqslant0.9$ 控制含水率。因此，水的体积为

$$V_w=S_rV_v=0.9\times0.534=0.48(cm^3)$$

则水的质量　$m_w=\rho_wV_w=0.48\ g$。

因此，填土的含水率 $\omega=m_w/m_s=0.48/2.7=17.8\%<21\%$，即碾压时土料的含水率应控制在18%左右。料场土的含水率超过3%以上，不太适宜直接填筑，最好进行翻晒处理。

单元二　土在动荷载作用下的力学性质

一、反复荷载下土的变形强度特征

车辆的行驶、风力、波浪、地震及机器的振动等都是作用在土体上的动力荷载。它的特点：一是具有时间因素，二是荷载的反复性或周期性（加卸荷或者荷载变向）。一般，对于加荷时间在10 s以上的可看作是静力问题，10 s以下的则应作为动力问题。反复荷载作用的周期往往较短，如几秒、几十分之一秒乃至几百分之一秒。反复次数从几次、几十次乃至千百万次。由于这两个特点，因此在动力条件下考虑土的变形和强度问题时往往都要考虑到速度效应和循环（振次）效应。前者是将加荷时间的长短换成加荷速度或相应的应变速度的快慢。速度不同，土的反应也不同。由图7-4可见，慢速加荷时强度虽然低于快速加荷，但承受的应变范围较大。循环（振次）效应是指土的特性受荷载循环次数的影响情况。图7-5是振次效应的一个示例，图中 σ_f 为静力破坏强度，σ_d 为动应力幅值，σ_s 为在加动应力

图 7-11 表明,如果对于给定的土样,在固结施加动应力之前,先在轴向上施加不同的静应力(偏应力),然后施加相同大小的动应力,则各土样到达破坏时的循环次数就各不相同。静应力愈大,破坏所需的振次愈少;反之,就愈大。此外,若对各个土样施加同样大小的静应力,但由于动应力不同,则各土样达到破坏的振次也不同,它将随动应力的增加而减少。

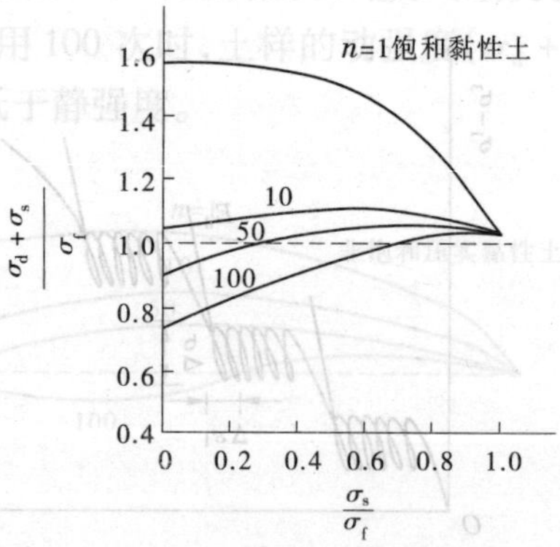

图 7-9 荷载振次对强度的影响(二)

试验研究还表明,黏性土强度的降低与循环应变的幅值有很大关系。例如,当应变幅值的大小不超过 1.5% 时,即使是中等灵敏度的软黏土,在 200 次循环荷载作用下,其强度亦几乎没有变化。

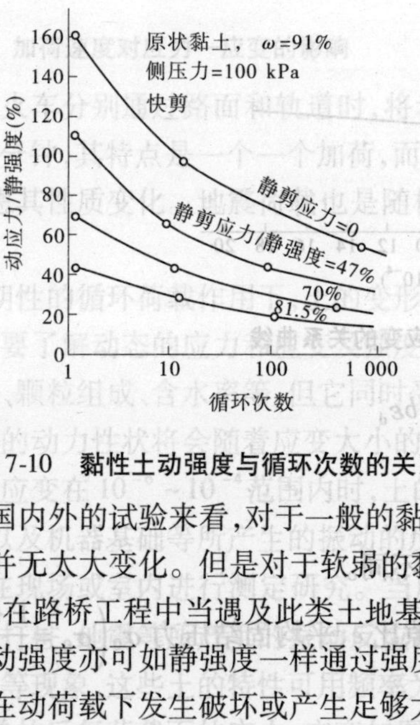

图 7-10 黏性土动强度与循环次数的关系

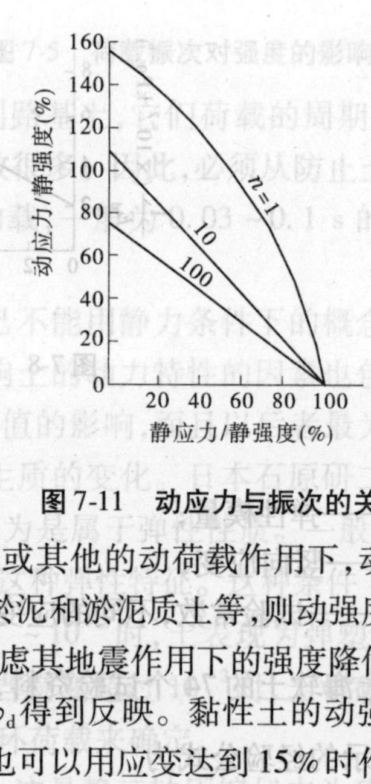

图 7-11 动应力与振次的关系

综合国内外的试验来看,对于一般的黏土,在地震或其他的动荷载作用下,动强度与静强度比较并无太大变化。但是对于软弱的黏性土,如淤泥和淤泥质土等,则动强度会有明显降低,所以在路桥工程中当遇及此类土地基时,必须考虑其地震作用下的强度降低问题。

土的动强度亦可如静强度一样通过强度指标 c_d、φ_d 得到反映。黏性土的动强度指标是指黏性土在动荷载下发生破坏或产生足够大的应变(也可以用应变达到15%时作为破坏标准)时所具有的黏聚力和内摩擦角。它们是动力(如地震力)作用下进行地基土工设计如挡土墙土压力、地基承载力和验算边坡稳定等问题时需要用到的重要指标。

二、土的动力特征参数

在室内模拟地震力或其他动荷载对土的作用而进行动力试验时(循环荷载),由于荷载变向,应力—应变曲线为一狭长的封闭回线,亦称滞回圈(见图 7-12)。每一滞回圈的特征由两个参数——剪切模量和阻尼比所定义,它们就是表征土动力特性的两个主要参数(或指标)。所谓土的动剪切模量 G_d,是指产生单位动剪应变时所需要的动剪应力,即动剪应力 τ_d 与动剪应变 ε_d 的比值,它可由联结滞回圈的顶峰和根部的直线斜率来定出,即可按式(7-6)求得

$$G_d = \frac{\tau_d}{\varepsilon_d} \tag{7-6}$$

土的阻尼比 λ 是阻尼系数与临界阻尼系数的比值，它是衡量土体吸收地震能量的尺度。由物理学可知，非弹性体对振动波的传播有阻尼作用，这种阻尼作用与振动的速度呈正比关系，比例系数称为阻尼系数；使非弹性体不产生振动时的阻尼系数称为临界阻尼系数。地基土体在地震时对地震波传播起的阻尼作用，主要是土粒间相互滑动时，由称为滞后作用的摩擦效应产生的。

土的阻尼比 λ 可由图 7-13 所示的滞回圈通过式(7-7)求得

$$\lambda = \frac{\Delta F}{4\pi F} \tag{7-7}$$

式中 ΔF——滞回圈面积，表示在一周期中所消耗的能量；

F——三角形 AOB 的面积，表示弹性能。

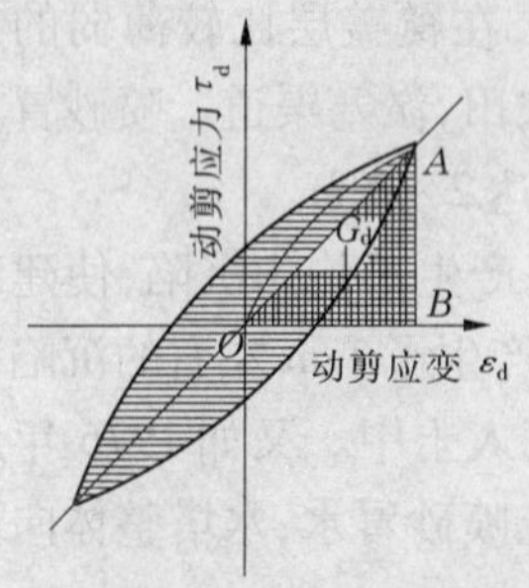

图 7-12 动剪应力、动剪应变滞回圈

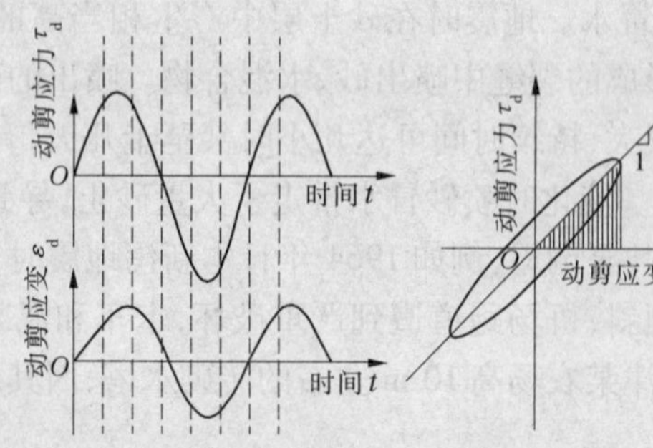

图 7-13 动剪应力—动剪应变滞回圈的绘制

动力试验所得滞回圈表明土有强烈的非线性性质。滞回圈形状将随应变的大小而变化，当动剪应变较小时，参数 G_d 和 λ 可视为常量，即土可假定为线性的。当应变较大时，因为动剪应力—动剪应变曲线的斜率变小，G_d 也变小，又因为滞回圈面积 ΔF 代表土在加荷和卸荷之间能量的吸收，动剪应变越大，能量吸收越多，ΔF 就增大，所以阻尼比 λ 增大。因此，为动力分析选用动力参数时，要考虑土的非线性特点，根据不同动剪周数的滞回圈确定相应于不同动剪应变大小的动剪切模量和阻尼比。

土的动力参数可通过现场和室内试验测定，室内一般采用振动三轴压缩试验测定，试验时是对圆柱形土样施加轴向循环变化的压缩与拉伸荷载，直接量测土样的应力值和应变值，从而绘制动剪应力—动剪应变曲线，即滞回圈(见图 7-12)。试验所得的滞回圈是试样在循环荷载下压缩与拉伸的结果，所以求得的模量是动弹性模量 E_d，而动剪切模量 G_d 由式(7-8)求出

$$G_d = \frac{E_d}{2(1+\mu)} \tag{7-8}$$

式中 μ——土的泊松比。

以振动三轴压缩试验测定土的动剪切模量和阻尼比相对比较简单，原状土或扰动土试样的制备也较为方便，而且可以精确地控制动剪应力和动剪应变，所以得到广泛应用。但这种方法存在着不能完全模拟地震时现场土体单元受力状态的缺点。

单元三　砂土振动液化

一、砂土液化及其工程危害

砂土液化是指砂土(特别是饱和砂土)在动力荷载(振动)作用下表现出类似液体性状而完全失去了承载能力的现象。

地震、波浪、车辆行驶、机器振动、打桩以及爆破等都可能引起饱和砂土的液化,其中又以地震引起的大面积甚至深层的砂土液化的危害性最大,它具有面广、量大、危害重等特点,常能造成工程场地的整体性失稳。因此,近年来引起国内外工程界的普遍重视,成为工程抗震设计的重要内容之一。

砂土液化造成的灾害的外观表现主要有:

(1)喷砂冒水。地震时在砂土层中产生相当高的孔隙水压力,在覆盖层比较薄弱的地方或地震所形成的裂缝中喷出砂、水混合物。喷出的砂土能破坏农田,淤塞渠道。喷砂冒水的范围往往很大,持续时间可达几小时甚至十几天,有的水头可高达 2 ~3 m。

(2)震陷。液化时喷砂冒水带走了大量砂土,导致建筑物地基产生不均匀沉陷,使建筑物倾斜、开裂甚至倒塌,例如 1964 年日本新泻地震时,有的建筑物产生了 1 m 左右的沉陷和 2. 3°以上的倾斜,机场跑道遭到严重破坏,卡车和混凝土结构物沉入土中。又如 1976 年唐山地震时,天津某农场高 10 m 左右的砖砌水塔,因其西北处地基土喷砂冒水,水塔整体向西北倾斜了 6°。

(3)滑坡。在岸坡或坝坡中的饱和砂层,由于液化而丧失抗剪强度,使土坡失去稳定,沿着液化层滑动,形成大面积滑坡。1971 年,美国加州 San Fernando 坝在地震中发生上游坝坡大滑动,研究证明这是因为在地震震动即将结束时,在靠近坝底和黏土心墙上游面处的广阔区域内砂土发生液化的缘故。

(4)地基失稳。建筑物地基中的砂土层因液化而失去承载能力,使地基整体失稳而破坏。例如日本新泻地震时,有一公寓因地基砂土层液化失稳而陷入土中并以 80°的倾斜度倾倒。

二、砂土液化机制及其影响因素

从宏观的震害现象中可以看出,液化的砂土层在失去承载能力的同时出现很高的孔隙水压力,这就启发我们应从砂土的抗剪强度着手去研究液化的机制。在地震时,饱和松砂趋于密实(剪缩性),而细、粉砂的透水性并不很大,孔隙水一定时间来不及排出,从而导致孔隙水压力上升,有效应力减小。如果在周期性荷载作用下积聚起来的孔隙水压力等于总应力,则有效应力就变为零。而根据有效应力原理,饱和砂土抗剪强度可表达为

$$\tau_f = (\sigma - u)\tan\varphi' = \sigma'\tan\varphi'$$

可见,当孔隙水压力 $u=\sigma$ 以及 $\sigma'=0$ 时,没有黏聚力的砂土的强度就完全丧失,而处于没有抵抗载荷能力的悬浮状态,故产生了砂土液化。地震时地面发生喷砂冒水现象,一般可认为这是埋在地下的砂层出现了液化,压力使水气砂粒喷出地面的结果。

在地震时,土体内单元体所受的力主要是从基岩向上传播的剪切波所引起的。水平砂

层内单元体上受到有效主应力 σ_0'和 $K_0\sigma_0'$的作用(K_0 为静止压力系数)。在地震时,单元体上将受到周期性的、其大小和方向都不断变化的剪应力 τ_d 的重复剪切作用。在实验室里通过模拟上述受力情况进行试验研究则有助于揭示液化的机制。其中,动三轴压缩试验是被广泛地使用的一种方法。土样是在不排水条件下,承受着均匀的周期荷载。当然地震时实际发生的剪应力大小是不规则的,但经过分析认为可以转换为等效、均匀的周期荷载,就比较容易在试验中重现。

研究与观察发现,并不是所有的饱和砂土和少黏性土颗粒的地基土在地震时都一定发生液化现象,因此必须了解影响砂土液化的主要因素,才能做出正确判断。

影响砂土液化的主要因素有:

(1)土类范围。土类是一个重要的条件,黏性土由于有黏聚力 c,即使孔隙水压力等于全部有效应力,抗剪强度也不会全部丧失,因而不具备液化的内在条件。粗粒砂土由于透水性好,孔隙水压力易于消散,在周期荷载作用下,孔隙水压力亦不易积累增长,因而一般也不会产生液化。只有没有黏聚力或黏聚力相当小的处于地下水位以下的粉细砂土或轻亚黏土,渗透系数较小不足以在第二次荷载施加之前把孔隙水压力全部消散掉,才具有积累孔隙水压力并使强度完全丧失的内部条件。因此,土的粒径大小是一个重要因素。试验及实测资料都表明,粉细砂土、轻亚黏土比中、粗砂土容易液化;级配均匀的砂土比级配良好的砂土易发生液化。有文献指出平均粒径 $d_{50}=0.05\sim0.09$ mm 的粉细砂最易液化。而通过多处震害调查实例却发现,实际发生液化的土类范围更广一些。可以认为,在地震作用下发生液化的饱和土的平均粒径 d_{50}一般小于 2 mm,黏粒含量一般低于 10% ~15%,塑性指数 I_P 常在 7 左右。

(2)土的密度。松砂在振动中体积易于缩小,孔隙水压力上升快,故松砂较密砂容易液化。1964 年日本新泻地震表明,相对密度为 0.5 的地方普遍液化,而相对密度大于 0.7 的地方就没有液化。中国科学院的《海城地震砂土液化考察报告》中亦提到,7 度的地震,对于相对密度大于 0.5 的砂土不会液化;砂土相对密度大于 0.7 时即使 8 度地震也不易发生液化。根据砂土液化机制的论述,剪切时孔隙水压力增长的原因在于松砂的剪缩性,但在砂土密度增大之后剪缩性会减弱,一旦砂土开始具有剪胀性时,剪切时内部产生负的孔隙水压力,土的阻抗能力增大了,因此土不会发生液化。

(3)土的初始应力状态。在地震力作用下,土中孔隙水压力等于固结压力是产生液化的必要条件。如果固结压力越大,则在其他条件相同时越不易发生液化。试验亦表明,对于同样条件的土样,发生液化所需的动应力将随着固结压力的增加而增大。地震前地基土的固结压力,可以用有效覆盖压力和侧压力系数来表示,所以地震时砂土的埋藏深度,即覆盖压力的大小就成了直接影响砂土液化的因素。上述《海城地震砂土液化考察报告》指出:有效覆盖压力小于 50 kPa 的地区,液化普遍且严重;有效覆盖压力介于 50 ~100 kPa 的地方,液化现象较轻;而未发生液化地段,有效覆盖压力大多大于 100 kPa。调查资料还表明,埋藏深度大于 20 m 时,甚至松砂也很少发生液化。

三、砂土液化可能性的判别

关于砂土液化可能性评价的方法很多,大致归纳起来是现场试验法、室内试验法及经验对比法三大类,本书仅简要介绍现场试验法。由于地震时影响砂土液化的因素较复杂,因此在现场做试验判别砂土液化是能够全面地综合反映影响液化各因素的。我国《建筑抗震设计规范》(GB 50011—2010)规定以临界标准贯入击数 N_{cr} 来作为判别标准。根据砂层的埋藏深度 d_s 和地下水位 d_w,按式(7-9)计算临界标准贯入击数 N_{cr}

$$N_{cr} = N_0[0.9 + 0.1(d_s - d_w)]\sqrt{3/\rho_c} \tag{7-9}$$

式中 N_{cr}——液化判别标准贯入锤击数临界值;

N_0——液化判别标准贯入锤击数基准值,应按表 7-1 采用;

d_s——饱和土标准贯入点深度,m;

ρ_c——黏粒含量百分率,当小于 3 或为砂土时均应取 3;

d_w——地下水位深度,m。

表 7-1 《建筑抗震设计规范》(GB 50011—2010)标准贯入锤击数基准值

项目	烈度		
	7	8	9
近震	6	10	16
远震	8	12	—

当实测标准贯入锤击数 N(未经杆长修正)满足下述关系,即

$$N < N_{cr} \tag{7-10}$$

判别为液化;否则判别为不液化。

在应用《建筑抗震设计规范》(GB 50011—2010)液化判别经验公式时,尚应注意以下几点:

(1)判别式的适用深度。GB 50011—2010 所述在地面下 15 m 深度范围内的液化土应符合式(7-9)要求,既不是 15 m 以下就不会液化,也不是必须勘察的深度,而是该式只适用于 15 m,超过 15 m 就缺乏经验,没有把握。

(2)倾斜地面的液化判别。该判别方法是以水平自由地面的震害经验为基础的,适用于地表基本水平的建筑场地。当地表倾斜(或建筑物建成之后)时,地表下饱和砂土体中的静应力和地震应力状态发生显著变化,这时存在静剪应力,它将影响土的抗液化能力,而且土体液化后会产生滑动。在该判别方法中或者没有考虑或者考虑得不够恰当,因此还需要根据实际经验对判别结果加以修正。

(3)水下砂层的液化判别。在个别情况下,需要考虑水下(例如池塘底以下)的砂层液化问题。此时,水位在地表以上,从孔隙水压力考虑,d_w 应为负值,用 $-d_w$ 代入判别公式。定性地考虑,这样处理是正确的,但在建立和使用判别式的过程中,这样的情况很少遇到,缺乏经验,在实际应用时宜多加小心,并采用其他方法加以比较。

四、防止砂土液化的工程措施简介

地震时因砂土地基液化而造成建筑物毁坏的情况是十分普遍的,所以当判别建筑物地基中有可液化的砂土层时,必须采取相应的工程措施,以防止震害。应对砂土液化的处理原则是避开、挖除或加固。如果可能液化的范围不大,可以根据具体情况或避开或挖除;但如果范围较广、较深,一般只能采取加固的措施。我国目前常用的加固方法有人工加密、围封、

桩基以及盖重等。

(1)加密,是增加砂土层密度,如用振浮法、砂桩挤密法,以及国内外近年推行的强夯法等。前二者已经实践证明可有效地提高地基抗液化能力,后者经近年实践证明亦是可行的。

(2)围封,是用板桩把有可能液化的范围包围起来。

(3)桩基,是将建筑物支承在桩基础上,而桩必须穿过可能液化的砂层,支承在下部不液化的密实层上。

(4)盖重,是加大可液化砂层的上覆压力。如在可能液化范围的地面上加载(如堆土)等,这对防止液化也有一定效果。如果在增加上覆压力过程中同时采取排水措施,还可使砂土进一步加密,抗液化效果更好。

项目小结

1. 土的压实性:

(1)最优含水率与最大干密度。

(2)击实试验过程。

(3)压实曲线性状,影响最优含水率和最大干密度的因素。

2. 周期荷载下土的强度。

3. 周期荷载下土的变形特性。

4. 砂土液化:

(1)砂土液化试验。

(2)砂土液化机制。

(3)砂土液化判别方法。

技能训练

一、基础理论思考

1. 影响土的压实性的因素有哪些?

2. 土的压实性和压缩性有何区别?击实试验和压缩试验取得的指标有哪些?

二、工程模拟训练

1. 某黏性土的击实试验结果如表7-2所示,已知土的土粒相对密度 $G_s=2.7$。试绘出该土的压实曲线,并确定其最优含水率 ω_{op} 与最大干密度 γ_{dmax}。

表7-2 某黏性土的击实试验结果

含水率(%)	14.7	16.5	18.4	21.8	23.7
干密度(g/cm^3)	1.59	1.63	1.66	1.65	1.62

2. 某工程地基,地面以下5~11 m为细砂,地下水位埋深3.0 m,离地面8 m处的标准贯入试验锤击数$N=10$。试判断该处的砂土发生烈度为8度地震时,是否会液化。

3. 某工程地基表层为素填土,厚度1.5 m;第二层为粉土,厚4.5 m,深3.5 m处$N=8$;第三层为粉砂,厚3.2 m,深8.0 m处$N=9$;第四层为细砂,厚5.4 m,深11.0 m处$N=15$;第五层为卵石。地下水位埋深2.2 m。试判别当地震烈度为8度时地基是否发生液化。

项目八　浅基础设计

学习目标

1. 掌握浅基础设计内容、方法、原则，了解浅基础类型。
2. 能根据场地条件及建筑结构类型进行基础选型。
3. 掌握基础埋深确定，了解地基承载力的确定方法，熟练掌握常用的计算方法。
4. 了解地基变形、稳定性计算原则，熟练掌握基础底面面积的确定方法。
5. 熟练掌握无筋扩展基础、墙下混凝土条形基础、柱下混凝土独立基础设计。

【项目导入】

如图8-1所示，别墅、厂房、道路路基等建(构)筑物进行基础设计时，多采用天然地基浅基础。天然地基上浅基础优点：便于施工，工期短，造价低，如能满足强度和变形要求，宜优先采用。本项目将解决天然地基上浅基础设计的各方面的问题。天然地基上浅基础设计的原则和方法，也适用于人工地基上的浅基础，只是采用后一种方案时，尚需对所选的地基处理方法进行设计，并处理好人工地基与浅基础的相互影响。

图8-1　房屋建筑示例

天然地基上浅基础的设计，包括下述各项内容：

(1)选择基础的材料、类型，进行基础平面布置。

(2)确定地基持力层，选择基础的埋深。

(3)确定地基承载力设计值。

(4)确定基础的底面尺寸。

(5)进行地基变形与承载力验算。

(6)进行基础结构设计，绘制基础施工图，提出施工说明。

上述浅基础设计的各项内容是互相关联的。设计时可按上述顺序，首先选择基础材料、类型和埋深，然后逐步进行计算。如发现前面的选择不妥，则需修改设计，直至各项计算均符合要求且各数据前后一致。

如果地基软弱，为了减轻不均匀沉降的危害，在进行基础设计的同时，尚需从整体上对建筑设计和结构设计采取相应的措施，并对施工提出具体要求。

单元一　浅基础选型

天然地基浅基础选型，一般遵循无筋扩展（刚性）基础→柱下独立基础、墙下条形基础→柱下条形基础、交叉条形基础→筏板基础→箱形基础的顺序来选择基础形式。当然，在选择过程中应尽量做到经济、合理。只有在上述情况下不行时，才考虑运用桩基等深基础的形式，以避免过多的浪费。

【小贴士】 究竟采用何种形式的浅基础，应根据建筑物的工程地质条件、技术经济和施工条件等因素加以综合确定。

一、无筋扩展（刚性）基础

（一）砖基础

砖砌体具有一定的抗压强度，但抗拉强度和抗剪强度低。砖基础所用的砖，强度等级不低于 MU7.5，砂浆不低于 M2.5。在地下水位以下或当地基土潮湿时，应采用水泥砂浆砌筑。在砖基础底面以下，一般应先做 100 mm 厚的 C10 或 C7.5 的混凝土垫层。砖基础取材容易，应用广泛，一般可用于 6 层及 6 层以下的民用建筑和砖墙承重的厂房。

（二）毛石基础

毛石是指未加工的石材。毛石基础应采用未风化的硬质岩石，禁用风化毛石。由于毛石之间间隙较大，如果砂浆黏结的性能较差，则不能用于多层建筑，且不宜用于地下水位以下。但毛石基础的抗冻性能较好，北方也用来作为 7 层以下的建筑物基础。

（三）灰土基础

灰土是用石灰和土料配制而成的。石灰以块状为宜，经熟化 1 ~ 2 d 后过 5 mm 筛立即使用。土料应用塑性指数较低的粉土和黏性土，土料团粒应过筛，粒径不得大于 15 mm。石灰和土料按体积配合比为 3∶7或 2∶8，拌和均匀后，在基槽内分层夯实。灰土基础宜在比较干燥的土层中使用，其本身具有一定的抗冻性。在我国华北和西北地区，广泛用于 5 层及 5 层以下的民用建筑。

（四）三合土基础

三合土是由石灰、砂和骨料（矿渣、碎砖或碎石）加水混合而成。施工时石灰、砂、骨料按体积配合比为 1∶2∶4或 1∶3∶6拌和均匀后再分层夯实。三合土的强度较低，一般只用于 4 层及 4 层以下的民用建筑。

（五）混凝土基础、毛石混凝土基础

混凝土基础的抗压强度、耐久性和抗冻性比较好，其强度等级一般为 C10 以上。这种基础常用在荷载较大的墙柱处。如在混凝土基础中埋入体积占 25% ~ 30% 的毛石（石块尺寸不宜超过 300 mm），即做成毛石混凝土基础，可节省水泥用量。

无筋扩展（刚性）基础见图 8-2。

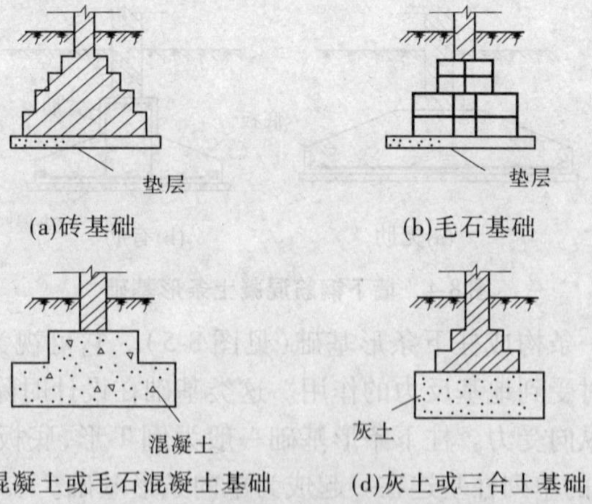

图 8-2　无筋扩展(刚性)基础

二、柱下独立基础

柱下独立基础也分为柱下刚性基础和柱下钢筋混凝土基础。砌体柱可采用刚性基础。钢筋混凝土单独基础的底部应配制双向受力钢筋。

现浇柱的单独基础可做成阶梯形或锥形(见图 8-3(a)、(b)),预制柱的单独基础则采用杯形基础(见图 8-3(c))。杯形基础常用于装配式单层工业厂房。

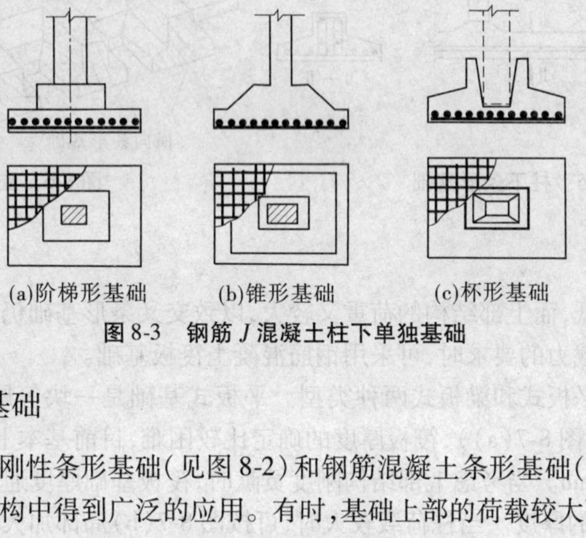

图 8-3　钢筋 / 混凝土柱下单独基础

三、墙下条形基础

墙下条形基础有刚性条形基础(见图 8-2)和钢筋混凝土条形基础(见图 8-4)两种。刚性条形基础在砌体结构中得到广泛的应用。有时,基础上部的荷载较大而地基承载力较低,需要加大基础的宽度,但又不想增加基础的高度和埋深,那么应考虑采用钢筋混凝土条形基础。这种基础,底面宽度可达 2 m 以上,而底板厚度可以小至 300 mm,适应在需要"宽基浅埋"的情况下采用。有时,地基不均匀,为了增强基础的整体性和抗弯能力,可以采用有肋的钢筋混凝土条形基础(见图 8-4(b)),肋部配置纵向钢筋和箍筋,以承受由于不均匀沉降引起的弯曲应力。

四、柱下条形基础、交叉条形基础

当地基承载力较低且柱下钢筋混凝土独立基础的底面面积不能承受上部结构荷载的作

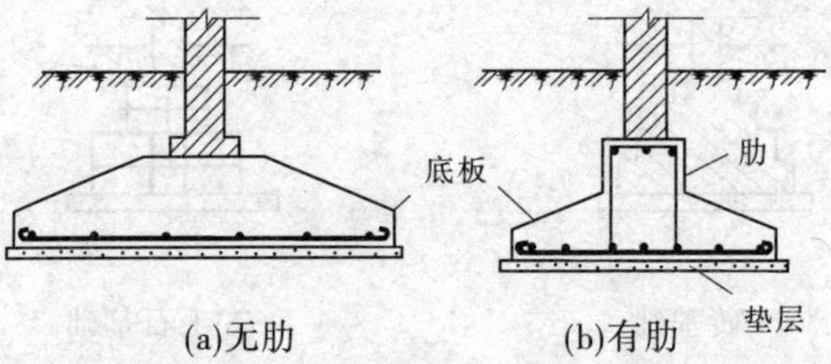

图 8-4　墙下钢筋混凝土条形基础

用，常将若干柱基连成一条构成柱下条形基础（见图 8-5）。它可视为作用有若干集中荷载并置于地基上的梁，同时受到地基反力的作用。这类基础在设计时除考虑抗剪切、抗弯曲验算外，还需计算基础的纵向受力。柱下条形基础一般为倒 T 形，底板伸出部分称作翼板，其余称肋梁。将一个方向的单列柱基连在一起成为单向条形基础。

当单向条形基础的底面仍不能承受上部结构荷载的作用时，可以将纵横柱基础均连在一起，成为十字交叉条形基础（见图 8-6）。交叉条形基础可承担 10 层以下的民用建筑。

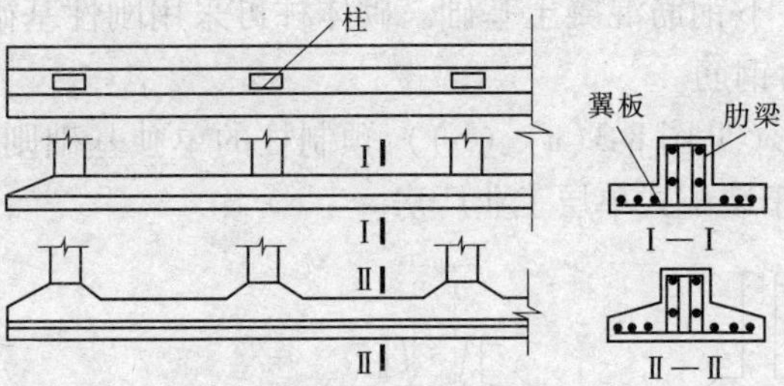

图 8-5　柱下条形基础

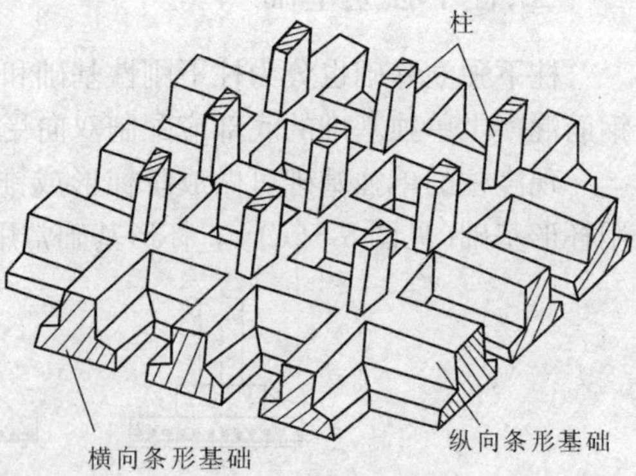

图 8-6　交叉条形基础

五、筏板基础

当地基承载力低，而上部结构的荷重又较大，以致交叉条形基础仍不能提供足够的底面面积来满足地基承载力的要求时，可采用钢筋混凝土筏板基础。

筏板基础分为平板式和梁板式两种类型。平板式基础是一块等厚度（0.5～2.5 m）的钢筋混凝土平板（见图 8-7（a）），筏板厚度的确定比较困难，目前基本上根据经验确定，筏板厚度不得小于 200 mm。当考虑上部结构刚度贡献时，筏板基础厚度通常小于根据楼房层数按每层 50 mm 确定的厚度。当柱荷载较大时，可按图 8-7（b）局部加大柱下板厚或设墩基以防止筏板被冲剪破坏。若柱距较大，柱荷载相差也较大，板内会产生较大的弯矩，宜在板上沿柱轴纵横向设置基础梁（见图 8-7（c）、（d）），形成梁板式筏板基础，这时板的厚度虽比平板式小得多，但其刚度较大，能承受更大的弯矩。

六、箱形基础

当地基承载力较低，上部结构荷载较大时采用交叉条形基础无法满足承载力要求，又不宜采用桩基时，可采用箱形基础。

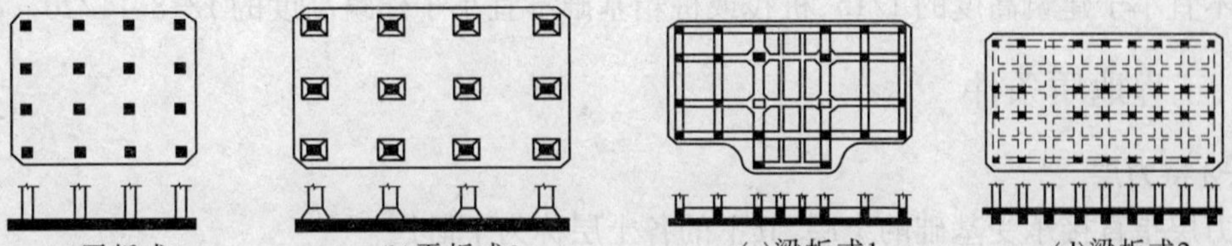

图 8-7　筏板基础

箱形基础通常如图 8-8(a)所示。为了加大底板刚度，也可采用套箱式箱形基础，如图 8-8(b)所示。箱形基础具有比筏板基础更大的抗弯刚度，可视作绝对刚性基础。箱基宽阔的基础底面使受力层范围大为扩大，较大的埋深(≥3 m)和中空的结构形式使开挖卸去的土体自重抵偿了上部结构传来的部分荷载在地基中引起的附加应力，故又称之为补偿基础。顶、底板和纵、横墙形成的结构整体性使箱基具有比筏板基础大得多的空间刚度，可用以抵抗地基或荷载分布不均匀引起的差异沉降和架越不太大的地下洞穴，而此时建筑物仅发生大致均匀的下沉或不大的整体倾斜。此外，箱基的抗震性能也较好。必须指出，箱形基础的材料消耗量较大，施工技术要求高，且还会遇到深基坑开挖带来的问题与困难，是否采用，应与其他可能的地基基础方案做技术经济比较后确定。

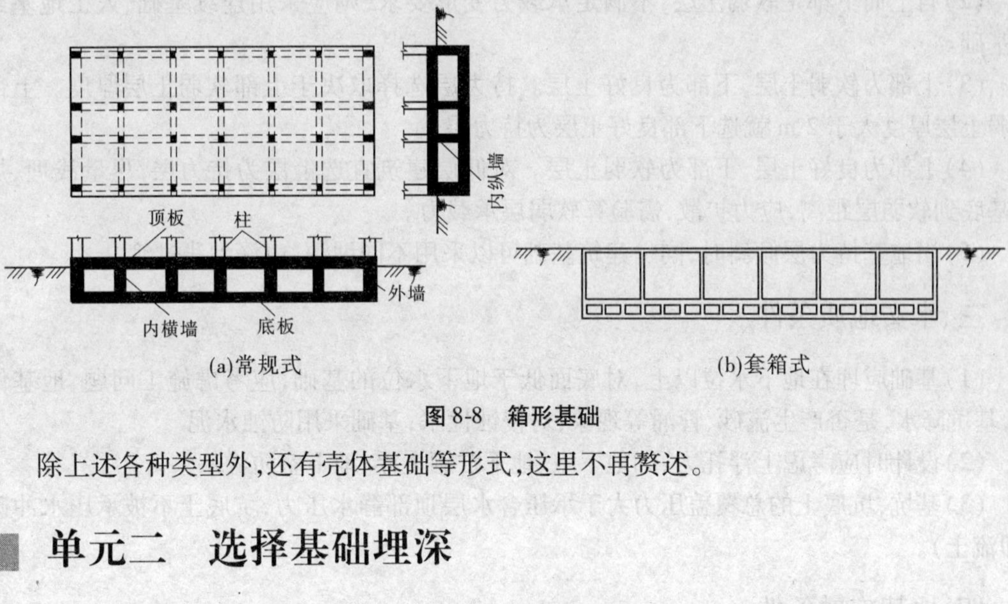

图 8-8　箱形基础

除上述各种类型外，还有壳体基础等形式，这里不再赘述。

单元二　选择基础埋深

基础的埋深一般是指室外设计地面至基础底面的距离。设计浅基础时，一般先确定基础埋深 d。基础埋深，应按下列条件确定。

一、与建筑有关的条件

(1)建筑物的用途，有无地下室、设备基础和地下设施，基础的形式与构造；不宜小于 0.5 m。

(2)作用在地基上的荷载大小和性质。

(3)高层建筑应满足承载力变形、稳定性，箱基础埋深应满足抗滑要求。筏板基础、箱形基础不宜小于建筑高度的 1/15，桩筏或桩箱基础不宜小于建筑高度的 1/18 ~ 1/20。

二、工程地质条件

（一）持力层

持力层指直接承受基础的土层，其下的各土层称为下卧层。

（二）地基受力层

地基受力层指条基底面下深度 $3b$（b 为基础宽度），独基下 $1.5b$，且厚度不小于 5 m 范围（沉降计算深度）。为满足承载力和变形要求，基础应埋在良好的土层上，在受力层内有下卧层时，下卧层承载力变形也应满足要求。

（三）良好土层

对小型建筑，良好土层指黏土坚硬，硬塑，可塑状态黏土层；中密（$15 < N < 30$）、密实（$N > 30$）状态的砂土，碎石土及低、中压缩性土。

（四）软弱土层

软弱土层指压缩系数高，软塑、流塑黏土，松散状态砂土，未处理填土，高压缩性土层。

（五）基础埋深确定原则

（1）自上而下都是良好土层，埋深由其他条件和最小埋深确定。

（2）自上而下都是软弱土层，不满足承载力变形要求，则应采用连续基础、人工地基或深基础。

（3）上部为软弱土层，下部为良好土层。持力层选择取决于上部软弱土层厚度。上部软弱土层厚度大于 2 m 就选下部良好土层为持力层。

（4）上部为良好土层，下部为软弱土层。对低层建筑宜选上层为持力层，尽量浅埋、加大基底到软弱层距离，应力扩散，需验算软弱层承载力。

（5）当地基持力层倾斜时，同一建筑基础可以采用不同埋深，由深到浅过渡。

三、水文地质条件

（1）基础应埋在地下水位以上，对底面低于地下水位的基础，应考虑施工问题，地基保护，基坑降水，是否产生流砂、管涌等现象，对侵蚀性水，基础采用防蚀水泥。

（2）设计时应考虑上浮托力，如地下室、地下贮罐上浮，地下室防渗。

（3）基坑，坑底土的总覆盖压力大于承压含水层顶部静水压力，坑底土不被承压水冲破（即流土）。

四、地基冻融条件

（1）冻土。当地基土的温度低于摄氏零度时，土中部分孔隙水将冻结形成冻土。冻土有季节性冻土和多年冻土两类。

（2）冻胀现象。由细粒土组成，冻结前含水率较高。当地下水位低于冻结深度 1.5 ~ 2.0 m时，冻深处土成为冰晶体，未冻结深度区自由水和结合水会不断地向冻结区迁移、聚集，使晶体扩大，土发生膨胀、隆起，导致建筑物开裂。

（3）融陷。土层解冻，含水率增加，土体处于饱和软化状态，承载力降低，建筑下陷，称融陷。融陷可导致建筑物开裂。

(4)是否产生冻胀现象与下列因素有关:土粒径大小,含水率多少,地下水位高低。

(5)土冻胀性按规范分类。不冻胀、弱冻胀、冻胀、强冻胀、特强冻胀。

(6)需要满足可冻胀土中基础最小埋深。

五、场地环境条件

存在相邻建筑物时,基础埋深不宜深于相邻原有建筑物的基础埋深。若基础埋深一定要超过原有建筑物基础时,设计应考虑与原有基础保持一定净距,一般取相邻两基础底面高差的 1 ~2 倍,如图 8-9 所示。

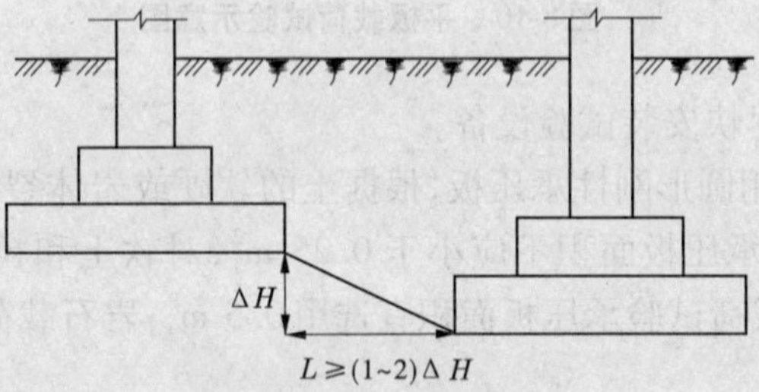

图 8-9 埋深不同的相邻基础

单元三 地基承载力的确定

地基承载力是指地基土单位面积上承受荷载的能力。地基承受这一荷载时,在强度方面,相应于破坏状态的极限荷载应有足够大的安全储备,而所产生的变形应均在允许范围内。地基的极限承载力是从地基稳定的角度研究地基土体所能承受的最大荷载,即使地基尚未失稳,若变形太大,引起上部建筑物破坏或不能正常使用也是不允许的,所以正确的地基设计,既要满足地基强度和稳定性的要求,也要保证满足地基变形的要求。地基承载力在《建筑地基基础设计规范》(GB 50007—2011)中称为地基承载力的特征值。

确定地基承载力历来都是岩土工程中最为重要的任务,技术人员在工程实践中常常利用载荷试验法、经验关联法及理论计算法等三种方法来确定。

一、根据载荷试验确定地基承载力

载荷试验是在要测定的地基土上放置一块模拟基础的承压板,以千斤顶通过承压板向地基逐级施加竖向荷载,同时测定在各级荷载下承压板的沉降量及周围土的位移情况,直到地基土破坏。载荷试验是研究地基土的强度及变形规律的一种方法。载荷试验包括浅层平板载荷试验和深层平板载荷试验。浅层平板载荷试验适用于确定浅部地基土层的承载力,深层平板载荷试验适用于确定深部地基土层及大直径桩桩端土层的承载力(见图 8-10)。

(一)载荷试验方法

1. 载荷试验步骤

(1)在测试场地选择代表性部位进行试验,每个场地不宜少于 3 点。

(2)开挖试坑,深度挖至基础底面设计标高,试坑宽度 $B \geqslant 3b$,b 为载荷板宽度或直径。试坑或试井底的岩土应避免扰动,保持其原状结构和天然湿度,并在承压板下铺设不超过

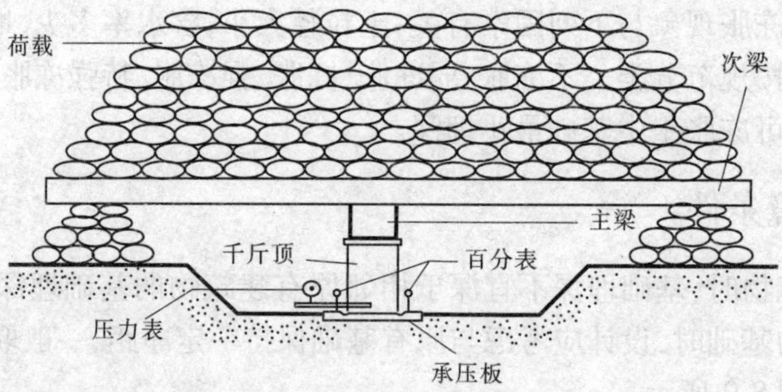

图 8-10　平板载荷试验示意图

20 mm 的砂垫层找平，尽快安装试验设备。

(3)载荷试验宜采用圆形刚性承压板，根据土的软硬或岩体裂隙密度选用合适的尺寸；土的浅层平板载荷试验承压板面积不应小于 0.25 m^2，对软土和粒径较大的填土不应小于 0.5 m^2；土的深层平板载荷试验承压板面积宜选用 0.5 m^2；岩石载荷试验承压板的面积不宜小于 0.07 m^2。

(4)安装反力系统，在荷载平台上直接堆加混凝土柱或砂袋等重物，如图 8-10 所示，反力系统也可用锚桩系统。

(5)安装量测系统，磁性表座托梁间距 $\geqslant 3b$，且应在试验影响范围以外，在承压板边缘均布安放 4 支位移传感器。

(6)加荷。载荷试验加荷方式应采用分级维持荷载沉降相对稳定法(常规慢速法)；有地区经验时，可采用分级加荷沉降非稳定法(快速法)或等沉速率法；加荷等级宜取 10 ~ 12 级，并不应少于 8 级，荷载量测精度不应低于最大荷载的 ±1%。

(7)承压板的沉降可采用百分表或电测位移计量测，其精度不应低于 ±0.01 mm；10 min、15 min、15 min 测读一次沉降，以后间隔 30 min 测读一次沉降，当连读 2 h 每小时沉降量小于等于 0.1 mm 时，可认为沉降已达相对稳定标准，施加下一级荷载；当试验对象是岩体时，间隔 1 min、2 min、2 min、5 min 测读一次沉降，以后每隔 10 min 测读一次，当连续三次读数差小于等于 0.01 mm 时，可认为沉降已达相对稳定标准，施加下一级荷载。

2. 载荷试验终止条件

当出现下列情况之一时，可终止试验：

(1)承压板周边的土出现明显侧向挤出，周边岩土出现明显隆起或径向裂缝持续发展。

(2)本级荷载的沉降量大于前级荷载沉降量的 5 倍，荷载与沉降曲线出现明显陡降。

(3)在某级荷载下 24 h 沉降速率不能达到相对稳定标准。

(4)总沉降量与承压板直径(或宽度)之比超过 0.06。

(二)载荷试验资料整理

1. $p \sim s$ 和 $s \sim t$ 曲线图

根据每一级荷载下沉降量和时间的原始记录绘制 $s \sim t$ 曲线图，根据荷载和每一级荷载下的稳定沉降量绘制 $p \sim s$ 曲线图。

2. 修正沉降观测值

校正值 s_0 和 $p \sim s$ 曲线斜率 C 的求法有图解法和最小二乘法。

(1)图解法。在 $p \sim s$ 曲线草图(见图 8-11)上找出比例界限点,从比例界限点引一直线,使比例界限前的各点均匀靠近该直线,直线与纵坐标交点的截距即为 s_0。将直线上任一点的 s、p 和 s_0 代入下式求得 C 值

$$s = s_0 + Cp \tag{8-1}$$

(2)最小二乘法。计算式如下

$$Ns_0 + C\sum p - \sum s' = 0 \tag{8-2}$$

$$s_0\sum p + C\sum p^2 - \sum ps' = 0 \tag{8-3}$$

联立解式(8-2)、式(8-3)求得

$$C = \frac{N\sum ps' - \sum p\sum s'}{N\sum p^2 - (\sum p)^2} \tag{8-4}$$

$$s_0 = \frac{\sum s'\sum p^2 - \sum p\sum ps'}{N\sum p^2 - (\sum p)^2} \tag{8-5}$$

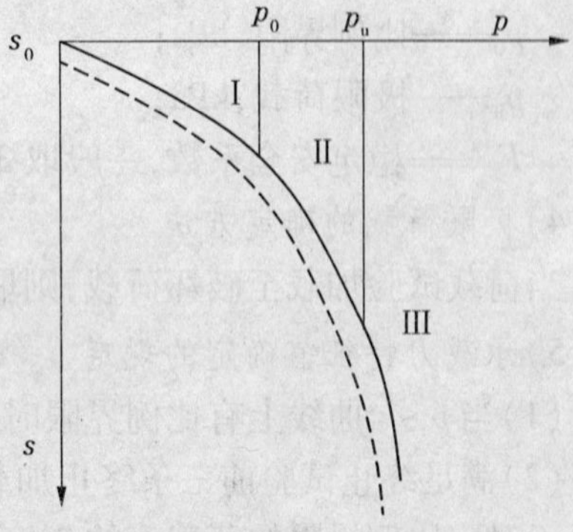

图 8-11　$p \sim s$ 曲线修正沉降观测值

式中　N——加荷次数;

s_0——校正值,cm;

p——单位面积压力,kPa;

s'——各级荷载下的原始沉降值,cm;

C——斜率。

求得 s_0 和 C 值后,按下述方法修正沉降观测值 s,对于比例界限前各点,根据 C、p 值按 $s = Cp$ 计算;对于比例界限后各点,则按 $s = s - s_0$ 计算。

根据 p 和修正后的 s 值绘制 $p \sim s$ 曲线。

3. 确定地基承载力

1)强度控制法

强度控制法即以比例界限 p_0 作为地基承载力。这种方法适用于硬塑—坚硬的黏性土、粉土、砂土、碎石土。比例界限的确定方法有以下几种:

(1)当 $p \sim s$ 曲线上有较明显的直线段时,一般采用直线段的终点所对应的压力即为比例界限。

(2)当 $p \sim s$ 曲线上无明显的直线段时,可用下述方法确定:

在某一荷载下,其沉降量超过前一级荷载下沉降量的 2 倍,即 $\Delta s_n > 2\Delta s_{(n-1)}$ 的点所对应的压力即为比例界限。

绘制 $\lg p \sim \lg s$ 曲线,曲线上转折点所对应的压力即为比例界限。

绘制 $p \sim \Delta s/\Delta p$ 曲线,曲线上的转折点所对应的压力即为比例界限。其中 Δp 为荷载增量,Δs 为相应的沉降增量。

2)相对沉降量控制法

根据沉降量和承压板宽度的比值 s/b 确定。当承压板面积为 0.25 ~ 0.5 m^2 时,可取 $s/b = 0.01 \sim 0.015$ 对应的压力为地基承载力。

3)极限荷载法

当 $p \sim s$ 曲线上的比例界限点出现后,土很快达到极限荷载,即比例界限 p_0 与极限荷载

p_u 接近时，将 p_u 除以稳定安全系数 F_s（$F_s=2\sim3$）作为地基承载力；当比例界限 p_0 与极限荷载 p_u 不接近时，可按式(8-6)计算

$$f_k = p_u + \frac{p_u - p_0}{F_s} \tag{8-6}$$

式中 f_k——地基承载力，kPa；

p_0——比例界限，kPa；

p_u——极限荷载，kPa；

F_s——稳定安全系数，一般取 3～5。

4）极限荷载的确定方法

当荷载试验加载至破坏荷载，则取破坏荷载的前一级荷载为极限荷载 p_u。

5）承载力特征值确定的规定

（1）当 $p\sim s$ 曲线上有比例界限时，取该比例界限所对应的荷载值。

（2）满足终止试验前三条终止加载条件之一时，其对应的前一级荷载为极限荷载，当该值小于对应比例界限的荷载值的 2 倍时，取荷载极限值的 1/2。

（3）不能按上述两款要求确定时，可取 $s/b=0.01\sim0.015$ 所对应的荷载值，但其值不应大于最大加载量的 1/2。

（4）同一土层参加统计的试验点不应少于 3 点，当试验实测值的极差不超过平均值的 30% 时，取此平均值作为该土层的地基承载力特征值 f_{ak}。

二、根据相关规范推荐公式计算地基承载力

《建筑地基基础设计规范》（GB 50007—2011）基于变形控制已是地基设计的重要原则，取消了用土的物理指标确定地基承载力的表格。但强调地区经验，各地区应根据试验和地区经验确定地基承载力数据。《建筑地基基础设计规范》（GB 50007—2011）、《高层建筑岩土工程勘察规程》（JGJ 72—2004）均规定可根据土的抗剪强度指标确定地基承载力特征值，计算公式是参照临界荷载、极限承载力公式稍做修改而成的。

（一）按塑性状态法计算

《建筑地基基础设计规范》（GB 50007—2011）规定：当偏心距 e 小于或等于 0.033 倍基础底面宽度时，根据土的抗剪强度指标确定地基承载力特征值可按下式计算，并应满足变形要求

$$f_a = M_b\gamma b + M_d\gamma_m d + M_c c_k \tag{8-7}$$

式中 f_a——由土的抗剪强度指标确定的地基承载力特征值；

M_b、M_d、M_c——承载力系数，按表 8-1 确定；

γ_m——基底标高以上土的加权平均重度，kN/m^3，地下水位以下取浮重度；

γ——基础底面以下土的重度，kN/m^3，地下水位以下取浮重度；

b——基础底面宽度，大于 6 m 按 6 m 取值，对于砂土，小于 3 m 时按 3 m 取值；

d——基础埋深，m；

c_k——基底下一倍短边宽深度内土的黏聚力标准值。

表 8-1 承载力系数 M_b、M_d、M_c 值

土的内摩擦角标准值 φ_k(°)	M_b	M_d	M_c	土的内摩擦角标准值 φ_k(°)	M_b	M_d	M_c
0	0	1.00	3.14	22	0.61	3.44	6.04
2	0.03	1.12	3.32	24	0.80	3.87	6.45
4	0.06	1.25	3.51	26	1.10	4.37	6.90
6	0.10	1.39	3.71	28	1.40	4.93	7.40
8	0.14	1.55	3.93	30	1.90	5.59	7.95
10	0.18	1.73	4.17	32	2.60	6.35	8.55
12	0.23	1.94	4.42	34	3.40	7.21	9.22
14	0.29	2.17	4.69	36	4.20	8.25	9.97
16	0.36	2.43	5.00	38	5.00	9.44	10.80
18	0.43	2.72	5.31	40	5.80	10.84	11.73
20	0.51	3.06	5.66				

注：φ_k 为基底下一倍短边宽深度内土的内摩擦角标准值。

（二）按极限承载力计算

依据《高层建筑岩土工程勘察规程》(JGJ 72—2004)，天然地基极限承载力可按下式估算

$$f_u = \frac{1}{2}N_r\zeta_r b\gamma + N_q\zeta_q\gamma_0 d + N_c\zeta_c c_k \tag{8-8}$$

$$f_a = f_u/F_s \tag{8-9}$$

式中 f_u——地基极限承载力，kPa；

f_a——地基承载力设计值，kPa；

F_s——稳定安全系数，确定地基土承载力设计值时，对一般黏性土取 2，对老黏土取 2.5～3.0，对砂类土取 4.0；

N_r、N_q、N_c——地基承载力系数，根据地基持力层代表性内摩擦角标准值按表 8-2 确定；

ζ_r、ζ_q、ζ_c——基础形状修正系数，按表 8-3 确定；

b——基础(包括箱形基础和筏板基础)底部的宽度，当基础宽度大于 6 m 时，取 $b=6$ m；

γ_0、γ——基底以上和基底组合持力层的土体平均重度，kN/m^3，位于地下水位以下且不属于隔水层的土层取浮重度，当基底土层位于地下水位以下但属于隔水层时，γ 可取天然重度，如基底以上的地下水与基底高程处的地下水之间有隔水层，基底以上土层在计算 γ_0 时可取天然重度；

d——基础埋深，m；

c_k——地基持力层代表性黏聚力标准值，kPa。

基础埋深应根据不同情况按下列规定选取：①一般自室外地面高程算起，对于地下室采用箱形基础或筏板基础时，自室外天然地面起算，采用独立柱基或条形基础时，从室内地面

起算；②在填方整平地区，可自填土地面起算，但当填方在上部结构施工后完成时，自填方前的天然地面起算；③当高层建筑周边附属建筑为超补偿基础时，宜分析和考虑周边附属建筑基底压力低于土层自重压力的影响。

表 8-2　极限承载力系数

φ_k(°)	N_c	N_q	N_r	φ_k(°)	N_c	N_q	N_r
0	5.14	1.00	0.00	26	22.25	11.85	12.54
1	5.38	1.09	0.07	27	23.94	13.20	14.47
2	5.63	1.20	0.15	28	25.80	14.72	16.72
3	5.90	1.31	0.24	29	27.86	16.44	19.34
4	6.15	1.43	0.34	30	30.14	18.40	22.40
5	6.49	1.57	0.45	31	32.67	20.63	25.99
6	6.81	1.72	0.57	32	35.49	23.18	30.22
7	7.16	1.88	0.71	33	38.64	26.09	35.19
8	7.53	2.06	0.86	34	42.16	29.44	41.06
9	7.92	2.25	1.03	35	46.12	33.30	48.03
10	8.35	2.47	1.22	36	50.59	37.75	56.31
11	8.80	2.71	1.44	37	55.63	42.92	66.19
12	9.28	2.97	1.69	38	61.35	48.93	78.03
13	9.81	3.26	1.97	39	67.87	55.96	92.25
14	10.37	3.59	2.29	40	75.31	64.20	109.41
15	10.98	3.94	2.65	41	83.86	73.90	130.22
16	11.63	4.34	3.06	42	93.71	85.38	155.55
17	12.34	4.77	3.53	43	105.11	99.02	186.54
18	13.10	5.26	4.07	44	118.37	115.31	224.64
19	13.93	5.80	4.68	45	133.88	134.88	271.76
20	14.83	6.40	5.39	46	152.10	158.51	330.35
21	15.82	7.07	6.20	47	173.64	187.21	403.67
22	16.88	7.82	7.13	48	199.26	222.31	496.01
23	18.05	8.66	8.20	49	229.93	265.51	613.16
24	19.32	9.60	9.44	50	266.89	319.07	762.86
25	20.72	10.66	10.88				

注：$N_q=e^{\pi\tan\varphi_k}\tan^2(45°+0.5\varphi_k)$，$N_c=(N_q-1)\cot\varphi_k$，$N_r=2(N_q+1)\tan\varphi_k$。

表 8-3　基础形状修正系数

基础形状	ζ_r	ζ_q	ζ_c
条形	1.00	1.00	1.00
矩形	$1-0.4(b/l)$	$1+(b/l)\tan\varphi_k$	$1+(bN_q/lN_c)$
圆形或方形	0.60	$1+\tan\varphi_k$	$1+N_q/N_c$

注：l 为基础底面的长度。

三、根据地区经验按土工试验、静力触探、标准贯入等指标确定地基承载力

《建筑地基基础设计规范》(GB 50007—2011)强调地区经验，各地区应根据试验和地区经验确定地基承载力数据。多年来各省市积累了大量的载荷试验、土工试验、标准贯入及静力触探等研究成果，也在此基础上，以表格的形式列出了地基土的承载力与地基土各项试验数据之间的比例关系，并颁布了一系列的地方规范(规程)。

《湖北省地基基础设计规范》(DB 42/242—2003)中给出了一些承载力经验表格，地基土的承载力可以根据土的物理力学性质指标，直接从规范所给出的地基承载力经验表格中查用。摘录了部分表格(见表 8-4 ~ 表 8-7)，以供学习参考。

表 8-4　一般黏性土承载力特征值 f_{ak}(据土工试验)(平均值取值)

孔隙比 e	液性指数 I_L					
	0	0.25	0.5	0.75	1	1.2
0.6	—	270	250	230	210	—
0.7	250	220	200	180	160	(135)
0.8	220	200	180	160	140	(120)
0.9	190	170	150	130	110	(100)
1.0	160	140	120	110	100	(90)
1.1	—	130	110	100	90	(80)

注：有括号者仅供内插用。

表 8-5　一般黏性土承载力特征值 f_{ak}(据标准贯入试验)

N	3	4	5	6	7	8	9	10	11	12
f_{ak}(kPa)	85	100	120	140	160	180	200	230	260	290

注：据不修正的击数统计标准值。

表 8-6　一般黏性土(淤泥质土)承载力特征值 f_{ak}(据静力触探)(P_s 标准值查)

P_s(MPa)	0.3	0.5	0.7	0.9	1.2	1.5	1.8	2.1	2.4	2.7	2.9
f_{ak}(kPa)	40	60	80	100	120	150	180	210	240	270	290

注：以粉质黏土为主的粉质黏土与粉土粉砂互层的 f_{ak} 值按下式取值：$f_{ak}=f_{ak}(\min)+f_{ak}(vag)/2$，式中，$f_{ak}(\min)$ 为三者的最小值，$f_{ak}(vag)$ 为三者的平均值。

表 8-7　砂土承载力特征值 f_{ak}(据标准贯入试验)　(单位：kPa)

砂类	击数 N								
	10	15	20	25	30	35	40	45	50
中、粗砂	180	250	280	310	340	380	420	460	500
粉、细砂	140	180	200	230	250	270	290	310	340

注：表中击数为未经修正的击数标准值。

在湖北省进行地基勘察或基础设计，用以上表格确定地基承载力时，应该先进行数理统计，再按统计后的平均值或标准值去查相应的表格。

四、地基承载力修正

地基承载力除与土的性质有关外，还与基础底面尺寸与埋深等因素有关，所以应将地基承载力对不同的基础宽度和埋深进行修正。《建筑地基基础设计规范》（GB 50007—2011）规定：在地基基础设计时，当基础宽度大于 3 m 或埋深大于 0.5 m 时，从载荷试验或其他原位测试、经验值等方法确定的地基承载力特征值尚应按式(8-10)修正

$$f_a = f_{ak} + \eta_b\gamma(b-3) + \eta_d\gamma_m(d-0.5) \tag{8-10}$$

式中　f_a——修正后的地基承载力特征值，kPa；

f_{ak}——地基承载力特征值，kPa；

η_b、η_d——基础宽度和埋深的地基承载力修正系数，按基底下土的类别查表 8-8 取值；

γ——基础底面以下土的重度，地下水位以下取浮重度，kN/m³；

b——基础底面宽度，m，当基宽小于 3 m 按 3 m 取值，大于 6 m 按 6 m 取值；

γ_m——基础底面以上土的加权平均重度，地下水位以下取浮重度，kN/m³；

d——基础埋深，m。

表 8-8　基础宽度和埋深的地基承载力修正系数

土的类别		η_b	η_d
淤泥和淤泥质土		0	1.0
人工填土 e 或 I_L 大于等于 0.85 的黏性土		0	1.0
红黏土	含水比 $\alpha_w>0.8$	0	1.2
	含水比 $\alpha_w\leqslant0.8$	0.15	1.4
大面积压实填土	压实系数大于 0.95、黏粒含量 $\rho_c\geqslant10\%$ 的粉土	0	1.5
	最大干密度大于 2.1 t/m³ 的级配砂石	0	2.0
粉土	黏粒含量 $\rho_c\geqslant10\%$ 的粉土	0.3	1.5
	黏粒含量 $\rho_c<10\%$ 的粉土	0.5	2.0
e 及 I_L 均小于 0.85 的黏性土		0.3	1.6
粉砂、细砂（不包括很湿与饱和时的稍密状态）		2.0	3.0
中砂、粗砂、砾砂和碎石土		3.0	4.4

注：1. 强风化和全风化的岩石，可参照所风化的相应土类取值，其他状态下的岩石不修正。

2. 按深层平板载荷试验确定地基承载力特征值时，η_d 取 0。

【案例 8-1】　某工程地基为均匀黏土层，黏土层的直剪试验数据见表 8-9，该工程为条形基础，埋深 1.5 m，条形基础宽度为 2 m。确定其地基土承载力设计值。

表 8-9 某工程地基黏土层直剪试验数据

试样编号	取土深度（m）	天然重度 γ（kN/m^3）	抗剪强度指标		土的分类
			φ（°）	c_k（kPa）	
ZK6－1	4.2～4.4	19.9	15.5	73.0	黏土
ZK36－1	6.0～6.2	19.8	10.5	67.2	黏土
ZK41－2	5.0～5.2	20.1	18.5	65.0	黏土
ZK44－1	4.0～4.2	19.3	16.5	68.5	黏土
ZK1－2	3.6～3.8	19.5	17.0	59.0	黏土
ZK9－2	5.0～5.2	19.7	11.0	47.0	黏土
ZK11－1	5.0～5.2	19.4	19.5	49.0	黏土
ZK17－2	6.0～6.2	20.5	14.0	42.0	黏土
ZK23－1	5.2～5.4	20.2	13.5	72.0	黏土

【案例解析】 （1）对表 8-9 中的原始数据进行数理统计，计算结果如表 8-10 所示。

表 8-10 某工程地基黏土层 γ、c、φ 数理统计结果

参数	γ（kN/m^3）	φ（°）	c_k（kPa）	土的分类
统计样本	9	9	9	黏土
最大值 max	20.5	19.5	73.0	
最小值 min	19.3	10.5	42.0	
平均值	19.8	15.1	60.3	
标准差	0.40	3.13	11.6	
变异系数	0.02	0.21	0.19	
修正系数		0.87	0.88	
标准值		13	53	

（2）数据分析，确定计算参数。由表 8-10 看出，各参数的变异系数均小于 0.3，属中低等土层，且各数据也均在 3 倍标准差范围以内，故统计结果符合要求。

计算参数：γ 取平均值，c、φ 取统计标准值。

（3）地基承载力计算。

①由《建筑地基基础设计规范》（GB 50007—2011）推荐公式，计算如下：

$\varphi = 13°$，查表 8-1，M_b、M_d、M_c 数值如表 8-11 所示。

表 8-11 地基承载力系数

土的内摩擦角标准值 φ_k（°）	M_b	M_d	M_c
13	0.26	2.06	4.56

地基承载力特征值

$$\begin{aligned} f_a &= M_b \gamma b + M_d \gamma_m d + M_c c_k \\ &= 0.26 \times 19.8 \times 2 + 2.06 \times 19.8 \times 1.5 + 4.56 \times 53 \\ &= 313(\text{kPa}) \end{aligned}$$

②由《高层建筑岩土工程勘察规程》(JGJ 72—2004)推荐公式,计算如下:

$\varphi = 13°$,查表 8-2,N_c、N_q、N_r 数值如表 8-12 所示。

表 8-12　地基承载力系数

土的内摩擦角标准值 φ_k(°)	N_c	N_q	N_r
13	9.81	3.26	1.97

本工程为条形基础,查表 8-3,$\zeta_r = \zeta_q = \zeta_c = 1$。

地基极限承载力:$f_u = \frac{1}{2} N_r \zeta_r b\gamma + N_q \zeta_q \gamma_0 d + N_c \zeta_c c_k$

$$\begin{aligned} &= 0.5 \times 1.97 \times 1 \times 2 \times 19.8 + 3.26 \times 1 \times 19.8 \times 1.5 + 9.81 \times 1 \times 53 \\ &= 39.006 + 96.822 + 519.93 = 656(\text{kPa}) \end{aligned}$$

如是一般黏性土,则稳定安全系数 $F_s = 2.0$,则地基承载力特征值

$$f_a = f_u/2 = 656/2 = 328(\text{kPa})$$

由不同公式计算出的地基承载力特征值相近,取小值。相差太大,要分析原因。

(4)地基承载力修正。

由《建筑地基基础设计规范》(GB 50007—2011)推荐的承载力修正公式,地基承载力修正值计算如下:

$b = 2$ m,取 3 m;$d = 1.5$ m,$\gamma = 19.8\ \text{kN/m}^3$,$e < 0.85$,查表 8-8,得承载力修正系数:$\eta_b = 0.3$,$\eta_d = 1.6$。

地基承载力修正值:

$$\begin{aligned} f_a &= f_{ak} + \eta_b \gamma (b - 3) + \eta_d \gamma_m (d - 0.5) \\ &= 313 + 0.3 \times 19.8 \times (3 - 3) + 1.6 \times 19.8 \times (1.5 - 0.5) \\ &= 344.7(\text{kPa}) \end{aligned}$$

单元四　基础底面尺寸的确定

在确定基础埋深后,初步选择底面尺寸,求得基底以下持力层的承载力设计值 f_a,再按式(8-11)验算并调整尺寸,直至满足要求。

基础底面的压力,应符合下式要求:

轴心荷载　$$p \leqslant f_a \tag{8-11}$$

偏心荷载　$$p_{max} \leqslant 1.2 f_a \tag{8-12}$$

$$(p_{max} + p_{min})/2 \leqslant f_a \tag{8-13}$$

式中　p——相应于荷载效应标准组合时,地基底面处的平均压力,kPa;

f_a——修正后地基承载力特征值,kPa;

p_{max}、p_{min}——相应于荷载效应标准组合时，基础底面边缘的最大值、最小值，kPa。

基底平均压力设计值按下式计算

$$p = \frac{F + G}{A} \tag{8-14}$$

式中 F——上部结构传至基础顶面的竖向力设计值，kPa；

G——基础自重设计值和基础上的土重标准值，kPa，对一般实体基础，可近似地取 $G=\gamma_G Ah$（γ_G 为基础及回填土的平均重度，可取 $\gamma_G = 20\ kN/m^3$，h 为基础埋深），但在地下水位以下部分应扣去浮力；

A——基础底面面积，m^2。

由于式(8-11)、式(8-14)中的 p 和 f_a 都与基底尺寸有关，所以只有预选尺寸并通过反复试算修改尺寸才能取得满意的结果。以下分两种情况予以说明：

(1)对轴心荷载作用下的基础，将式(8-14)代入式(8-11)，可得

$$A \geqslant \frac{F}{f_a - \gamma_G h} \tag{8-15}$$

对于条形基础，F 为基础每米长度上的外荷载(kN/m)。此时，沿基础长度方向取单位长度(1 m)计算，故式(8-15)可改写为

$$b \geqslant \frac{F}{f_a - \gamma_G h} \tag{8-16}$$

(2)对于偏心荷载作用下的基础，基础底面边缘最大压力设计值 p_{max} 与最小压力设计值 p_{min} 按偏心受压公式计算有

$$\left.\begin{matrix} p_{max} \\ p_{min} \end{matrix}\right\} = \frac{F + G}{A} \pm \frac{M}{W} \tag{8-17}$$

式中 M——作用于基础底面的力矩设计值，kPa；

W——基础底面的抵抗矩，对于矩形基础，$W = \frac{l \times b^2}{6}$，$m^3$（$l$ 为垂直于力矩作用方向的基础底面边长，m，b 为力矩作用方向的基础底面边长，m；

A——基础底面面积，一般有 $A = bl$，m^2。

把偏心荷载的偏心距 $e = \frac{M}{F+G}$ 代入式(8-17)得

$$\left.\begin{matrix} p_{max} \\ p_{min} \end{matrix}\right\} = \frac{F + G}{lb}\left(1 \pm \frac{6e}{b}\right) \tag{8-18}$$

若荷载偏心，通常要求偏心距 e 应满足式(8-19)

$$e = \frac{M}{F + G} \leqslant \frac{b}{6} \tag{8-19}$$

偏心荷载作用下，基础底面受力不均匀，需加大基础底面的面积，通常采用逐次渐近试算法进行计算。先按中心荷载作用下的公式(8-15)，初算基础底面面积 A_1，再加大基础底面面积 10% ~40%，计算出 p_{max}、p_{min}，代入式(8-12)、式(8-13)进行验算，直到满足要求。

单元五　地基承载力及变形验算

一、软弱下卧层承载力验算

土层一般是成层的，其承载力随深度而增加，而外荷载引起的附加应力则随深度而衰减，因此一般情况下只要基底持力层承载力满足设计要求就可以了。但也有不少情况，持力层不厚，在持力层以下受力层范围内存在软弱土层（即软弱下卧层），软弱下卧层的承载力比持力层小得多。如我国沿海地区表层“硬壳层”下有很厚一层（厚度在 20 m 左右）软弱的淤泥质土层，这时，只满足持力层承载力的要求是不够的，还须验算软弱下卧层的承载力。

要求传递到软弱下卧层顶面的附加应力和土的自重应力之和不超过软弱下卧层的承载力设计值，即

$$p_z + p_{cz} \leqslant f_{az} \tag{8-20}$$

式中　p_z——软弱下卧层顶面处的附加应力设计值，kPa；

p_{cz}——软弱下卧层顶面处的自重应力标准值，kPa；

f_{az}——软弱下卧层顶面处经深宽修正后的地基承载力设计值，kPa。

当上层土与软弱下卧层的压缩模量比值大于或等于 3 时，用均匀的半无限直线变形体理论计算的土中附加应力的误差太大，应该按双层地基理论计算。在实用上，还是按照简单的应力扩散角原理计算，如图 8-12 所示，作用在基础底面处的附加应力 $p_0 = p - p_c$ 以扩散角 θ 向下传递均匀地分布在软弱下卧层上。根据扩散后作用在软弱下卧层顶面处的合力与扩散前在基底处的合力相等的条件，即

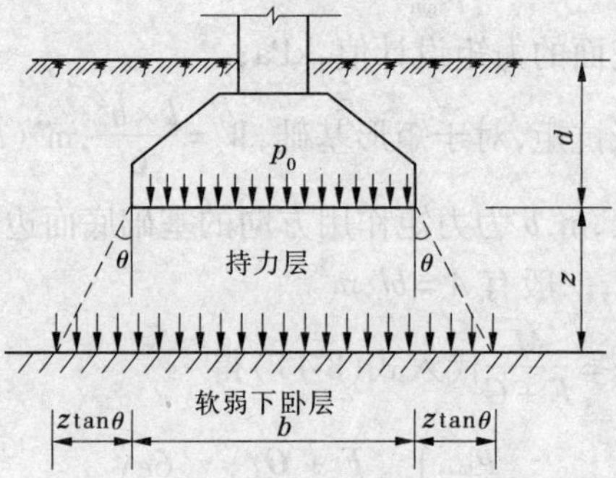

图 8-12　软弱下卧层顶面附加应力计算

$$p_0 A = p_z A' \tag{8-21}$$

矩形基础

$$p_z = \frac{(p - p_c)bl}{(b + 2z\tan\theta)(l + 2z\tan\theta)} \tag{8-22}$$

条形基础

$$p_z = \frac{(p - p_c)b}{b + 2z\tan\theta} \tag{8-23}$$

式中　b、l——基础的宽度和长度，若为条形基础，l 取 1 m，长度方向应力不扩散；

p_c——基础底面处土的自重应力,kPa;

z——基础底面到软弱下卧层顶面的距离,m;

θ——地基应力扩散角,可按表 8-13 采用。

表 8-13　地基应力扩散角 θ

E_{s1}/E_{s2}	z/b	
	0.25	0.50
3	6°	23°
5	10°	25°
10	20°	30°

注:1. E_{s1} 为上层土压缩模量;E_{s2} 为下层土压缩模量。

2. $z<0.25b$ 时取 $\theta=0°$,必要时宜用试验确定;$z>0.5b$ 时 θ 值不变。

从式(8-22)、式(8-23)可见表层若有“硬壳”能起到应力扩散的作用,因此当存在软弱下卧层时,基础应尽量浅埋,以增加基底到软弱下卧层顶面的距离。

二、地基变形计算

软土地基上建造房屋,在强度和变形两个条件中,变形条件显得比较重要。地基在荷载或其他因素的作用下必将发生变形(均匀沉降或不均匀沉降),变形过大时可能危害到建筑物结构的安全,或影响建筑物的正常使用。为防止建筑物因地基变形或不均匀沉降造成建筑物的开裂与损坏不能正常使用,必须对地基的变形特性及不均匀沉降加以控制。对于较为次要的建筑物以及《建筑地基基础设计规范》(GB 50007—2011)表 3.0.3 所列范围内设计等级为丙级的建筑物,按地基承载力设计值计算时,已满足地基变形的要求可不进行沉降量计算。设计等级为甲级、乙级的建筑物及《建筑地基基础设计规范》(GB 50007—2011)表 3.0.3所列范围以外的丙级建筑,除必须进行地基承载力的计算外,还应进行地基变形的验算,须确保地基的变形值 S 在容许的范围内,即

$$S \leqslant [S] \tag{8-24}$$

式中　$[S]$——地基容许变形值。

容许变形值是根据建筑物的结构特点、使用条件和地基土的类型而确定的。地基容许变形值按变形特征可分以下几种:

(1)沉降量:独立基础或刚性特大的基础中心的沉降量。

(2)沉降差:相邻两个柱基的沉降量之差。

(3)倾斜:沿倾斜方向基础两端点的沉降差与其距离的比值。

(4)局部倾斜:砖石承重结构沿纵墙 6 ~ 10 m 内基础两点的沉降差与其距离的比值。

(5)平均沉降:由三个以上独立基础(或条形基础的几个地方)的沉降量按基底面积加权所得沉降。

(6)相对弯曲:砖石承重结构和基础板的弯曲部分的矢高与其长度之比值。

地基变形允许值$[S]$的确定涉及的因素很多,它除要考虑各类建筑物对地基不均匀沉降反应的敏感性以及结构强度储备等有关情况外,还与建筑物的具体使用要求有关。研究

人员综合分析了国内外各类建筑物的有关资料，归纳提出了《建筑地基基础设计规范》(GB 50007—2011)表 5. 3. 4 所列的地基变形允许值供设计采用。对表 5. 3. 4 中未包括的其他建筑物的地基变形允许值，可根据上部结构对地基变形的适应能力和使用上的要求自行确定。

单元六 基础结构设计

考虑职业院校学生的需求，本单元主要介绍以下几种常用基础的结构设计。

一、无筋扩展(刚性)基础

(一)设计原则

刚性基础具有抗压强度高而抗拉、抗剪强度低的特点，设计时必须使基础主要承受压应力，并保证基础内产生的拉应力和剪应力都不超过材料强度的设计值。

(二)无筋扩展(刚性)基础的设计计算

进行刚性基础设计时先选择合适的基础埋深 d，并按构造要求初步选定基础高度 H_0，然后根据地基承载力初步确定基础宽度 b，再按式(8-25)进一步验算基础的宽度

$$b \leqslant b_0 + 2H_0\tan\alpha \tag{8-25}$$

式中 b_0——基础顶面的砌体宽度，如图 8-13 所示；

H_0——基础高度；

$\tan\alpha$——基础台阶宽高比的允许值，$\tan\alpha = \left[\dfrac{b_2}{H_0}\right]$可按表 8-14 选用($b_2$ 为基础的外伸长度)。

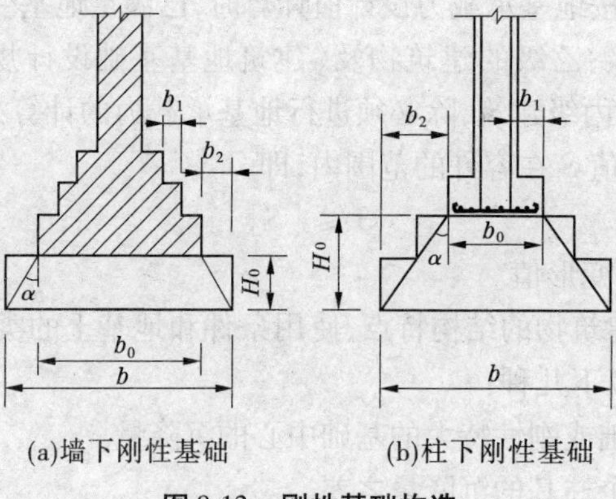

图 8-13 刚性基础构造

如验算符合要求，则可采用原先选定的基础宽度和高度，否则应调整基础高度重新验算，直至满足要求。当基础由不同材料叠合而成时，应对叠合部分做抗压验算。

对于混凝土基础，当基础底面平均压力超过 300 kPa 时，尚应按式(8-26)进行抗剪验算

$$V \leqslant 0.07f_cA \tag{8-26}$$

式中 V——剪力设计值；

f_c——混凝土轴心抗压强度设计值，按《混凝土结构设计规范》(GB 50010—2010)采用；

A——台阶高度变化处的剪切断面面积。

表 8-14　刚性基础台阶宽高比的允许值

基础材料	质量要求	台阶宽高比的允许值		
		$p_k \leqslant 100$	$100 < p_k \leqslant 200$	$200 < p_k \leqslant 300$
混凝土基础	C15 混凝土	1∶1.00	1∶1.00	1∶1.25
毛石混凝土基础	C15 混凝土	1∶1.00	1∶1.25	1∶1.50
砖基础	砖不低于 MU10、砂浆不低于 M5	1∶1.50	1∶1.50	1∶1.50
毛石(浆砌)基础	砂浆不低于 M5	1∶1.25	1∶1.50	—
灰土基础	体积比为 3∶7或 2∶8的灰土，其最小干密度：粉土为 1.55 g/cm³、粉质黏土为 1.50 g/cm³、黏土为 1.45 g/cm³	1∶1.25	1∶1.50	—
三合土基础	体积比为 1∶2∶4或 1∶3∶6 每层虚铺 220 mm，夯至 150 mm	1∶1.50	1∶2.00	—

注：表中 p_k 为地基平均压力，kPa。

【案例 8-2】　某厂房墙基，上部轴心荷载 $F=180$ kN/m，埋深 1.1 m，地基为粉质黏土，根据勘察资料，$\gamma=20$ kN/m³，$e=0.78$，$I_L=0.73$，承载力特征值为 200 kPa。地面以下砖台墙厚 0.38 m，基础用砖砌体。试确定所需基础宽度和高度。

【案例解析】　(1)确定基础底面尺寸，墙基是条形基础，基础宽度

$$b \geqslant \frac{F}{f_a - \gamma_G h} = 180/(200-20\times1.1) = 1.01(\mathrm{m})$$

取 $b=1.0$ m。

(2)计算地基承载力。查表 8-8，$e=0.78$，$I_L=0.73$ 都小于 0.85，得 $\eta_b=0.3$，$\eta_d=1.6$，b 小于 3 m，按 $b=3$ m 计算，所以

$$\begin{aligned} f_a &= f_{ak} + \eta_b\gamma(b-3) + \eta_d\gamma_m(d-0.5) \\ &= 200 + 0 + 1.6\times20\times(1.1-0.5) = 219.2(\mathrm{kPa}) \end{aligned}$$

(3)地基承载力验算。

$p=\dfrac{F+G}{A}=(180+20\times1.1\times1.0)/(1.0\times1.0)=202(\mathrm{kPa})$，小于 $f_a=219.2$ kPa(满足)。

(4)刚性角验算。

$$H_0 + 0.5 \leqslant d$$

$$H_0 \leqslant d - 0.5 = 1.1 - 0.5 = 0.6(\mathrm{m})$$

$$b_2 = (b-b_0)/2 = (1.0-0.38)/2 = 0.31(\mathrm{m})$$

$$b_2/H_0 = 0.31/0.6 = 0.52$$

b_2/H_0 小于 1∶1.5，刚性角满足要求。

二、墙下钢筋混凝土条形基础

(一)设计原则

墙下钢筋混凝土条形基础的底面宽度 b 应根据地基承载力要求确定。在确定基础底面尺寸或计算基础沉降时,应考虑设计地面以下基础及其上覆土重力的作用,而在进行基础截面设计(基础高度的确定、基础底板配筋)中,应采用不计基础与上覆土重力作用的地基净反力计算。

(二)构造要求

(1)梯形截面基础的边缘高度,一般不宜小于 200 mm;梯形坡度 $i \leqslant 1:3$。基础高度小于 250 mm 时,可做成等厚度板。

(2)基础下的垫层厚度,宜为 100 mm。

(3)底板受力钢筋的最小直径不宜小于 8 mm,间距不宜大于 200 mm 和小于 100 mm。当有垫层时,混凝土的保护层净厚度不宜小于 35 mm,无垫层时不宜小于 70 mm。纵向分布筋,直径 6 ~ 8 mm,间距 250 ~ 300 mm。

(4)混凝土强度等级不宜低于 C15。

(5)当地基软弱时,为了减小不均匀沉降的影响,基础截面可采用带肋梁的板,肋梁的纵向钢筋和箍筋按经验确定,如图 8-14 所示。

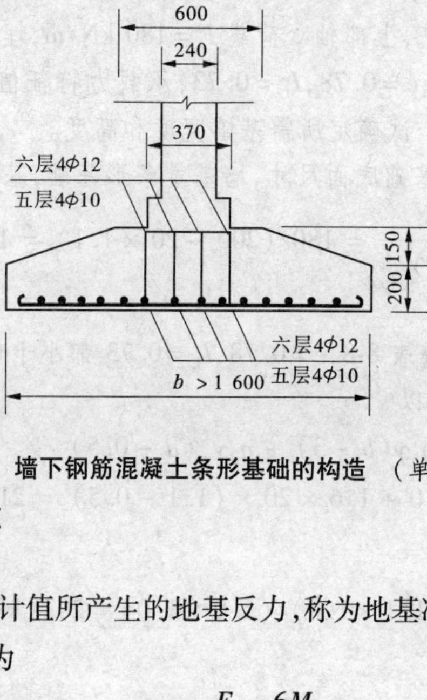

图 8-14 墙下钢筋混凝土条形基础的构造 (单位:mm)

(三)基础截面设计计算

1. 计算地基净反力

仅由基础顶面的荷载设计值所产生的地基反力,称为地基净反力,并以 p_j 表示。条形基础底面地基净反力 p_j(kPa)为

$$p_{\mathrm{jmin}}^{\max} = \frac{F}{b} \pm \frac{6M}{b^2} \tag{8-27}$$

这里荷载 F(kN/m)、M(kN · m/m)为单位长度数值。

2. 基础高度的确定

基础验算截面的剪力设计值 V_{I}(kN/m)为

$$V_{\mathrm{I}} = \frac{b_{\mathrm{I}}}{2b}\left[(2b - b_{\mathrm{I}})p_{\mathrm{jmax}} + b_{\mathrm{I}}p_{\mathrm{jmin}}\right] \tag{8-28}$$

这里 b_{I} 为验算截面 I 距基础边缘的距离(m),当墙体材料为混凝土时,b_{I} 为基础边缘至墙脚的距离;当墙体材料为砖墙且墙脚伸出 1/4 砖长时,b_{I} 为基础边缘至墙脚距离加上 0.06 m,即基础边缘至墙面的距离。

当荷载无偏心时,基础验算截面的剪力设计值 V_{I} 可简化为如下形式

$$V_{\mathrm{I}} = \frac{b_{\mathrm{I}}}{b}F \tag{8-29}$$

基础有效高度 h_0(mm)由混凝土的抗剪切条件确定,即

$$h_0 \geqslant \frac{V_{\mathrm{I}}}{0.07f_c} \tag{8-30}$$

式中 f_c——混凝土轴心抗压强度设计值,MPa,按《混凝土结构设计规范》(GB 50010—2010)采用。

基础高度 h 为有效高度 h_0 加上混凝土保护层厚度。设计时可初选基础高度 $h=\frac{1}{8}b$。

3. 基础底板的配筋

基础验算截面弯矩设计值 M_{I}(kN·m/m)为

$$M_{\mathrm{I}} = \frac{1}{2}V_{\mathrm{I}}b_{\mathrm{I}} \tag{8-31}$$

每延米墙长的受力钢筋截面面积为

$$A_s = \frac{M_{\mathrm{I}}}{0.9f_y h_0} \tag{8-32}$$

式中 f_y——钢筋抗拉强度设计值,MPa,按《混凝土结构设计规范》(GB 50010—2010)采用。

【案例 8-3】 某砖排架厂房墙厚 240 mm,墙下采用钢筋混凝土条形基础。作用在基础顶面的轴心荷载 $F=265$ kN/m,基础底面弯矩 $M=10.6$ kN·m/m。基础底面宽度 b 已由地基承载力条件确定为 2.2 m。试设计此基础的高度及配筋。

【案例解析】 (1)选用混凝土的强度等级为 C15,查得 $f_c=7.5$ MPa,采用 Ⅰ 级钢筋,查得 $f_y=210$ MPa。

(2)基础边缘处的最大和最小地基净反力

$$p_{\mathrm{jmin}}^{\max} = \frac{F}{b} \pm \frac{6M}{b^2} = \frac{265}{2.2} \pm \frac{6\times 10.6}{2.2^2}$$

$$p_{\mathrm{jmax}} = 133.6\ \mathrm{kPa} \qquad p_{\mathrm{jmin}} = 107.4\ \mathrm{kPa}$$

(3)验算截面 Ⅰ 距基础边缘的距离

$$b_{\mathrm{I}} = \frac{1}{2}\times(2.2-0.24) = 0.98(\mathrm{m})$$

(4)验算截面的剪力设计值:

$$V_{\mathrm{I}} = \frac{b_{\mathrm{I}}}{2b}[(2b-b_{\mathrm{I}})p_{\mathrm{jmax}} + b_{\mathrm{I}}p_{\mathrm{jmin}}]$$

$$= \frac{0.98}{2\times 2.2}\times[(2\times 2.2-0.98)\times 133.6+0.98\times 107.4] = 125.2(\mathrm{kN/m})$$

(5)基础的计算有效高度

$$h_0 \geqslant \frac{V_{\mathrm{I}}}{0.07f_c} = \frac{125.2}{0.07 \times 7.5} = 238.5(\mathrm{mm})$$

基础高度可根据构造要求确定，边缘高度取 200 mm，基础高度 h 取 300 mm，有效高度 $h_0 = 300 - 50 = 250(\mathrm{mm}) > 238.5$ mm，合适。

(6)基础验算截面的弯矩设计值

$$M_{\mathrm{I}} = \frac{1}{2}V_{\mathrm{I}}b_1 = \frac{1}{2} \times 125.2 \times 0.98 = 61.3(\mathrm{kN \cdot m/m})$$

(7)基础每延米的受力钢筋截面面积

$A_s = \dfrac{M_{\mathrm{I}}}{0.9f_y h_0} = \dfrac{61.3}{0.9 \times 210 \times 250} \times 10^6 = 1\ 297(\mathrm{mm}^2)$，选配受力钢Φ 16@150，$A_s = 1\ 340\ \mathrm{mm}^2$，沿垂直于砖墙长度的方向配置。在砖墙长度方向配置Φ 8@250 的分布钢筋。基础配筋图如图 8-15 所示。

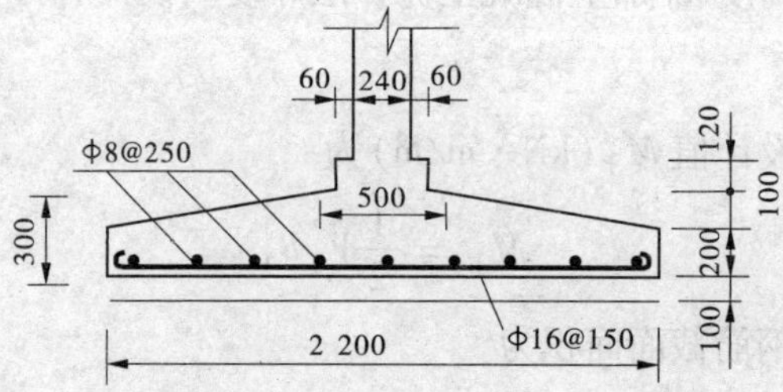

图 8-15　墙下条形基础配筋图　（单位:mm）

三、柱下钢筋混凝土单独基础

(一)构造要求

柱下钢筋混凝土单独基础，除应满足墙下钢筋混凝土条形基础的一般要求外，尚应满足如下一些要求：

(1)矩形单独基础底面的长边与短边的比值 $l/b \leqslant 2$，一般取 1 ~ 1.5。

(2)阶梯形基础每阶高度一般为 300 ~ 500 mm。基础的阶数可根据基础总高度 H 设置，当 $H \leqslant 500$ mm 时，宜分为一级；当 500 mm $< H \leqslant 900$ mm 时，宜分为二级；当 $H > 900$ mm 时，宜分为三级。

(3)锥形基础的边缘高度，一般不宜小于 200 mm，也不宜大于 500 mm；锥形坡度角一般取 25°，最大不超过 35°；锥形基础的顶部每边宜沿柱边放出 50 mm。

(4)柱下钢筋混凝土单独基础的受力钢筋应双向配置。当基础边长大于 2.5 m 时，基础底板受力钢筋可缩短为 $0.9l'$ 交替布置，其中 l' 为基础底面边长。

(5)对于现浇柱基础，如基础与柱不同时浇注，则柱内的纵向钢筋可通过插筋锚入基础中，插筋的根数和直径应与柱内纵向钢筋相同。当基础高度 $H \leqslant 900$ mm 时，全部插筋伸至基底钢筋网上面，端部弯直钩；当基础高度 $H > 900$ mm 时，将柱截面四角的钢筋伸到基底钢筋网上面，端部弯直钩，其余钢筋按锚固长度确定，锚固长度 l_m 可按下列要求采用：

①轴心受压及小偏心受压，$l_m \geqslant 15d$（d 为钢筋直径）；

②大偏心受压，当柱混凝土不低于 C20 时，$l_m \geqslant 25d$。

插入基础的钢筋,上下至少应有两道箍筋固定。插筋与柱的纵向受力钢筋的搭接长度l_d可按表8-15采用。

表8-15　插筋与柱的纵向受力钢筋绑扎搭接时的最小搭接长度l_d

钢筋类型	受力情况		钢筋类型	受力情况	
	受拉	受压		受拉	受压
Ⅰ级钢筋	30d	20d	Ⅱ级钢筋	35d	25d

注:1. 位于受拉区的搭接长度不应小于25 mm;
2. 位于受压区的搭接长度不应小于200 mm;
3. d为钢筋直径。

(6)预制钢筋混凝土柱与杯口基础的连接,应符合下列要求(见图8-16):

①柱的插入深度可按《建筑地基基础设计规范》(GB 50007 —2011)表8.2.4-1选用,同时应满足锚固长度的要求(一般为20倍纵向受力钢筋的直径)和吊装时柱的稳定性(即不小于吊装时柱长的5%)。

②基础的杯底厚度和杯壁厚度按《建筑地基基础设计规范》(GB 50007—2011)表8.2.4-2选用。

③当柱为轴心受压或小偏心受压且$\frac{t}{h_2}\geqslant 0.65$时,或大偏心受压且$\frac{t}{h_2}\geqslant 0.75$时,杯壁可不配筋。当柱为轴心受压或小偏心受压且$0.5\leqslant\frac{t}{h_2}<0.65$时,杯壁可按表8-16的构造配筋。对于双杯口基础(如伸缩缝处的基础)两杯口之间的杯壁厚度t小于400 mm时,宜配构造钢筋。其他情况下应按计算配筋。

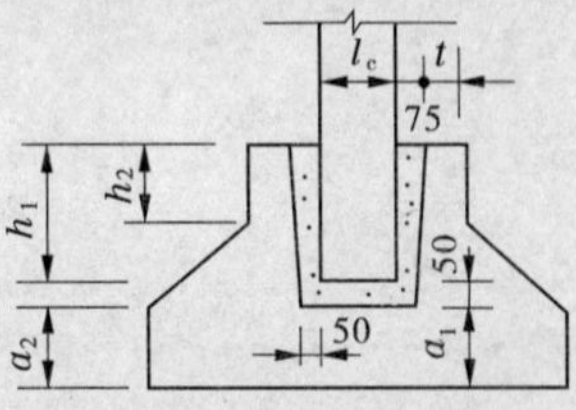

图8-16　柱与杯口基础的连接
(单位:mm)

表8-16　杯壁构造配筋

柱截面长边尺寸(mm)	$h<1\ 000$	$1\ 000\leqslant h<1\ 500$	$1\ 500\leqslant h\leqslant 2\ 000$
钢筋直径(mm)	8~10	10~12	12~16

注:表中钢筋置于杯口顶部,每边两根。

(二)设计计算

(1)按地基承载力确定基底面积与尺寸。

(2)计算荷载设计值引起的地基净反力。

(3)基础高度的确定。

基础高度由柱边抗冲切破坏的要求确定。设计时可先假设一个基础高度h,然后按下式验算抗冲切能力。

$$F_l\leqslant 0.7\beta_{hp}f_t a_m h_0 \tag{8-33}$$

$$F_l = p_j A_l \tag{8-34}$$

$$a_m = (a_t + a_b)/2 \tag{8-35}$$

式中 F_l——相应于荷载效应基本组合时作用在 A_l 上的地基净反力设计值；

p_j——扣除基础自重及其上覆土重后相应于荷载效应基本组合时的地基土单位面积净反力，对偏心受压基础可取基底最大净反力设计值 p_{jmax}，kPa，在轴心荷载下即等于基底平均净反力设计值；

A_l——考虑冲切荷载时取用的多边形面积，m^2；

f_t——混凝土抗拉强度设计值，kPa；

β_{hp}——受冲切承载力截面高度系数，其值按《建筑地基基础设计规范》(GB 50007—2011)相应规定选取；

a_m, a_t, a_b——基础抗冲切验算需用到的尺寸，其值及 A_l 的值按《建筑地基基础设计规范》(GB 50007—2011)的说明计算。

当 $l \geqslant l_c + 2h_0$ 时(见图 8-17(a))的情况：

$$A_l = \left(\frac{b}{2} - \frac{b_c}{2} - h_0\right)l - \left(\frac{l}{2} - \frac{l_c}{2} - h_0\right)^2 \tag{8-36}$$

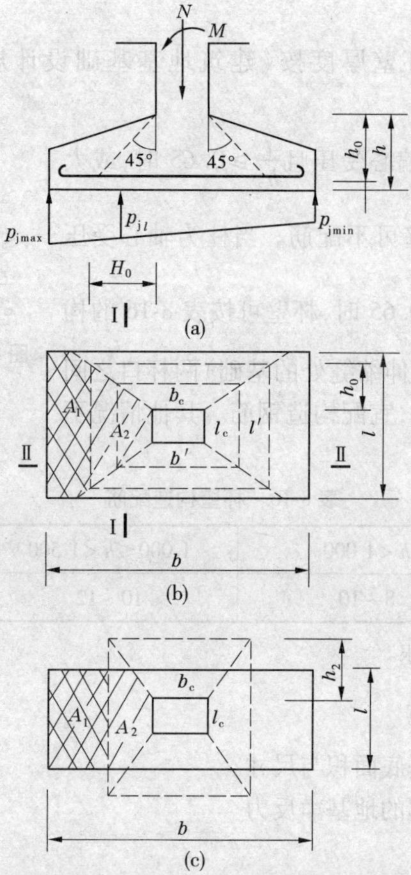

图 8-17 独立基础的抗冲切验算

当 $l < l_c + 2h_0$ 时(见图 8-17(c))的情况：

$$A_l = \left(\frac{b}{2} - \frac{b_c}{2} - h_0\right)l \tag{8-37}$$

式中　h_0——基础的有效高度,m。

当不满足式(8-33)的抗冲切能力验算要求时,可适当增加基础高度 h 后重新验算,直至满足要求。

(4)内力计算和配筋。

当台阶的宽高比不大于2.5及偏心距不大于1/6基础宽度 b 时,柱下单独基础在纵向和横向两个方向的任意截面Ⅰ—Ⅰ和Ⅱ—Ⅱ的弯矩可按下式计算

$$M_{\mathrm{I}} = \frac{1}{12}a_1^2\left[(2l + a')\left(p_{\max} + p - \frac{2G}{A}\right) + (p_{\max} - p)l\right] \tag{8-38}$$

$$M_{\mathrm{II}} = \frac{1}{48}(l - a')^2(2b + b')\left(p_{\max} + p_{\min} - \frac{2G}{A}\right)$$

$$= \frac{1}{48}(l - l')^2(2b + b')(p_{\mathrm{jmax}} + p_{\mathrm{jmin}}) \tag{8-39}$$

式中,l'、b'和 p_{j} 的意义如图8-17所示。

柱下单独基础的底板应在两个方向配置受力钢筋,设计控制截面是柱边或阶梯形基础的变阶处,将此时对应的参数值代入上式即可求出相应的控制弯矩值 M_{I} 和 M_{II}(kN·m)。底板长边方向和短边方向的受力钢筋截面面积 A_{sI}(m^2)和 A_{sII}(m^2)分别为

$$\left.\begin{aligned} A_{\mathrm{sI}} &= \frac{M_{\mathrm{I}}}{0.9f_{\mathrm{y}}h_0} \\ A_{\mathrm{sII}} &= \frac{M_{\mathrm{II}}}{0.9f_{\mathrm{y}}(h_0 - d)} \end{aligned}\right\} \tag{8-40}$$

式中　d——钢筋直径,mm;

其余符号意义同前。

【案例8-4】　1.某工程设计资料

(1)地形:拟建建筑地形平整。

(2)工程地质条件:自上而下土层依次如下:

①号土层:杂填土,层厚0.5 m,含部分建筑垃圾。

②号土层:粉质黏土,层厚1.2 m,软塑,潮湿,承载力特征值130 kPa。

③号土层:黏土,层厚1.5 m,可塑,稍湿,承载力特征值180 kPa。

④号土层:细砂,层厚2.7 m,中密,承载力特征值240 kPa。

⑤号土层:强风化砂质泥岩,厚度未揭露,承载力特征值300 kPa。

(3)岩土设计参数:地基岩土物理学参数见表8-17。

表8-17　地基岩土物理力学参数

土层编号	土的名称	重度($\mathrm{kN/m^3}$)	孔隙比 e	液性指数 I_{L}	黏聚力 c(kPa)	内摩擦角 φ(°)	压缩模量 E_{s}(kPa)	标准贯入锤击数 N(击)	承载力特征值 f_{ak}(kPa)
①	杂填土	18	—	—	—	—	—	—	—
②	粉质黏土	20	0.65	0.84	34	13	7.5	6	130
③	黏土	19.4	0.58	0.78	25	23	8.2	11	180
④	细砂	21	0.62	—	—	30	11.6	16	240
⑤	强风化砂质泥岩	22	—	—	—	—	18	22	300

(4)水文地质条件:拟建厂区地下水对混凝土结构无腐蚀性;地下水位埋深:位于地表下1.5 m。

(5)上部结构材料:拟建建筑物为多层全现浇框架结构,框架柱截面尺寸为500 mm×500 mm。室外地坪标高同自然地面,室内外高差450 mm。柱网布置图如图8-18所示。

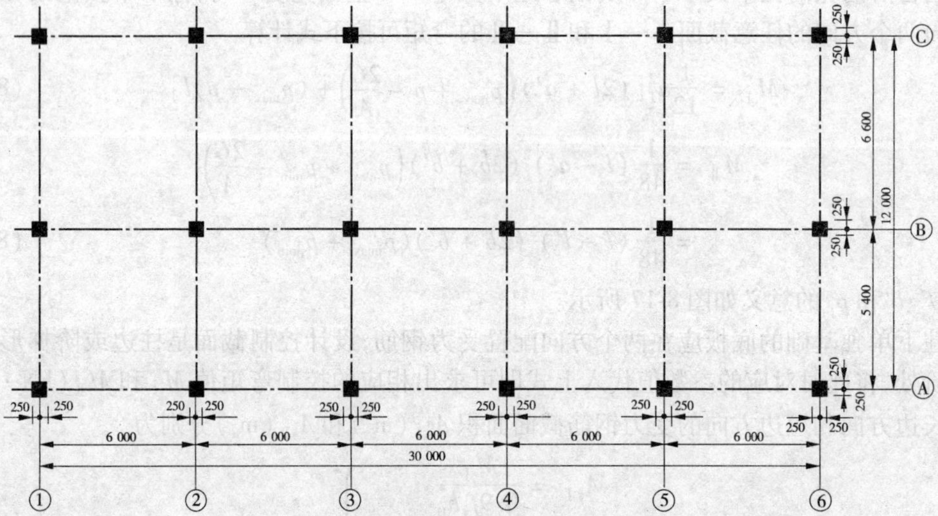

图8-18　柱网布置图　(单位:mm)

(6)材料:混凝土强度等级为C25~C30,钢筋采用HPB235、HPB335级。

(7)设计资料。以B轴柱底荷载为例:

柱底荷载效应标准组合值:$F_k = 1\ 970$ kN,$M_k = 242$ kN·m,$V_k = 95$ kN。

柱底荷载效应基本组合值:$F_k = 2\ 562$ kN,$M_k = 315$ kN·m,$V_k = 124$ kN。

持力层选用④号土层,承载力特征值 $F_k = 240$ kPa,框架柱截面尺寸为500 mm×500 mm,室外地坪标高同自然地面,室内外高差450 mm。

2. 独立基础设计

(1)选择基础材料。

基础采用C25混凝土,HPB235级钢筋,预估基础高度0.8 m。

(2)选择基础埋深。

根据柱下独立基础上部建筑荷载要求和工程地质资料选取。

拟建厂区地下水对混凝土结构无腐蚀性,地下水位于地表下1.5 m。

取基础底面高时最好取至持力层下0.5 m,本设计取④号土层为持力层,所以考虑取室外地坪到基础底面为0.5+1.2+1.5+0.5=3.7(m)。由此得基础剖面示意图,如图8-19所示。

(3)求地基承载力特征值f_a。

根据细砂,查表8-8得 $\eta_b = 2.0$,$\eta_d = 3.0$。

基底以上土的加权平均重度为

$$\gamma_m = \frac{18\times0.5+20\times1+(20-10)\times0.2+(19.4-10)\times1.5+(21-10)\times0.5}{3.7}$$

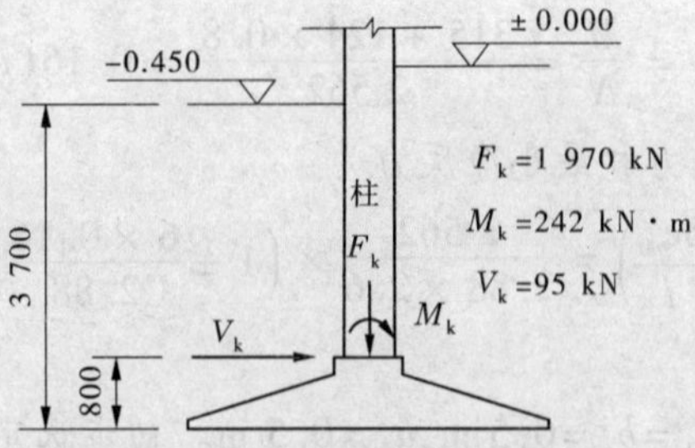

图 8-19　基础剖面示意图

$$= 13.68(\text{kN/m}^3)$$

持力层承载力特征值 f_a（先不考虑对基础宽度修正值）为

$$f_a = f_{ak} + \eta_d \gamma_m (d - 0.5) = 240 + 3.0 \times 13.68 \times (3.7 - 0.5) = 371.328(\text{kPa})$$

式中 d 按室外地面算起。

(4)初步选择基底尺寸。

取柱底荷载标准值：$F_k = 1\ 970$ kN，$M_k = 242$ kN·m，$V_k = 95$ kN。

计算基础和回填土重 G_k 时的基础埋深为

$$d = \frac{1}{2} \times (3.7 + 4.15) = 3.925(\text{m})$$

基础底面面积为

$$A_0 = \frac{F_k}{f_a - \gamma_G d} = \frac{1\ 970}{371.33 - 2.2 \times 10 - 1.675 \times 20} = 6.24(\text{m}^2)$$

由于偏心不大，基础底面面积按 20% 增大，即

$$A = 1.2A_0 = 1.2 \times 6.24 = 7.488(\text{m}^2)$$

初步选定基础底面面积 $A = lb = 2.88 \times 2.6 = 7.488(\text{m}^2)$，且 $b = 2.6\ \text{m} \leq 3\ \text{m}$，不需要再对 f_a 进行修正。

(5)验算持力层地基承载力。

基础和回填土重为

$$G_k = \gamma_G dA = (2.2 \times 10 + 1.675 \times 20) \times 7.488 = 415.58(\text{kN})$$

偏心距

$$e_k = \frac{M_k}{F_k + G_k} = \frac{242}{1\ 970 + 415.58} = 0.101 < \frac{l}{6} = 0.48$$

$p_{kmin} > 0$，满足要求。

基底最大压力

$$p_{max} = \frac{F_k + G_k}{A}\left(1 + \frac{6e_k}{l}\right) = \frac{1\ 970 + 415.58}{7.488} \times \left(1 + \frac{6 \times 0.101}{2.88}\right) = 385.62(\text{kPa})$$

$$< 1.2f_a = 445.593(\text{kPa})$$

(6)计算基底反力。

取柱底荷载效应基本组合设计值：

$$F = 2\ 562\ \text{kN}, \quad M = 315\ \text{kN} \cdot \text{m}, \quad V = 124\ \text{kN}$$

静偏心距为

$$e_{n0} = \frac{M}{N} = \frac{315 + 124 \times 0.8}{2\ 562} = 0.16(\mathrm{m})$$

基础边缘处的最大净反力和最小净反力为

$$p_{n\min}^{\max} = \frac{F}{lb}\left(1 \pm \frac{6e_{n0}}{l}\right) = \frac{2\ 562}{2.88 \times 2.6} \times \left(1 \pm \frac{6 \times 0.16}{2.88}\right) = \frac{456.2}{228.1}(\mathrm{kPa})$$

(7)基础高度。

$l=2.88$ m,$b=2.6$ m,$a_t=b_c=0.5$ m,$a_c=0.5$ m。初步选定基础高度 $h=1\ 000$ mm,分两个台阶,每阶段高度均为 500 mm。$h_0=1\ 000-(40+10)=950$ mm(有垫层),则

$$a_b = a_t + 2h_0 = 0.5 + 2 \times 0.95 = 2.4(\mathrm{m}) < 2.6\ \mathrm{m}$$

取 $a_b=2.4$ m。因此,可得

$$a_m = \frac{a_t + a_b}{2} = \frac{500 + 2\ 400}{2} = 1\ 450(\mathrm{mm})$$

因偏心受压,p_n 取 $p_{\max}=456.2$ kPa,所以抗冲切能力为

$$F_l = p_{\max}\left[\left(\frac{l}{2} - \frac{a_c}{2} - h_0\right)b - \left(\frac{b}{2} - \frac{b_c}{2} - h_0\right)^2\right]$$

$$= 456.2 \times \left[\left(\frac{2.88}{2} - \frac{0.5}{2} - 0.95\right) \times 2.6 - \left(\frac{2.6}{2} - \frac{0.5}{2} - 0.95\right)^2\right] = 280.11(\mathrm{kN})$$

验算冲切能力

$$0.7\beta_{hp}f_t a_m h_0 = 0.7 \times 1.0 \times 1.27 \times 10^3 \times 1.45 \times 0.95 = 1\ 224.60(\mathrm{kN}) > 280.11\ \mathrm{kN}$$

因此满足要求。

(8)变阶处抗冲切验算。

柱边基础截面抗冲切验算(见图 8-20)。

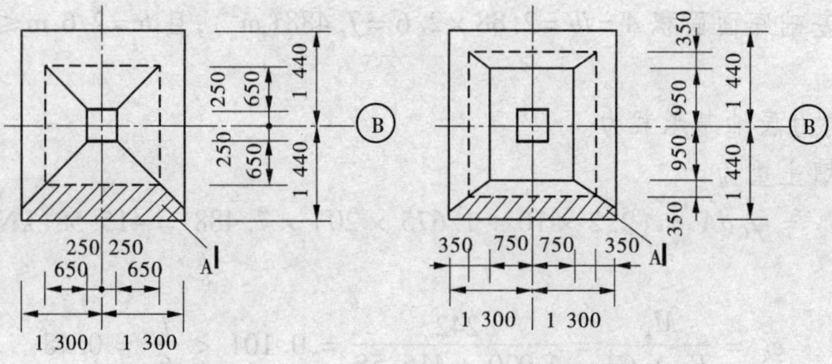

(a)柱下冲切　　(b)变阶处冲切

图 8-20　冲切验算简图　(单位:mm)

由于 $a_t=b_c=1.5$ m,$a_c=1.9$ m,$h_{01}=500-50=450$(mm),所以

$$a_b = a_t + 2h_{01} = 1.5 + 2 \times 0.45 = 2.4(\mathrm{m}) < 2.6\ \mathrm{m}$$

取 $a_b=2.4$ m,因此可得　$a_m = \dfrac{a_t + a_b}{2} = \dfrac{1.5 + 2.4}{2} = 1.95(\mathrm{m})$

抗冲切能力为

$$F_l = p_{\max}\left[\left(\frac{l}{2} - \frac{a_c}{2} - h_0\right)b - \left(\frac{b}{2} - \frac{b_c}{2} - h_0\right)^2\right]$$

$$= 456.2 \times \left[\left(\frac{2.88}{2}-\frac{1.9}{2}-0.45\right)\times 2.6-\left(\frac{2.6}{2}-\frac{1.5}{2}-0.45\right)^2\right] = 42.88(\text{kN})$$

验算抗冲切能力

$$0.7\beta_{hp}f_t a_m h_0 = 0.7\times 1.0\times 1.27\times 10^3\times 1.95\times 0.45 = 780.10(\text{kN}) > 42.88\ \text{kN}$$

因此满足要求。

(9)配筋计算。

基础长边方向。柱边净反力为

$$p_{n1} = p_{\min} + \frac{l+a_c}{2l}(p_{n\max}-p_{n\min})$$

$$= 228.1 + \frac{2.88+0.5}{2\times 2.88}\times(456.2-228.1) = 361.95(\text{kPa})$$

悬臂部分净反力平均值为

$$\frac{1}{2}(p_{\max}+p_{n1}) = \frac{1}{2}\times(456.2+361.95) = 409.08(\text{kPa})$$

弯矩为

$$M_1 = \frac{1}{24}\left(\frac{p_{n\max}+p_{n1}}{2}\right)(l-a_c)^2(2b+b_c)$$

$$= \frac{1}{24}\times 409.08\times(2.88-0.5)^2\times(2\times 2.6+0.5) = 550.33(\text{kN}\cdot\text{m})$$

$$A_{s1} = \frac{M_1}{0.9f_y h_0} = \frac{550.33\times 10^6}{0.9\times 210\times 950} = 3\,065.05(\text{mm}^2)$$

对于变阶处截面,有

$$p_{n3} = p_{\min} + \frac{l+a_1}{2l}(p_{n\max}-p_{n\min})$$

$$= 228.1 + \frac{2.88+1.9}{2\times 2.88}\times(456.2-228.1) = 417.39(\text{kPa})$$

$$M_3 = \frac{1}{24}\left(\frac{p_{n\max}+p_{n3}}{2}\right)(l-a_1)^2(2b+b_1)$$

$$= \frac{1}{24}\times\frac{456.2+417.39}{2}\times(2.88-1.9)^2\times(2\times 2.6+1.5) = 117.11(\text{kN}\cdot\text{m})$$

$$A_{s3} = \frac{M_3}{0.9f_y h_{01}} = \frac{117.11\times 10^6}{0.9\times 210\times 450} = 1\,376.95(\text{mm}^2)$$

比较 A_{s3} 和 A_{s1},应取 A_{s1} 配筋,实际配Φ 18@200,则钢筋根数为

$$n = \frac{2\,600}{200}+1 = 14$$

$$A_s = 254.5\times 14 = 3\,563(\text{mm}^2) > 3\,065.05\ \text{mm}^2$$

基础短边方向。因为该基础受单向偏心荷载作用,所以在基础短边方向的基底反力可按均匀分布计算,取

$$p_n = \frac{1}{2}(p_{n\max}+p_{n\min}) = \frac{1}{2}\times(456.2+228.1) = 342.15(\text{kPa})$$

与长边方向的配筋计算方法相同,对于Ⅱ—Ⅱ截面(柱边)的计算配筋值 $A_{s2} = 1\,458.24$

mm^2，Ⅳ—Ⅳ截面（变阶处）的计算配筋值 $A_{s2} = 1\ 058.24\ mm^2$。因此，按 A_{s2} 在短边方向配筋，实际配Φ 12@180，钢筋根数为

$$n = \frac{2\ 880}{180} + 1 = 17$$

$$A_s = 113.1 \times 17 = 1\ 922.7(mm^2) > 1\ 458.24\ mm^2$$

【知识链接】 减小地基不均匀沉降危害的措施。

一、不均匀沉降的危害及产生原因分析

不均匀沉降的危害是多方面的。如相邻柱基地基的不均匀沉降造成桥式吊车轨面沿纵向或横向的倾斜，会导致吊车滑行或卡轨；混合结构的地基的不均匀沉降会造成墙体开裂；框架结构柱基的不均匀沉降会造成构件受剪扭而损坏；高耸建筑物地基的不均匀沉降会造成建筑物的整体倾斜，影响建筑物抗倾覆的稳定性，还会导致高烟囱等筒体结构的附加弯矩等。

地基不均匀沉降产生有以下几方面的原因：

(1)地质条件。主要包括土层极其软弱和不均匀。土层软弱会引起地基较大的沉降和差异沉降；在压缩层范围内土层的不均匀，由于不同土层压缩性的不同，也会引起基础的不均匀沉降，如果土层软弱且不同土层之间压缩模量差异较大，就会引起地基较大的不均匀沉降。

(2)上部结构荷载的不均匀。如相邻部分之间层高相差悬殊等原因，会造成上部结构荷载分布不均匀，引起地基的不均匀沉降。

(3)邻近建筑物的影响。附近建筑物会在建筑物的一侧引起较大的附加应力，使建筑物地基产生不均匀沉降。

(4)其他原因。如建筑物一侧大面积堆载、开挖深基坑等也会引起建筑物地基的不均匀沉降。

二、防止不均匀沉降对建筑物损害的建筑措施

(1)建筑物体型应力求简单。

(2)设置沉降缝，控制建筑物长高比。

(3)合理安排建筑物间的距离。

(4)调整建筑物各部分的标高。

三、防止不均匀沉降对建筑物损害的结构措施

(1)选用合适的结构型式。

(2)减轻建筑物和基础的自重。

(3)减小或调整基底附加应力。

(4)加强基础刚度。

(5)设置圈梁。

四、防止不均匀沉降对建筑物损害的施工措施

(1)采取地基处理措施。

(2)采取合理施工措施。

五、防止已有建筑物产生过大不均匀沉降的保护措施

(1)设计措施。

(2)当设计措施无法满足时,应对已有建筑物采取适当的施工措施,对已有建筑物的地基基础加固补强。

项目小结

基础是地面以下建筑物的下部结构,是建筑物的重要根基。如果地基基础设计不合理,将危及整个建筑物的安全或增加工程的造价造成经济上的浪费。天然地基上的浅基础施工方便,造价较低,在基础方案选择时应首先考虑能否采用天然地基上的浅基础方案。在进行天然地基上浅基础设计时,应遵循无筋扩展(刚性)基础→柱下独立基础→柱下条形基础→十字交叉条形基础→筏板基础→箱形基础的顺序来选择适于实际情况的浅基础形式。

天然地基上浅基础设计是围绕地基强度条件和变形条件以及使基础自身具有足够的强度、刚度和耐久性几个方面进行设计计算的。

地基强度条件评价:一是依据地基承载力理论,合理地确定具体场地地基持力层的承载力特征值;二是根据地基承载力特征值确定基础底面面积,计算在上部结构荷载作用下基底压力分布。地基承载力计算确定是地基强度条件评价的核心问题,确定地基承载力特征值(设计值)的方法有多种,不同的方法有相应的计算参数与适用条件,只有熟悉这些方法,才能根据实际情况合理地确定地基承载力,确保地基承载力有较大的满足系数。这是基础设计成功的关键之一。

地基变形条件评价:一是依据土体变形理论,采用分层总和法与规范推荐公式计算在建筑物附加应力作用下地基受力层的最终竖向沉降量;二是依据建筑物设计等级对照《建筑地基基础设计规范》(GB 50007—2011)有关条款确定具体建筑物地基变形的允许值,确保计算的最终沉降量不大于地基变形允许值($S \leqslant [S]$)。

保证基础自身应具有足够的强度、刚度和耐久性的设计内容:一是依据作用力与反作用力原理,计算基础在地基反力作用下受到的冲切力、剪切力、弯曲内力;二是依据建筑结构理论计算基础截面的抗冲切强度、抗剪切强度,从而验算基础高度;计算抵抗基础受到的弯曲内力所需配置的钢筋截面面积。

技能训练

一、基础理论思考

1. 浅基础有哪些类型? 各有何特点?

2. 选择基础埋深应考虑哪些因素?

3. 为什么要验算软弱下卧层的强度?

4. 地基承载力确定方法有哪些?

二、工程模拟训练

1. 某场地的第②层土为细砂,野外勘察时在这层细砂中共打了8组标贯,实测击数分别为13、17、15、14、17、18、19、17。试判断该层细砂的密实度(密实度按标贯的平均值查表),并按湖北省地标确定其地基承载力特征值(承载力用统计标准值查表)。

2. 野外勘察时在场地内共打了6个静力触探孔,这6个孔第②层土的 p_s 平均值分别为

1.21 MPa、1.15 MPa、1.32 MPa、1.26 MPa、1.17 MPa、1.35 MPa。结合钻探及土工试验成果得知该层土为粉质黏土。试按静力触探资料由湖北省地标确定其地基承载力特征值f_{ak}(用统计标准值查表)。

3. 某外柱基础,作用于地面处相应于荷载标准组合的轴心荷载设计值$F=800$ kN,基础埋深(自室外地面起算)为1.2 m,室内标高高于室外标高0.60 m,地基土为黏性土,$e=0.70$,$I_L=0.80$,重度$\gamma=17.0$ kN/m^3,地基承载力特征值$f_{ak}=200$ kPa。如图8-21所示。计算设计基础底面面积。

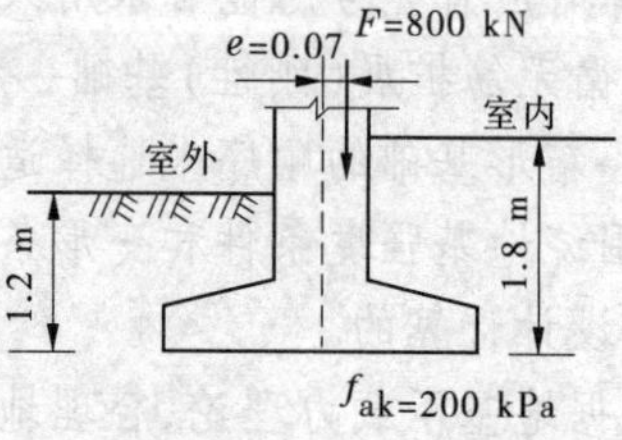

图8-21　某外柱基础剖面

4. 某钢筋混凝土柱下独立基础,柱尺寸0.6 m×0.4 m,上部结构传来的荷载效应标准组合值$F_k=2\ 200$ kN,弯矩$M_k=200$ kN·m,水平力$H_k=50$ kN(作用在基础顶面处),基础埋深1.2 m,地基土为黏土层,$e=0.80$,$I_L=0.75$,$f_{ak}=250$ kPa,$\gamma=18.5$ kN/m^3,基础混凝土等级C20,Ⅱ级钢筋,基础高1.0 m,混凝土保护层$a_0=40$ mm($f_l=1.1$ N/mm^2,$f_y=310$ N/mm^2)。试设计该基础。

5. 某单位职工4层住宅采用砖混结构,条形基础。外墙厚度24 cm,作用于基础顶部荷载重$F=117$ kN/m。地基土表层为多年填土,层厚$h_1=3.4$ m,$f_{ak}=100$ kPa,$\gamma_1=17.0$ kN/m^3,地下水位埋深1.8 m;第二层土为淤泥质土,厚度$h_2=3.2$ m,$f_{ak}=60$ kPa,$\gamma_2=18.0$ kN/m^3;第三层土为软塑黏土,$h_3\geqslant10$ m,$f_{ak}=180$ kPa,$\gamma_3=18.5$ kN/m^3。设计基础尺寸与结构。

项目九　桩基础设计

学习目标

1. 了解桩基础的类型及适用条件、桩基础的分类和设计步骤。
2. 掌握单桩承载力的传递特征和确定方法。
3. 掌握群桩的工作特点及桩身结构和承台结构的构造要求。
4. 掌握桩身承载力的验算公式。
5. 熟悉桩基础设计。

【项目导入】

对于一般的低层、多层工业和民用建筑物，尽量采用天然地基浅基础，因为浅基础技术简单，造价低，工期短。但是伴随着时代的发展，建筑物的规模不断扩大、结构越来越复杂，采用天然地基上的浅基础已不能满足工程的要求，需选用桩基础或其他基础，以满足建筑物的安全使用。

单元一　概　述

桩基础是一种常用的深基础形式。由桩和连接桩顶的桩承台组成的深基础，简称桩基。桩的作用是穿越软弱的压缩性土层或地下水，将所承受的荷载传递到地基深部较坚硬、压缩性低的土层或岩层上。

一、桩基础的适用范围

(1)天然地基为软弱土时，设计天然地基浅基础不能满足地基变形或强度的要求，采用人工加固处理地基不经济、时间不允许时，可采用桩基础。

(2)高层建筑或超高层建筑设计的一个重要问题是：必须满足地基基础稳定性要求；在地震区域，基础埋深 d 不应小于建筑物高度的 1/15，采用浅基础难以满足要求时，需采用桩基础。

(3)重型设备、超重型设备埋置于一般的天然地基浅基础上，易使地基发生强度破坏时，需采用桩基础。

(4)当建筑荷载较大，地下水位高，采用天然地基地基承载力不足时，需采用桩基础。

(5)当地基承载力满足要求，但采用天然地基承载力不足时，或对沉降和沉降速度有严格要求时，建筑等级较高时，需采用桩基础。

【小贴士】　对于其他情况，依据安全可靠、经济合理的原则，确定是否采用桩基础。

二、桩基础的特点

桩基础与浅基础相比,具有以下特点:

(1)承载力高。桩支承于较硬的中密砂、硬塑黏性土等或坚硬的岩石、密实的卵砾石层持力层上,能够承担建筑的全部竖向荷载。

(2)稳定性好。桩基具有很大的刚度,在自重、相邻荷载、风和地震引起的水平荷载与力矩荷载影响下,不产生过大的不均匀沉降和倾覆,并确保建筑物的变形不超过规范允许范围。

(3)抗震能力强。桩身穿过可液化土层而支承于稳定的坚实土层或岩石上,在地震造成浅部土层液化与震陷的情况下,桩基凭靠深部稳固土层仍具有足够的抗压与抗拔承载力,从而确保高层建筑的稳定。

(4)施工方法复杂。桩基础的埋深较大,一般基础埋深大于 5 m,且通常需考虑基础侧壁的摩擦力。

(5)施工需要专门的设备。例如,预制桩施工需打桩设备,灌注桩施工需成孔设备。

(6)能适应各种复杂地质条件。

三、桩基础的发展历史

桩基础是一种历史悠久的基础形式。早在 7 000 ~ 8 000 年前,人们就在湖泊和沼泽地里栽木桩筑平台来修建居住场所防止猛兽侵犯。在中国,最早的桩基是在浙江省河姆渡的原始社会居住的遗址中发现的。宋代,桩基技术已经比较成熟。到了明、清两代,桩基技术更趋完善。如《清工部工程做法》一书对桩基的选料、布置和施工方法等方面都有了规定。从北宋一直保存到现在的上海市龙华镇龙华塔和山西太原市晋祠圣母殿,都是中国现存的采用桩基的古建筑。

现在,无论是桩基材料和桩类型,或者是桩工机械和施工方法都有了巨大的发展,已经形成了现代化基础工程体系。在某些情况下,采用桩基可以大量减少施工现场工作量和材料的消耗。

单元二　桩基础的类型

一、按桩身材料分类

(一)木桩

木桩的材料通常采用杉木、松木和橡木等坚韧耐久木材。木桩直径一般为 18 ~ 26 cm,桩长一般为 4 ~ 10 m。桩下端削成棱锥形,桩尖长度为直径的 1 ~ 2 倍。木桩具有运输方便、造价低廉、制作工艺简单、价格低廉的优点;缺点是承载力低,防腐蚀性差,使用寿命不长。木桩主要使用在木材丰富、小型工程、临时工程以及小型的水下工程中。

(二)素混凝土桩

素混凝土桩混凝土强度等级一般采用 C20 或 C25,常用桩径为 30 ~ 50 cm,长度不超过 25 m。其价格比较经济,单桩承载力不高,抗弯能力差。通常用于承载力要求低的小型工程中。

(三)钢筋混凝土桩

钢筋混凝土桩广泛应用于各类大、中型建筑工程中,不仅可以承受压力,还可抗拔、抗弯以及承受水平荷载。常做成实心的方形或圆形,亦可做成十字形截面。可工厂预制或现场预制后打入,也可现场钻孔灌注混凝土成桩。

(四)钢桩

目前,常用的桩型有开口或敞口管桩、H 型钢桩或其他异形钢桩。钢桩具有承载力强,材料均匀可靠,可根据承载要求、减少挤土效应而灵活调整截面,抗冲击性能强,接桩方便,施工质量稳定等优点,同时具有造价高,抗腐蚀能力差,地面以上以 0.05 ~0.1 mm/年,地下水位以下以 0.03 mm/年的速度腐蚀等缺点,主要用于超重型设备、水下工程和深基坑护坡工程中。

(五)组合材料桩

组合材料桩是指用两种或两种以上材料组合而成的桩。如钢管内填充混凝土,或上部采用现场浇筑混凝土,下部用钢材等形式的桩。这类桩只用于特殊地质条件及施工技术的情况下。

二、按承台位置高低分类

(一)低承台桩基础

承台底面低于地面,一般用于房屋建筑工程中,如图 9-1(a)所示。在桥梁工程中,一般对于季节性河流或冲刷深度较小的河床,大多采用低承台桩基。对于常年有水,且水位较高,施工时不易排水或河床冲刷较深的情况,条件允许时,可采用高承台桩,以便施工。

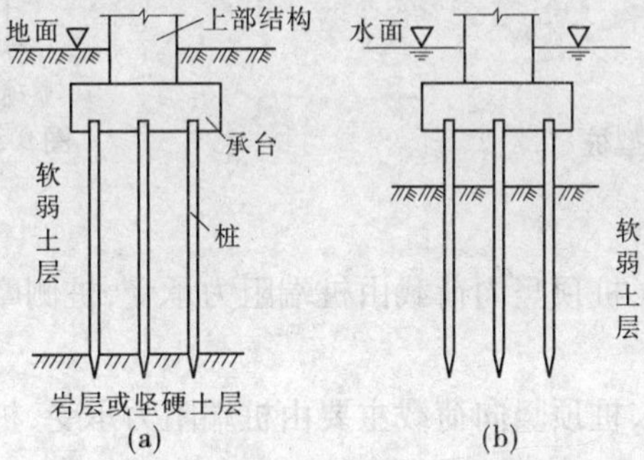

图 9-1　桩基础按承台与地面的相对位置分类

(二)高承台桩基础

承台底面高于地面,它的受力和变形不同于低承台桩基础,如图 9-1(b)所示。一般应用在桥梁、码头工程中。高承台桩由于承台位置较高或设在施工水位以上,可减少墩台的圬工数量,避免或减少水下作业,施工较为方便、经济。然而,高承台桩基础刚度较小,在水平力作用下,由于承台及基桩露出地面的一段自由长度周围无土来共同承受水平外力,桩基的受力情况较为不利,桩身内力和位移都将大于在同样水平外力作用下的低承台桩,在稳定性方面低承台桩也较高承台桩好。

建筑工程中,在满足桩基稳定的前提下,承台宜浅埋,并尽可能埋在地下水位以上,这样便于施工。在冻土地区还能减少地基土冻胀对承台的影响,工程造价也低些。

三、按承载性状分类

桩基础由桩端阻力和桩侧摩擦力两种方式承受上部结构荷载。由于桩的尺寸、施工方法、地基土性质的不同，桩端和桩侧所承受荷载的比例也不同。根据所承受荷载的比例，桩基础分为摩擦型桩和端承型桩。

(一)摩擦型桩

桩顶竖向极限荷载由桩侧阻力和桩端阻力共同承担。桩顶竖向荷载主要由桩侧阻力承受的桩称为摩擦型桩，如图9-2所示。摩擦型桩又可分为摩擦桩和端承摩擦桩。

1. 摩擦桩

在极限承载力状态下，桩顶竖向荷载由桩侧摩擦力承受，桩端阻力小到可以忽略不计。

2. 端承摩擦桩

在极限承载力状态下，桩顶竖向荷载主要由桩侧摩擦力承受，桩端阻力占少量比例，但不能忽略不计。

(二)端承型桩

桩顶竖向荷载主要由桩端阻力承受的桩称为端承型桩，如图9-3所示。端承型桩又分为端承桩和摩擦端承桩。

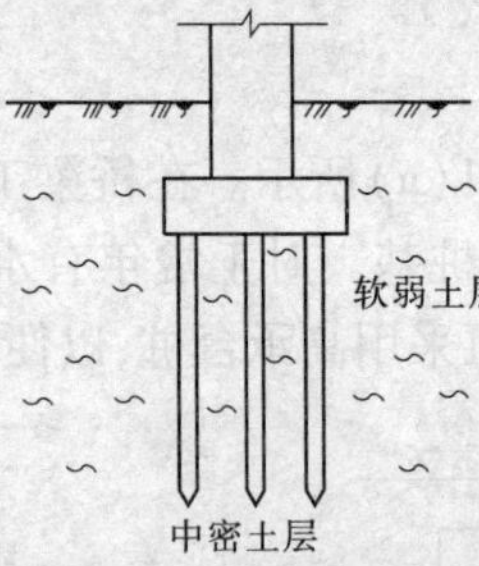

图9-2　摩擦型桩

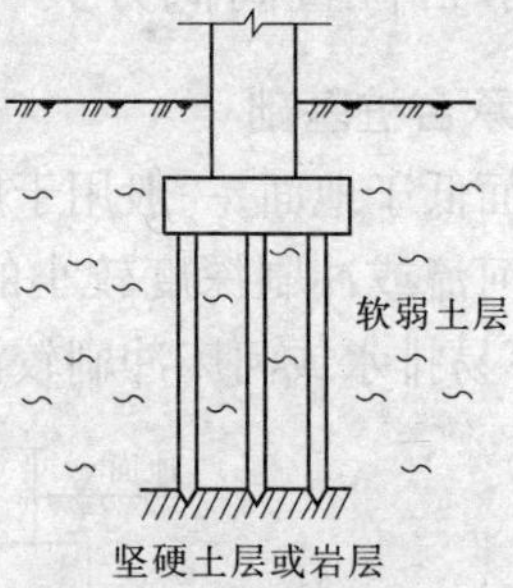

图9-3　端承型桩

1. 端承桩

在极限承载力状态下，桩顶竖向荷载由桩端阻力承受，桩侧摩擦力可以忽略不计。

2. 摩擦端承桩

在极限承载力状态下，桩顶竖向荷载主要由桩端阻力承受，桩侧阻力占少量比例。

四、按桩的使用功能分类

(一)竖向抗压桩

竖向抗压桩是通过桩端阻力和桩四周的摩擦力来承受竖向荷载的桩。大多数建筑桩基础均为此桩。

(二)竖向抗拔桩

竖向抗拔桩指主要靠桩身与土层的摩擦力来抵抗以轴向拉力为主的桩。如锚桩、抗浮桩等。

(三)水平受荷桩

水平受荷桩指主要承受水平荷载的桩。如基坑的支护桩、港口工程的板桩等。

(四)复合受荷桩

复合受荷桩指所受竖向荷载、水平荷载均较大的基桩。

五、按成桩方法分类

(一)非挤土桩

非挤土桩指成桩过程对桩周土体无挤压作用的桩。这类桩施工时,先将桩位土清除,然后在桩孔中灌注混凝土。成桩主要方法有干作业法、泥浆护壁法、套管护壁法。

(二)部分挤土桩

部分挤土桩指成桩过程对桩周土体产生部分挤压作用的桩。它包括冲孔灌注桩、钻孔(挤扩)灌注桩、预钻孔打入(静压)预制桩、打入(静压)式敞口钢管桩、敞口预应力混凝土管桩和H型钢桩等。

(三)挤土桩

挤土桩指在成桩过程中,未取出钻孔中的土,全部挤压到桩四周的桩。它分为挤土灌注桩和挤土预制桩。

六、按桩施工方法分类

(一)预制桩

预制桩是在施工前预先制作好,再用各种机械设备将其沉入设计标高。它包括钢筋混凝土桩、预应力混凝土桩、管桩或型钢桩等,如图9-4所示。

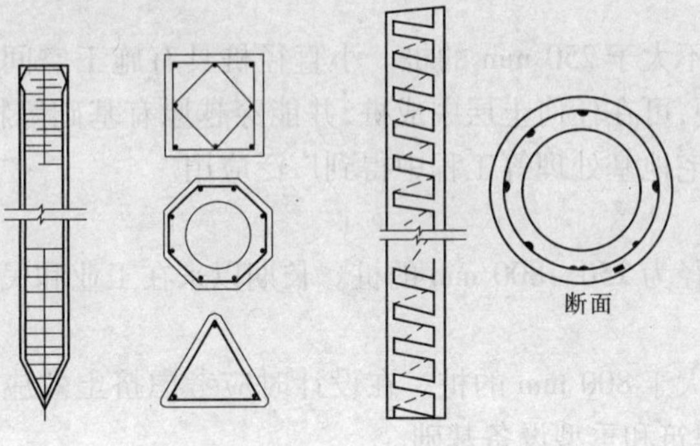

(a)钢筋混凝土桩　(b)管桩

图9-4　混凝土预制桩

1.混凝土实心方桩

钢筋混凝土实心桩,断面一般呈圆形或方形。桩身截面一般沿桩长不变。实心方桩截面尺寸一般为(200 mm×200 mm)~(600 mm×600 mm)。钢筋混凝土实心桩桩身长度:限于桩架高度,现场预制桩的长度一般在25~30 m以内。限于运输条件,工厂预制桩桩长一般不超过12 m,否则应分节预制,然后在打桩过程中予以接长。接头不宜超过2个。钢筋混凝土实心桩的优点:长度和截面可在一定范围内根据需要选择,由于在地面上预制,制作质量容易保证,承载力高,耐久性好,因此工程上应用较广。材料要求:钢筋混凝土实心桩所用混凝土的强度等级不宜低于C30。预应力混凝土桩的混凝土强度等级不宜低于C40,主筋根据桩断面大小及吊装验算确定,一般为4~8根,直径12~25 mm,不宜小于14 mm,箍筋直径为6~8 mm,间距不大于200 mm,打入桩顶(2~3)d长度范围内的箍筋应加密,并设置钢筋网片。预制桩纵向钢筋的混凝土保护层厚度不宜小于30 mm。桩尖处可将主筋合拢焊在桩尖辅助钢筋上,在密实砂和碎石类土中,可在桩尖处包以钢板桩靴,加强桩尖。

2. 混凝土管桩

混凝土管桩一般在预制厂用离心法生产。桩径有300 mm、400 mm、500 mm等,每节长度不等,接桩时,接头数量不宜超过4个。管壁内设直径12~22 mm主筋10~20根,外面绕以直径6 mm螺旋箍筋,多以C30混凝土制造。混凝土管桩各节段之间的连接可以用角钢焊接或法兰螺栓连接等方法。由于用离心法成型,混凝土中多余的水分由于离心力而甩出,故混凝土致密,强度高,抵抗地下水和其他腐蚀的性能好。混凝土管桩应达到设计强度100%后方可运到现场沉桩。堆放层数不超过三层,底层管桩边缘应用楔形木块塞紧,以防滚动。

(二)灌注桩

灌注桩是在施工现场的桩位上用机械或人工成孔,然后在孔内灌注混凝土而成。根据成孔方法不同分为钻孔、挖空、冲孔、沉管和爆扩等灌注桩。

灌注桩因成孔的机械不同而通常有以下几种成孔施工方法:螺旋钻机成孔法、潜水钻机成孔法等。

七、按桩径大小分类

(一)小直径桩

小直径桩指桩径不大于250 mm的桩。小直径桩具有施工空间要求小,对原有建筑物基础影响小,施工方便,可在任何土层中成桩,并能穿越原有基础等特点,而在地基托换、支护结构、抗浮、多层住宅地基处理等工程中得到广泛应用。

(二)中等直径桩

中等直径桩指桩径为250~800 mm的桩。长期以来在工业和民用建筑中广泛应用。

(三)大直径桩

大直径桩指桩径大于800 mm的桩。在设计时应考虑挤土效应与尺寸效应,单桩承载力高,通常用于高层建筑和重型设备基础。

【小贴士】 选择桩基础类型时应根据上部荷载形式、作用力特点、建筑物特点、地下水类型和地基土特点综合考虑。

单元三　桩承载力特征值

桩的承载力可根据《建筑地基基础设计规范》(GB 50007—2011)和《建筑桩基技术规范》(JGJ 94—2008)进行计算,是桩基础设计的关键。

一、单桩竖向承载力的确定

单桩竖向承载力特征值是指竖直单桩在轴向外荷载作用下,不丧失稳定、不产生过大变形时的最大荷载值。桩顶荷载一般受到轴向力、水平力和弯矩的作用,本节主要研究竖向荷载作用下桩的受力性能。

设计采用的单桩竖向极限承载力标准值应符合下列规定:

(1)设计等级为一级的建筑桩基,应通过现场静载荷试验确定。

(2)设计等级为二级的建筑桩基,当地质条件简单时,可参照地质条件相同的试验资料,结合静力触探等原位测试综合确定;缺乏参照时,应通过现场静载荷试验确定。

(3)设计等级为三级的建筑桩基,无原位测试资料时,可根据承载力经验参数确定。

(一)按静载荷试验确定单桩竖向承载力特征值

单桩竖向承载力特征值可通过竖向静载荷试验确定。它是目前检验桩基(含复合地基、天然地基)承载力的各种方法中应用最广的一种,且被公认为试验结果最准确、最可靠,被列入各国桩基工程规范或规定中。该试验手段利用各种方法人工加荷,模拟地基或基础的实际工作状态,测试其加载后承载性能及变形特征。其显著的优点是受力条件比较接近实际,简单易用,试验结果直观而易于为人们理解和接受,但是试验规模及费用相对较大。

【知识链接】 静载荷试验类型:根据试验对象可分为地基土浅层平板载荷试验、深层平板载荷试验、复合地基载荷试验、岩基载荷试验、桩(墩)基载荷试验、锚杆(桩)试验;根据加载方式可分为竖向抗压试验、竖向抗拔试验、水平载荷试验。在同一条件下的试桩数量,不宜少于总桩数的1%,且应不少于3根,工程总桩数在50根以内时不应少于2根。

1. 试验原理

静载荷试验是指按桩的使用功能,分别在桩顶逐级施加轴向压力、轴向上拔力或在桩基承台底面标高一致处施加水平力,观测桩的相应检测点随时间产生的沉降、上拔位移或水平位移,根据荷载与位移的关系判定相应的单桩竖向抗压承载力、单桩竖向抗拔承载力或单桩水平承载力的试验方法。

【知识链接】 荷载与位移的关系可以根据 $Q \sim S$ 曲线(见图9-5)求出,$Q \sim S$ 曲线应根据各级荷载作用下的变形量在坐标中绘制。必要时也可以绘制 $\lg Q \sim \lg S$ 曲线。

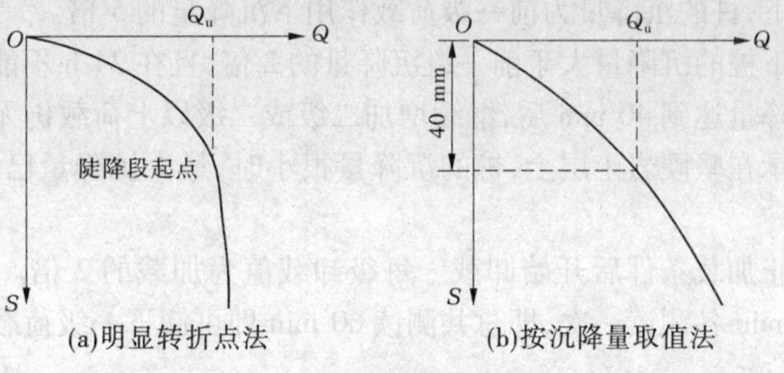

图9-5 由 $Q \sim S$ 曲线确定极限荷载 Q_u

2. 静载荷试验的装置

试验装置包括加荷稳压部分、提供反力部分和沉降观测部分(见图9-6)。千斤顶的反力可以靠锚桩承担或由压重平台上的重物来平衡,试验可布置4~6根锚桩,锚桩深度不小于试桩深度,锚桩与试桩的间距应大于$3d$,且不大于1 m。试桩与锚桩(或压重平台的支墩)之间、试桩与支撑基准梁的基准桩之间以及锚桩与基准桩之间的中心距离应符合表9-1的规定,以减小彼此间的相互影响,保证量测精度。

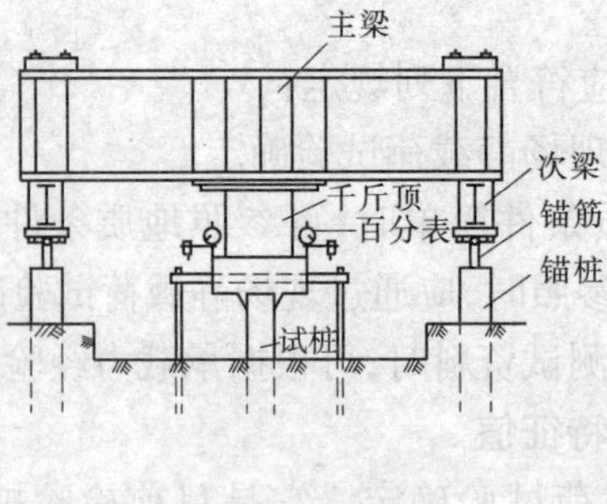

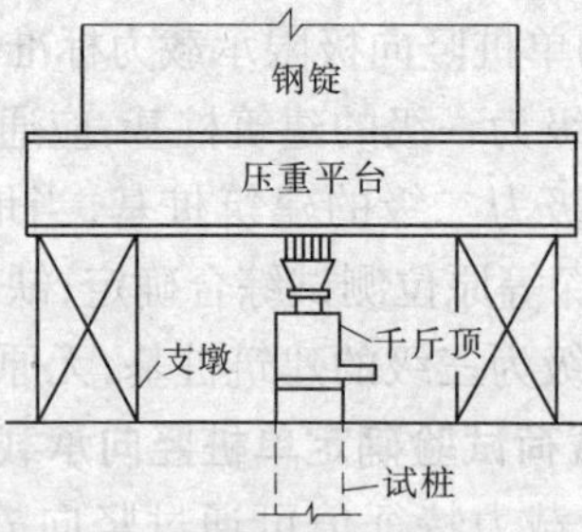

图 9-6　桩承载力静载荷试验装置示意图

表 9-1　试桩、锚桩和基准桩之间的中心距离

反力系统	试桩与锚桩（或压重平台支墩边）	试桩与基准桩	基准桩与锚桩（或压重平台支墩边）
锚桩横梁反力装置 压重平台反力装置	≥4d，且≥2.0 m	≥4d，且≥2.0 m	≥4d，且≥2.0 m

3. 试验方法

试验的加荷方式应尽可能模拟桩的实际受力情况。采用慢速分级连续加荷，加荷分级不应小于 8 级，每级荷载应为静力计算得出的极限荷载的 1/8～1/10，每级加载后，每 5 min、10 min、15 min、15 min、15 min 读一次，以后每隔 30 min 读一次。在每级荷载作用下，桩顶沉降连续两次每小时不超过 0.1 mm，即认为已达到相对稳定，可加下一级荷载。对一般持力层上的桩，当出现下列情况之一者，即可终止加载：

(1) 当荷载—沉降曲线上有可判定极限承载力的陡降段，且桩顶总沉降量大于 40 mm。

(2) 某级荷载下，桩的沉降量为前一级荷载作用下沉降量的 5 倍。

(3) 某级荷载下桩的沉降量大于前一级沉降量的 2 倍，且在 24 h 不能达到相对稳定。

(4) 桩顶总沉降量达到 40 mm 后，继续增加二级或二级以上荷载仍无陡降段。

(5) 桩底端支承在坚硬岩土层上，桩的沉降量很小时，最大沉降量已达到设计荷载的 2 倍。

(6) 在满足终止加载条件后开始卸载。每级卸载值为加载的 2 倍。每级卸载后，间隔 15 min、15 min、30 min 各测读一次，即总共测读 60 min 即可卸下一级荷载。全部卸载完毕，隔 3～4 h 再测读一次。

4. 单桩极限承载力确定

根据《建筑地基基础设计规范》(GB 50007—2011)，单桩极限承载力是由荷载—沉降 ($p \sim S$) 曲线按下列条件确定的：

(1) 当曲线存在明显陡降段时，取相应于陡降段起点的荷载值为单桩极限承载力。

(2) 对于直径或桩宽在 550 mm 以下的预制桩，在某级荷载 p_i+1 作用下，其沉降增量与相应荷载增量的比值 $\Delta S_{(i+1)}/\Delta p_{(i+1)} \geqslant 0.1$ mm/kN 时，取前一级荷载值 p_i 作为极限承载力。

(3) 当符合上述终止加载条件(2)时，在 $p \sim S$ 曲线上取桩顶总沉降量 S 为 40 mm 时的相应荷载值作为极限承载力。

对静载荷试验所得的极限荷载必须进行数理统计，求出每根试桩的极限承载力后，按参加统计的试桩数取试桩极限荷载的平均值。要求级差不得超过平均值的30%。当级差超过时，查明原因，必要时增加试桩数；当级差符合规定时，取其平均值作为单桩竖向极限承载力特征值，但对桩数为3根以下的柱下承台，取试桩的最小值为单桩竖向极限承载力。之后，将单桩竖向极限承载力除以2，即得单桩竖向承载力特征值 R_a。

【案例9-1】 已知某工程为混凝土灌注桩。在建筑场地现场已进行3根桩的静载荷试验（ϕ377的振动沉管灌注桩），根据有关曲线确定3根桩的极限承载力标准值分别为590 kN、605 kN、620 kN。试确定单桩竖向极限承载力特征值 R_a。

【案例解析】 由静载荷试验得出单桩的竖向极限承载力，三次试验的平均值为

$$Q_{um} = (590 + 605 + 620)/3 = 605(\text{kN})$$

$$\text{级差} = 620 - 590 = 30(\text{kN}) < 605 \times 30\% = 181.5(\text{kN})$$

故取

$$Q_{uk} = Q_{um} = 605\ \text{kN} \quad R_a = Q_{uk}/2 = 302.5\ \text{kN}$$

（二）根据桩身的材料强度确定

根据桩身结构强度确定单桩竖向承载力，将桩视为一轴向受压构件，按《混凝土结构设计规范》（GB 50010—2010）或《钢结构设计规范》（GB 50017—2003）进行计算。如钢筋混凝土桩的竖向抗压承载力设计值可按下式计算：

$$Q = \phi(f_c A + f_y A_s) \tag{9-1}$$

式中 Q——相应于荷载效应基本组合时的单桩竖向承载力设计值，N；

f_c——桩身混凝土轴心抗压设计强度，考虑预制桩运输及沉桩施工影响，灌注桩成孔及水下浇筑混凝土质量情况，设计应按规范规定的强度值适当折减，N/mm²；

f_y——钢筋抗压强度设计值，N/mm²；

A——桩身断面面积，mm²；

A_s——桩身纵筋断面面积，mm²；

ϕ——纵向弯曲系数，考虑土的侧向作用，一般取 $\phi = 1$。

【知识链接】 由于灌注桩成孔和混凝土浇筑的质量难以保证，而预制桩在运输及沉桩过程中受震动和锤击的影响，根据《建筑桩基技术规范》（JGJ 94—2008）规定，应将混凝土的轴心抗压强度设计值乘以桩基施工工艺系数 ϕ_c。对混凝土预制桩取 $\phi_c = 1$；干作业非挤土灌注桩，取 $\phi_c = 0.9$；泥浆护壁和套管非挤土灌注桩、部分挤土灌注桩、挤土灌注桩，取 $\phi_c = 0.8$。

（三）单桩竖向承载力计算

《建筑地基基础设计规范》（GB 50007—2011）中规定单桩竖向承载力验算的表达式如下：

（1）轴心受压满足

$$Q_k \leqslant R_a \tag{9-2}$$

（2）偏心受压除满足式（9-2）外，还应满足

$$Q_{ik,max} \leqslant 1.2R_a \tag{9-3}$$

式中 Q_k——相应于荷载效应标准组合轴心竖向力作用下任一单桩的竖向力，kN；

$Q_{ik,max}$——相应于荷载效应标准组合偏心竖向力作用下受荷最大的桩的竖向力，kN；

R_a——单桩竖向承载力特征值，kN。

(四)按公式估算

根据《建筑地基基础设计规范》(GB 50007—2011)公式,单桩的竖向承载力特征值是由桩侧总极限摩擦力 Q_{su} 和总极限桩端阻力 Q_{pu} 组成的,即

$$R_a = Q_{su} + Q_{pu} \tag{9-4}$$

当同一土层中的摩擦力沿深度方向是均匀分布时,以经验公式进行单桩竖向承载力特征值估算。

摩擦桩

$$R_a = q_{pa}A_p + \mu_p \sum q_{sia} l_i \tag{9-5}$$

端承桩

$$R_a = q_{pa}A_p \tag{9-6}$$

式中　R_a——单桩竖向承载力特征值,kN;

q_{pa}——桩端端阻力特征值,kPa,对预制桩可按表 9-2 选用;

A_p——桩底端横截面面积,m^2;

μ_p——桩身周边长度,m;

q_{sia}——桩周围土的摩阻力特征值,kPa,对预制桩可按表 9-3 选用;

l_i——按土层划分的各段桩长,m。

表 9-2　预制桩桩端土(岩)的承载力特征值 q_{pa}　(单位:kPa)

土的名称	土的状态	桩的入土深度(m)		
		5	10	15
黏性土	$0.5 < I_L \leqslant 0.75$	400 ~ 600	700 ~ 900	900 ~ 1 100
	$0.25 < I_L \leqslant 0.5$	800 ~ 1 000	1 400 ~ 1 600	1 600 ~ 1 800
	$0 < I_L \leqslant 0.25$	1 500 ~ 1 700	2 100 ~ 2 300	2 500 ~ 2 700
粉土	$e < 0.7$	1 100 ~ 1 600	1 300 ~ 1 800	1 500 ~ 2 000
粉砂	中密、密实	800 ~ 1 000	1 400 ~ 1 600	1 600 ~ 1 800
细砂		1 100 ~ 1 300	1 800 ~ 2 000	2 100 ~ 2 300
中砂		1 700 ~ 1 900	2 600 ~ 2 800	3 100 ~ 3 300
粗砂		2 700 ~ 3 000	4 000 ~ 4 300	4 600 ~ 4 900
砾砂、	中密、密实	3 000 ~ 5 000		
角砾、圆砾		3 500 ~ 5 500		
碎石、卵石		4 000 ~ 6 000		
软质岩石	微风化	5 000 ~ 7 500		
硬质岩石		7 500 ~ 10 000		

注:1. 表中数值仅用作初步设计的估算;

2. 入土深度超过 15 m 时按 15 m 考虑。

表 9-3　预制桩周围土的摩阻力特征值 q_{sia}　（单位：kPa）

土的名称	土的状态	q_{sia}	土的名称	土的状态	q_{sia}
填土		9 ~ 13	粉土		10 ~ 20
淤泥		5 ~ 8			20 ~ 30
淤泥质土		9 ~ 13			30 ~ 40
黏性土	$I_L > 1$	10 ~ 17	粉、细砂	稍密	10 ~ 20
	$0.75 < I_L \leqslant 1$	17 ~ 24		中密	20 ~ 30
	$0.5 < I_L \leqslant 0.75$	24 ~ 31		密实	30 ~ 40
	$0.25 < I_L \leqslant 0.5$	31 ~ 38	中砂	中密	25 ~ 35
	$0 < I_L \leqslant 0.25$	38 ~ 43		密实	35 ~ 45
	$I_L \leqslant 0$	43 ~ 48	粗砂	中密	35 ~ 45
				密实	45 ~ 55
红黏土	$0.75 < I_L \leqslant 1$	6 ~ 15	砾砂	中密、密实	55 ~ 65
	$0.25 < I_L \leqslant 0.75$	15 ~ 35			

注：1. 表中数值仅用作初步设计的估算。

2. 尚未完成固结的填土和以生活垃圾为主的杂填土可不计其摩擦力。

【案例 9-2】　某建筑场地，根据工程地质勘察，拟建建筑物为 8 层住宅楼，确定基础形式为混凝土预制桩，桩管采用 ϕ377 mm。选择黏土层作为持力层，桩尖进入持力层深度不小于 1 m，桩顶的承台厚度 1.0 m，承台顶面距地表 1.0 m，桩长 11 m，桩的入土深度 13 m。土的有关物理力学性质指标见表 9-4。求单桩竖向承载力特征值。

表 9-4　土的物理力学性质指标

土层名称	厚度 (m)	γ (kN/m³)	ω(%)	e	I_p	I_L	E_s (MPa)
回填土	0.5	18					
粉质黏土	1.5	19	26.2	0.8	12	0.6	8.5
淤泥质土	9.0	16.4	74	2.09	21.3	2.55	2.18
黏土	>7.0	20.8	17.5	0.50	20	0.26	13

【案例解析】

$$R_a = q_{pa}A_p + \mu_p \sum q_{sia} l_i$$

其中

$$\mu_p = 3.14 \times 0.377 = 1.18(\text{m})$$
$$A_p = 3.14 \times 0.377^2/4 = 0.112(\text{m}^2)$$

由于淤泥质土 $e = 2.09$，取 $q_{sik} = 10$ kPa，黏土 $I_L = 0.26$，可塑，取 $q_{sik} = 32$ kPa，$q_{pk} = 1\ 600$

kPa,则

$$\begin{aligned} R_a &= 1.18 \times (9 \times 10 + 2 \times 32) + 0.112 \times 1\,600 \\ &= 181.7 + 179.2 \\ &= 360.9(\text{kN}) \end{aligned}$$

(五)单桩水平承载力的确定

1. 控制单桩水平承载力的因素

(1)桩的抗弯性能差,达到极限状态的标志是首先在桩身处出现裂缝,而后断裂破坏,以灌注桩为代表。这类情况水平承载力由桩身强度控制。

(2)另一种情况是桩身抗弯性能好,并未断裂,但是桩侧土体有明显的隆起,或桩顶水平位移过大,水平承载力由桩侧土的支承力控制。

2.《建筑桩基技术规范》(JGJ 94—2008)的规定

《建筑桩基技术规范》(JGJ 94—2008)规定:单桩水平承载力特征值取决于桩的材料强度、截面刚度、入土深度、桩侧土质条件、桩顶水平位移允许值和桩顶嵌固情况等因素,应通过现场水平载荷试验确定。

《建筑桩基技术规范》(JGJ 94—2008)规定对承受较大水平荷载的一级建筑桩基,单桩水平承载力设计值 R_h 应通过静力水平载荷试验确定。

3. R_h 的计算公式

缺少试验资料的情况,可按照下式估算 R_h

$$R_h = \left(\frac{\alpha^3 EI}{\nu_x}\right)x_0 \tag{9-7}$$

式中　x_0——桩顶容许水平位移,mm;

ν_x——桩顶水平位移系数,如表 9-5 所示。

表 9-5　桩顶(身)最大弯矩系数和桩顶水平位移系数

桩顶约束情况	桩的换算入土深度 (α_z)	弯矩系数 (ν_m)	水平位移系数 (ν_x)
铰接、自由	4.0	0.768	2.441
	3.5	0.750	2.502
	3.0	0.703	2.727
	2.8	0.675	2.905
	2.6	0.639	3.163
	2.4	0.601	3.526
固接	4.0	0.926	0.940
	3.5	0.934	0.970
	3.0	0.967	1.028
	2.8	0.990	1.055
	2.6	1.018	1.079
	2.4	1.045	1.095

注: 1. 当 $\alpha_z > 4.0$ 时,取 $\alpha_z = 4.0$,z 为桩的入土深度。

2. 铰接(自由)的 ν_m 为桩身的最大弯矩系数,固接 ν_m 为桩顶最大弯矩系数。

二、群桩承载力的确定

当建筑物上部荷载远大于单桩承载力时,通常由多根桩组成群桩共同承受上部荷载。竖向荷载作用下的群桩基础,由于承台、桩身及地基土的相互作用,桩侧阻力、桩端阻力、沉降等性状发生变化而明显不同于单桩,表现为群桩承载力往往不等于各单桩承载力之和,群桩沉降不等于平均荷载作用下单桩所对应的沉降,这种现象称为群桩效应。影响群桩承载力和沉降的因素有:土的性质、桩长、桩数、群桩的平面形状和大小等。

单桩受力情况,桩顶轴向荷载 N 由桩端阻力与桩周摩擦力共同承受。群桩受力情况,同样每根桩的桩顶轴向荷载由桩端阻力和桩周摩擦力共同承受,但因桩距小,桩间摩擦力不能充分发挥作用,同时在桩端产生应力叠加,因此群桩的承载力小于单桩承载力与桩数的乘积。群桩承载力验算应按荷载效应标准组合取值,并与承载力特征值进行比较。

除端承桩基外,对于群桩效应较强的桩基,应验算群桩的地基承载力和软弱下卧层的地基承载力,可把桩群连同所围土体作为一个实体深基础来分析。假定群桩基础的极限承载力等于沿桩群外侧倾角扩散至桩端平面所围成面积内地基土极限承载力的总和。

(一)群桩中单桩桩顶竖向力的计算

(1)轴心竖向力作用下

$$Q_k = \frac{F_k + G_k}{n} \tag{9-8}$$

式中　F_k——相应于作用的标准组合时,作用于桩基承台顶面的竖向力,kN;

G_k——桩基承台自重及承台上土自重标准值,kN;

Q_k——相应于作用的标准组合时,轴心竖向力作用下任一单桩的竖向力,kN;

n——桩基中的桩数。

(2)偏心竖向力作用下

$$Q_{ik} = \frac{F_k + G_k}{n} \pm \frac{M_{xk} y_i}{\sum y_i^2} \pm \frac{M_{yk} x_i}{\sum x_i^2} \tag{9-9}$$

式中　Q_{ik}——相应于作用的标准组合时,偏心竖向力作用下第 i 根桩的竖向力,kN;

M_{xk}、M_{yk}——相应于作用的标准组合时,作用于承台底面通过桩群形心的 x、y 轴的力矩,kN·m;

x_i、y_i——桩 i 至桩群形心的 y、x 轴线的距离,m。

(3)水平力作用下

$$H_{ik} = \frac{H_k}{n} \tag{9-10}$$

式中　H_k——相应于作用的标准组合时,作用于承台底面的水平力,kN;

H_{ik}——相应于作用的标准组合时,作用于任一单桩的水平力,kN。

对地基基础设计等级为甲级的建筑物桩基,体型复杂、荷载不均匀或桩端以下存在软弱土层的设计等级为乙级的建筑物桩基应进行沉降验算。桩基沉降不得超过建筑物的沉降允许值,并应符合《建筑地基基础设计规范》(GB 50007—2011)的规定。

(二)桩基软弱下卧层验算

当桩端持力层下存在软弱下卧层时,必须验算其强度是否满足。此时桩基作为实体深基础,假设作用于桩基的竖向荷载全部传到持力层顶面并作用于桩群外包线所围的面积上,该荷载以 α 角扩散到软弱下卧层顶面,对软弱下卧层顶面处的承载能力进行验算。《建筑桩基技术规范》(JGJ 94—2008)规定:对于桩距 $S_a \leqslant 6d$ 的群桩基础,如图 9-7(a)所示,桩群、桩间土、持力层冲剪形成如同实体墩基而发生整体剪切破坏。

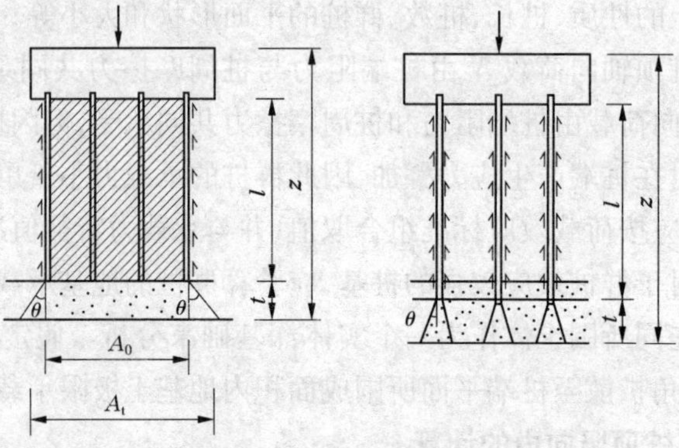

图 9-7 软弱下卧层承载力验算

其软弱下卧层的承载力验算可按下列公式计算:

$$\sigma_z + \gamma_m z \leqslant f_{az} \tag{9-11}$$

$$\sigma_z = \frac{(F_k + G_k) - 3/2(A_0 + B_0) \cdot \sum q_{sik} l_i}{(A_0 + 2t\tan\theta)(B_0 + 2t\tan\theta)} \tag{9-12}$$

式中 σ_z——作用于软弱下卧层顶面的附加应力;

γ_m——软弱层顶面以上各土层重度(地下水位以下取浮重度)的厚度加权平均值;

t——硬持力层厚度;

f_{az}——软弱下卧层经深度 z 修正的地基承载力特征值;

A_0、B_0——桩群外缘矩形底面的长、短边边长;

q_{sik}——桩周第 i 层土的极限侧阻力标准值,无当地经验时,可根据成桩工艺按《建筑桩基技术规范》(JGJ 94—2008)表 5.3.5-1 取值;

θ——桩端硬持力层压力扩散角,按《建筑桩基技术规范》表 5.4.1 取值;

G_k——桩基承台和承台上土自重标准值;

F_k——作用于桩基承台顶面的竖向力。

对于桩距 $S_a > 6d$,且硬持力层厚度 $t < (S_a - D_e)\cot\theta/2$ 的群桩基础,如图 9-7(b)所示,以及单桩基础,验算软弱下卧层的承载力时,其 σ_z 按式(9-13)确定

$$\sigma_z = \frac{4(\gamma_0 N - u\sum q_{sik} l_i)}{\pi (D_e + 2t\tan\theta)^2} \tag{9-13}$$

式中 N——桩顶轴向压力设计值;

D_e——桩端等代直径，对于圆形桩，$D_e = D$，对于方形桩，$D_e = 1.13b$（b 为桩的边长）；

θ——压力扩散角，按《建筑桩基技术规范》(JGJ 94—2008)表5.4.1确定。

（三）群桩沉降的计算及变形验算

现有群桩沉降计算方法有很多种，其中主要介绍实体深基础法。

桩基变形验算，应采用荷载效应准永久组合，不计入风荷载与地震作用。

对于各种桩基础，其变形特征主要有四种类型，即沉降量、沉降差、倾斜及水平侧移。这些变形特征均应满足结构物正常使用所确定的限量值要求，即

$$\Delta \leqslant [\Delta] \tag{9-14}$$

式中 Δ——桩基变形特征计算值；

$[\Delta]$——桩基变形特征允许值。

【小贴士】 桩基变形特征允许值对不同的结构物类型以及不同地区可有差异，应按地区或行业经验确定。

单元四 桩基础设计

桩基的合理设计应做到安全和经济。对桩和承台来说，应有足够的刚度、强度和耐久性；对于桩端持力层来说，不应有过大的变形，同时要有足够的承载力。

桩基设计步骤如下。

一、调查研究，收集资料

（1）拟建厂区周围建筑基础设计及施工资料。

（2）建筑物上部结构的类型、平面尺寸、构造和使用要求，上部结构传来的荷载及其性质。

（3）工程地质勘察资料，必须在提出工程地质勘察任务时，说明拟建工程的桩基方案。勘察工作及其报告应符合国家现行的建筑工程勘察规范的规定和桩基础工程的专门勘察要求。

（4）当地建筑材料供应情况。

（5）当地的施工条件，包括沉桩机具、施工方法及施工质量。

（6）施工现场及周围环境的情况，交通和施工机械进出场地条件，周围是否有对振动敏感的建筑物。

二、选择桩型及几何尺寸

根据各种基本资料，首先确定桩的类型、桩端持力层和桩径、桩长。对于10层以下的建筑物，可考虑采用直径500 mm左右的灌注桩、边长为400 mm的预制桩或直径300 mm的预应力管桩；10～20层的可采用直径800～1 000 mm的灌注桩，边长450 mm、500 mm的预制桩或直径400 mm的预应力管桩；20～30层的可采用直径1 000～1 200 mm的钻孔灌注桩或直径500 mm、550 mm的预应力管桩；30～40层的可采用直径大于1 200 mm的钻孔灌注桩，直径550 mm、600 mm的预应力管桩或大直径钢管桩等。楼层更多的可用直径更大的灌注桩。目前，国内采用的人工挖孔桩直径最大在5 m以上。各种类型的桩都有其适用性和局

限性,应根据工程的实际情况来选用。

确定桩长的关键在于选择桩端持力层,最好是选择坚实土层和岩层作为桩端持力层。如果在施工条件允许的深度内没有坚实土层存在,对于10层以下的房屋,也可选择中等强度的土层作为持力层。

桩端进入持力层的深度和桩端下坚实土层的厚度,应符合要求。桩端进入持力层的深度,应根据地质条件、荷载及施工工艺确定,一般为桩身直径的1~3倍。对于黏性土、粉土不宜小于$2d$(d为桩径),砂土不宜小于$1.5d$,碎石类土不宜小于$1d$。有软弱下卧层存在时,桩端以下硬持力层厚度不宜小于$3d$。嵌岩桩端进入中等风化或微风化基岩体的最小深度不宜小于$0.4d$且不小于0.5 m,以确保桩端嵌入岩体。同时,嵌岩桩桩底下3倍桩径范围内应无软弱夹层、断裂带、洞穴和空隙分布。

在确定桩长之后,施工时桩的入土深度必须满足设计要求。如果土层比较均匀,层面比较平整,那么桩的实际长度常与设计桩长比较接近;当场地土层复杂,或者桩端持力层层面起伏不平时,桩的实际长度常与设计桩长不一致。为了避免浪费和便于施工,在勘察工作中,应仔细探明可作为持力层的地层层面深度。

在确定桩的类型和几何尺寸后,应初步确定承台底面标高,以便计算单桩承载力。一般情况下,承台埋深主要从建筑需要、方便施工和地基条件等方面考虑,可参照浅基础埋深的确定方法。

三、桩的根数和布置

(一)桩的根数

根据桩的竖向承载力和作用在承台上的竖向荷载,桩数按式(9-15)确定

$$n \geqslant \mu \frac{F_k + G_k}{R} \tag{9-15}$$

式中 F_k——相应于荷载效应标准组合时,上部结构作用于承台顶面的竖向力;

G_k——承台自重及承台上土自重标准值;

R——基桩或复合基桩竖向承载力特征值;

μ——考虑荷载偏心的影响系数,一般可取1.1~1.2。

当桩数未确定时,承台大小是未知的,即G_k为未知。因此,一般可先按下式估算桩数

$$n > \mu \frac{F_k}{R} \tag{9-16}$$

然后进行桩的平面布置,确定承台平面尺寸。

(二)桩的间距与平面布置

桩的间距一般指桩与桩之间的最小中心距。对于不同的桩型有不同的要求。如挤土桩由于存在挤土效应要求较大的桩距,挤土桩穿过饱和软土时,因孔隙水压力骤增会加剧挤土效应,因而相对于穿越非饱和土的桩而言,要求更大的桩距。对于穿越饱和软土的打(压)入桩,预制桩因挤土造成的损害较轻,故要求的桩距又比灌注桩略小。桩的最小中心距应符合表9-7的规定。

表 9-6　桩的最小中心距

土类和成桩工艺		正常情况	桩数不小于九根 排数不小于三排 摩阻支撑为主的桩基
非挤土桩和部分挤土灌注桩		2.5d	3.0d
挤土灌注桩	穿越非饱和土	3.0d	3.5d
	穿越饱和土	3.5d	4.0d
挤土预制桩		3.0d	3.5d
打入式敞口管桩和 H 型钢桩		3.0d	3.5d

【知识链接】　除桩的最小中心距应符合表 9-6 的规定外，对于扩底桩还应符合表 9-7 的规定。

表 9-7　灌注桩扩大端最小中心距

成桩方法	最小中心距(m)
钻、挖孔灌注桩	1.5d 或 1.5d + 1(当 d > 2 m 时)
沉管扩底灌注桩	2.0d

布桩时应注意以下几点：

(1)既要布置紧凑，使得承台面积尽可能减小，又要充分发挥各桩的作用。要做到这一点，除取适合的桩距外，如图 9-8 所示，还要使永久荷载的合力点与桩群截面的形心尽可能接近。

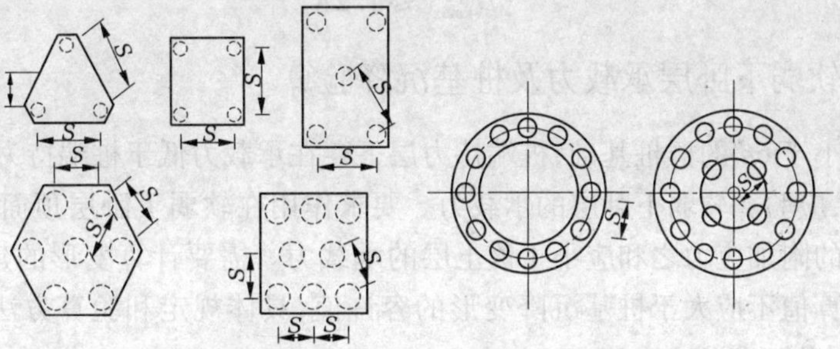

(a)多边形承台　(b)圆环形承台

图 9-8　独立承台桩基

(2)尽量对结构受力有利。如对墙体落地的结构沿墙下布桩，对带梁桩筏基础沿梁位布桩，尽量避免采用板下布桩，一般不在无墙的门洞部位布桩。

(3)尽量使桩基在承受水平力和力矩较大的方向有较大的断面抵抗矩，如承台长边与力矩较大的平面取向一致，以及在横墙外延线上布置探头桩等。

(三)桩基承载力验算

1. 桩顶竖向力计算

群桩中基桩或复合基桩的桩顶作用效应应按下列公式计算：

轴心竖向力作用下

$$N_k = \frac{F_k + G_k}{n} \tag{9-17}$$

偏心竖向力作用下

$$N_{ik} = \frac{F_k + G_k}{n} \pm \frac{M_{xk} y_i}{\sum y_j^2} \pm \frac{M_{yk} x_i}{\sum x_j^2} \tag{9-18}$$

$$N_{kmax} = \frac{F_k + G_k}{n} + \frac{M_{xk} y_{max}}{\sum y_j^2} + \frac{M_{yk} x_{max}}{\sum x_j^2} \tag{9-19}$$

式中 F_k——荷载效应标准组合下,作用于承台顶面的竖向力;

G_k——桩基承台和承台上土自重标准值,对稳定的地下水位以下部分应扣除水的浮力;

N_k——荷载效应标准组合轴心竖向力作用下,基桩或复合基桩的平均竖向力;

N_{ik}——荷载效应标准组合偏心竖向力作用下,第 i 基桩或复合基桩的竖向力;

N_{kmax}——相应于荷载效应标准组合偏心竖向力作用下,单桩的最大竖向力;

M_{xk}、M_{yk}——相应于荷载效应标准组合下,作用于承台底面的外力对通过桩群形心的 x、y 轴的力矩;

x_i、x_j、y_i、y_j——第 i、j 基桩或复合基桩至 y、x 轴的距离;

n——桩基中的桩数。

2. 桩基竖向承载力验算

轴心竖向力作用下

$$N_k \leqslant R \tag{9-20}$$

偏心竖向力作用下,除满足式(9-20)外,尚应满足式(9-21)的要求

$$N_{kmax} \leqslant 1.2R \tag{9-21}$$

四、地基软弱下卧层承载力及桩基沉降验算

对于桩距小于 $6d$ 的群桩基础,桩端持力层下存在承载力低于桩端持力层承载力 1/3 的软弱下卧层时,应验算软弱下卧层的承载力。要求作用在软弱下卧层顶面处土的自重应力及桩基传下来的附加应力之和应小于该土层的承载力。需要计算变形的建筑物,建筑桩基的沉降变形计算值不应大于桩基沉降变形的容许值,具体规定和验算方法详见《建筑桩基技术规范》(JGJ 94—2008)。

五、单桩的设计

验算各桩受力后,即可按桩的实际受力进行单桩设计。

(一)桩身承载力验算

桩身强度应满足桩的承载力要求。钢筋混凝土轴心受压桩正截面受压承载力按下式验算承载力:

(1)当桩顶以下 $5d$ 范围的桩身螺旋式箍筋间距不大于 100 mm,且配筋符合后述的桩身配筋构造规定时

$$N \leqslant \psi_c f_c A_{pa} + 0.9 f'_y A'_s \tag{9-22}$$

当作用在桩基上的外力主要为水平力时，应对桩基的水平承载力进行验算；当桩基承受拔力时，应对桩基进行抗拔验算及桩身抗裂验算。

(2)桩身配筋不符合后述的桩身配筋构造要求时

$$N \leqslant \psi_c f_c A_{pa} \tag{9-23}$$

式中 N——荷载效应基本组合下的桩顶轴向压力设计值；

ψ_c——基桩成桩工艺系数，混凝土预制桩、预应力混凝土空心桩取0.85，挤土灌注桩取0.7～0.8，干作业非挤土灌注桩取0.90；

f_c——混凝土轴心抗压强度设计值；

f'_y——纵向主筋抗压强度设计值；

A'_s——纵向主筋截面面积；

A_{pa}——桩端横截面面积。

(二)构造要求

1.灌注桩的构造要求

配筋率：当桩身直径为300～2 000 mm时，正截面配筋率可取0.65%～0.2%(小直径桩取高值)；对受荷载特别大的桩、抗拔桩和嵌岩端承桩应根据计算确定配筋率，并不应小于上述规定值。

配筋长度：摩擦型灌注桩配筋长度不应小于2/3桩长；当受水平荷载时，配筋长度尚不宜小于4.0/α(α为桩的水平变形系数)。

主筋的配置：对于受水平荷载的桩，主筋不应小于8 Φ12；对于抗压桩和抗拔桩，主筋不应小于6 Φ10；纵向主筋应沿桩身周边均匀布置，其净距不应小于60 mm。

箍筋：应采用螺旋式，直径不应小于6 mm，间距宜为200～300 mm；当钢筋笼长度超过4 m时，应每隔2 m设一道直径不小于12 mm的焊接加劲箍筋。

混凝土强度等级：桩身混凝土强度等级不得低于C25，混凝土预制桩的桩尖强度等级不得低于C30。

保护层厚度：灌注桩主筋的混凝土保护层厚度不应小于35 mm，水下灌注桩的主筋混凝土保护层厚度不得小于50 mm。

2.混凝土预制桩构造要求

混凝土预制桩的截面边长不应小于200 mm；普通实心方形截面的桩，截面边长一般为300～500 mm。预制桩的混凝土强度等级不宜低于C30；预应力混凝土预制实心桩的截面边长不宜小于350 mm。预应力混凝土实心桩的混凝土强度等级不应低于C40；预制桩纵向钢筋的混凝土保护层厚度不宜小于30 mm。

预制桩的桩身配筋：应按吊运、打桩及桩在使用中的受力等条件计算确定。采用锤击法沉桩时，预制桩的最小配筋率不宜小于0.8%。静压法沉桩时，最小配筋率不宜小于0.6%，主筋直径不宜小于14 mm，打入桩桩顶以下(4～5)d长度范围内箍筋应加密，并设置钢筋网片。

预制桩的分节长度：应根据施工条件及运输条件确定，一般情况下，现场预制的桩，长度在25～30 m以内。工厂预制的桩，长度应不超过12 m，每根桩的接头数量不宜超过3个。

预制桩的桩尖可将主筋合拢焊在桩尖辅助钢筋上，对于持力层为密实砂和碎石类土时，宜在桩尖处包以钢板桩靴，加强桩尖。

采用打入式沉桩，桩顶直接受到锤击，故在桩顶(2～3)d(d为桩的直径或边长)长度范围内箍筋应加密，并埋设Φ6@40～70 mm的方格网片三层，层距50 mm。桩身上需埋设吊环。桩的混凝土强度必须达到设计强度的100%才能搬运。

六、承台设计

承台是桩设计的重要组成部分。承台种类有多种形式，如柱下独立桩基承台、箱形承台、筏形承台、柱下梁式承台、墙下条形承台等。

所有承台均应进行抗冲切、抗剪及抗弯计算，并应符合构造要求。当承台的混凝土强度等级低于桩的混凝土强度等级时，尚应验算柱下或柱上承台的局部受压承载力。

(一)构造要求

桩基承台的宽度不应小于500 mm，承台边缘至边桩中心的距离不宜小于桩的直径或边长，且桩的外边缘至承台边缘的距离不小于500 mm。对条形承台梁，桩的外边缘至承台边缘的距离不小于75 mm；承台厚度不应小于300 mm，承台混凝土的强度等级不宜低于C20；承台底面的混凝土垫层厚度不宜小于70 mm，强度等级宜为C10。当设素混凝土垫层时，保护层厚度不应小于40 mm，承台的受力钢筋应通长配置。矩形承台板宜双向均匀通长配筋，直径不宜小于10 mm，间距不宜大于200 mm。对于三桩承台，应按三向板带均匀配置，最里面的三根钢筋相交围成的三角形应位于柱截面范围以内。承台梁的主筋除满足计算要求外，还应符合现行《混凝土结构设计规范》(GB 50010—2010)关于最小配筋率的规定，主筋直径不宜小于12 mm，架立筋不宜小于10 mm，箍筋不小于6 mm。

对于大直径灌注桩，当采用一柱一桩时，可设置承台或将桩和柱直接连接。桩和柱的连接可按《建筑地基基础设计规范》(GB 50007—2011)中高杯口基础的要求选择截面尺寸和配筋，且柱纵筋插入桩身的长度应满足锚固要求。

桩顶嵌入承台的长度不宜小于50 mm。桩顶主筋应伸入承台内，其锚固长度对HPB235钢筋不宜小于30倍主筋直径。对HPB235、HRB335钢筋不宜小于35倍主筋直径。预应力混凝土桩可采用钢筋与桩头钢板焊接的连接方法。

由于结构受力要求，当有抗震要求时，柱下独立桩基承台纵横方向宜设置连系梁；在一般情况下，柱下单桩在互相垂直的两个方向、两桩承台在短向上宜设置连系梁。而当桩顶截面面积之比较大(如大于2)且柱底剪力和弯矩较小时，亦可不设连系梁。连系梁顶与承台顶齐平，宽度不宜小于250 mm，高度取承台中心距的1/15～1/10，配筋按计算确定。但顶、底纵筋均不小于2Φ12，并按手拉要求锚入承台。此外，在承台及地下室周围的回填中，应保证填土的密实性。

(二)抗冲切计算

柱对承台的冲切，如图9-9所示，可按下式计算：

$$F_l \leqslant 2[\beta_{ox}(b_c + a_{oy}) + \beta_{oy}(h_c + a_{ox})]\beta_{hp} f_t h_0 \tag{9-24}$$

$$F_l = F - \sum N_i \tag{9-25}$$

$$\beta_{ox} = \frac{0.84}{\lambda_{ox} + 0.2} \quad \beta_{oy} = \frac{0.84}{\lambda_{oy} + 0.2} \tag{9-26}$$

式中 F_l——扣除承台及其上填土自重，作用在冲切破坏锥体上相应于荷载效应基本组合的冲切力设计值，冲切破坏锥体应采用自柱边或承台变阶处至相应桩顶边缘连线构成的锥体，锥体与承台底面的夹角不小于45°；

h_0——冲切破坏锥体的有效高度；

β_{hp}——受冲切承载力截面高度影响系数；

β_{ox}、β_{oy}——冲切系数；

λ_{ox}、λ_{oy}——冲跨比，$\lambda_{ox}=a_{ox}/h_0$，$\lambda_{oy}=a_{oy}/h_0$，a_{ox}、a_{oy}为柱边或变阶处至桩边的水平距离，当$a_{ox}(a_{oy})<0.2h_0$时，取$a_{ox}(a_{oy})=0.2h_0$，当$a_{ox}(a_{oy})>0.2h_0$时，取$a_{ox}(a_{oy})=h_0$；

F——柱根部轴力设计值；

$\sum N_i$——冲切破坏锥体范围内各桩的净反力设计值之和。

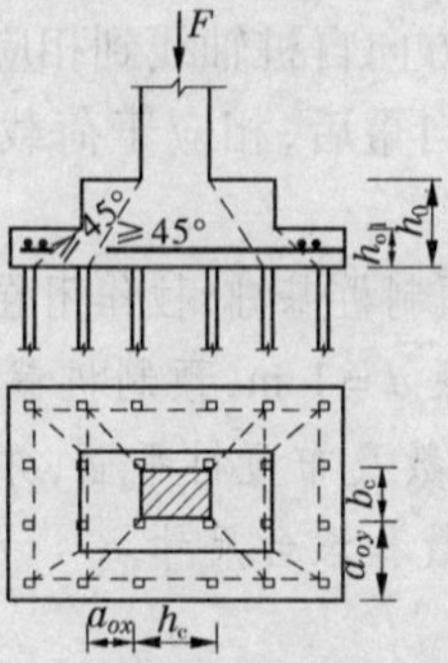

图9-9　柱对承台冲切计算示意

（三）抗剪计算

柱下桩基独立承台应分别对柱边和桩边、变阶处和桩边连线形成的斜截面进行受剪计算，如图9-10所示。当柱边外有多排桩形成多个剪切斜截面时，尚应对每个斜截面进行验算。斜截面受剪承载力可按下列公式计算：

$$V \leqslant \beta_{hs}\beta f_t b_0 h_0 \tag{9-27}$$

$$\beta=\frac{1.75}{\lambda+0.1} \tag{9-28}$$

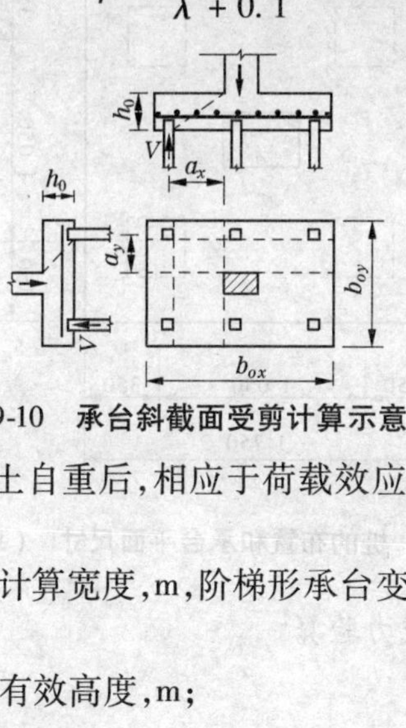

图9-10　承台斜截面受剪计算示意图

式中　V——扣除承台及其上填土自重后，相应于荷载效应基本组合时斜截面的最大剪力设计值，kN；

b_0——承台计算截面处的计算宽度，m，阶梯形承台变阶处与锥形承台的计算宽度另详见有关文献；

h_0——计算宽度处的承台有效高度，m；

β——剪切系数；

β_{hs}——截面高度影响系数；

λ——计算截面的剪跨比，$\lambda_x = \dfrac{a_x}{h_0}$，$\lambda_y = \dfrac{a_y}{h_0}$，$a_x$、$a_y$ 为柱边或承台变阶处至 x、y 方向所计算的一排桩的桩边的水平距离，当 $\lambda < 0.3$ 时，取 $\lambda = 0.3$，当 $\lambda > 3$ 时，取 $\lambda = 3$。

（四）抗弯计算

多桩承台的弯矩计算截面取在柱边，弯矩 M_x、M_y 按下式计算

$$\left.\begin{aligned} M_x &= \sum N_i y_i \\ M_y &= \sum N_i x_i \end{aligned}\right\} \tag{9-29}$$

式中 M_x、M_y——垂直于 y 轴和 x 轴方向的计算截面处的弯矩设计值，kN · m；

y_i、x_i——垂直于 x 轴和 y 轴方向自桩轴线到相应计算截面的距离，m；

N_i——扣除承台及其上填土自重后，相应于荷载效应基本组合时的第 i 根桩竖向净反力值，kN。

【案例 9-3】 某框架柱下采用预制桩基础，柱作用在承台顶面的荷载标准组合值为 F_k = 2 600 kN，M_k = 350 kN · m，承台埋深 d = 1 m，预制桩截面尺寸为 350 mm × 350 mm，基桩承载力特征值 R_a = 700 kN。试确定桩数及布置桩平面，并验算桩顶竖向承载力。

【案例解析】 (1)初选桩的根数和承台尺寸。

桩的根数

$$n > \frac{F_k}{R_a} = \frac{2\ 600}{700} = 3.7$$

取桩数 n = 4 根，桩距 $S = 3d = 3 \times 0.35 = 1.05$(m)，承台边缘至边桩中心的距离取为 1 倍桩的边长，则承台边长为

$$S + 2d = 1.05 + 2 \times 0.35 = 1.75\text{(m)}$$

桩的布置和承台平面尺寸如图 9-11 所示。

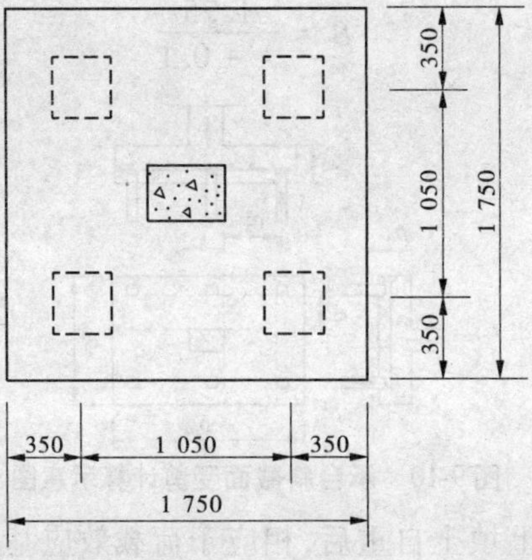

图 9-11 桩的布置和承台平面尺寸 （单位：mm）

(2)桩顶竖向力计算及承载力验算

$$N_k = \frac{F_k + G_k}{n} = \frac{2\,600 + 20 \times 1.75 \times 1.75 \times 1}{4} = 665.3(\text{kN}) < 700 \text{ kN}$$

$$N_{kmax} = N_k + \frac{M_k x_{max}}{\sum x_i^2} = 665.3 + \frac{350 \times 0.525}{4 \times 0.525^2} = 832.0(\text{kN}) < 1.2R_a = 840 \text{ kN}$$

经验算,单桩竖向承载力满足要求。

单元五　其他深基础简介

在高大重型的土木建筑工程中,为了满足结构物的要求,适应地基的特点,已经形成了各种类型的深基础,深基础除桩基础外,还有沉井、地下连续墙和沉箱等形式。沉箱基础对人的身体有一定危害,目前已经很少采用。

深基础与浅基础的区别主要在于施工方法的不同。浅基础只需一般的施工机械用敞坑开挖即可砌筑;而深基础的施工则需要特殊的施工机械和专门的施工方法,比浅基础要复杂得多,要求也高。

一、沉井基础

沉井基础指沉井用混凝土(或钢筋混凝土)等材料制成的井筒结构物。施工时先就地制作第一节井筒,然后在井筒内挖土使沉井在自身重力作用下克服井壁阻力后下沉至设计标高,然后经过混凝土封底,并填塞井孔,使其成为桥梁墩台或其他结构物的基础。

沉井基础的特点是挖土量小,埋深大,整体性强,稳定性好,能承受较大的垂直荷载和水平荷载,占地少,施工方便。沉井基础适用于在黏性土及较粗的砂土中施工。

沉井的外观形状在平面上可设计成单孔、单排或多排孔井,形状有圆形、方形、矩形、椭圆形等,在竖直平面有柱形、阶梯形等。

沉井由刃脚、井筒、内隔墙、凹槽、封底、底板及顶盖等部分组成。

(1)刃脚。在井筒下端,形如刀刃。下沉时刃脚切入土中,刃脚必须要有足够的强度,以免产生挠曲或破坏。刃脚底面也称踏面,宽度一般为100~200 mm。当需要穿过坚硬土层或岩层时,踏面宜用钢板或角钢保护,刃脚内层的倾斜角为40°~60°。

(2)井筒。是沉井的主要部分,它必须要具有足够的强度用以挡土,又需要有足够的重力克服外壁与土体之间的摩阻力和刃脚土的阻力,使其在自重作用下节节下沉。为便于施工,沉井井孔净边长最小尺寸为0.9 m。

(3)内隔墙。作用是加强沉井的刚度,方便施工,控制下沉和纠偏。其底面标高应比刃脚踏面高0.5 m,以利于沉井下沉。内隔墙间距一般不超过5~6 m,厚度一般为0.5~1.2 m。

(4)凹槽。位于刃脚内侧上方,其作用是使封底混凝土与井壁较好地结合,使封底混凝土底面的反力更好地传给井壁,深度为0.15~0.25 m,高约为1.0 m。

(5)封底。沉井下沉到设计标高后进行清基,后用混凝土封底。

(6)顶盖。沉井做地下构筑物时,顶部需要浇筑钢筋混凝土顶盖。

沉井施工时,需先将场地平整压实,在基坑上铺设一定厚度的砂层,在刃脚位置铺设垫木,然后在垫木上制作刃脚和第一节沉井。当沉井混凝土强度达70%时,方可拆除垫木,挖土下沉。当第一节井筒下沉至地面以上只剩 0.5 m 左右时,应停止下沉,接长井筒,当沉井下沉到设计高程后,挖平筒底土层进行封底。

二、地下连续墙

地下连续墙是利用专门的挖槽设备,沿着深基或地下建筑物周围,开挖出具有一定宽度和深度的深槽,再使用膨润土泥浆护壁,当一定长度的深槽开挖结束,就形成一个单元槽段,在槽内吊放钢筋笼,并浇筑混凝土,筑成一个单元的墙段;然后又继续开挖、浇筑混凝土,从而形成一道连续的现浇地下连续墙。它既可以承担侧壁的土压力和水压力,在开挖时起防渗、挡土和邻近建筑物的支护作用,同时可将上部结构的荷载传到地基持力层,作为地下建筑和基础的一个组成部分。

地下连续墙的优点是:可以大量节约土方量,缩短工期,施工时不影响邻近建筑物的安全。目前已发展有后张预应力、预制装配和现浇预制等多种形式。

施工时,一般要首先修导墙,地下连续墙厚度一般为 450 ~ 600 mm,它通过各种地层进入基岩,深度可达 50 m 以上而不必采取降低地下水的措施;其次进行泥浆护壁,泥浆对槽壁会产生一定的静水压力,它相当于一种液体支撑,防止槽壁滑坍;再次按单元槽段逐个进行挖槽,单元槽段之间是施工接缝,成槽工作结束后,应尽快进行墙段钢筋混凝土的浇筑;最后进行单元槽段的接头。

地下连续墙必须满足施工阶段和使用期间的强度和结构要求。

项目小结

桩基础的设计首先根据结构类型及层数、荷载情况、地层条件和施工能力等情况,选择桩的类别、桩的截面尺寸和长度、桩端持力层;然后根据桩端持力层及建筑物层数和荷载大小确定桩长;确定桩的类型和几何尺寸之后,应初步确定承台底面标高,以便计算单桩承载力,从而初步确定桩的根数和间距,再进行桩在平面上的布置,进而进行桩身结构设计;再根据桩基承台类型,对所采用的承台进行抗弯计算、受冲切计算和受剪切计算;最后根据计算内容绘制施工图。

单桩竖向承载力是桩基设计的核心问题,对于一级建筑桩基应采用现场静载荷试验,并结合静力触探、标准贯入等原位测试方法综合确定;二级建筑桩基应根据静力触探、标准贯入,经验参数估算,并参照地质条件相同的试桩资料综合确定;三级建筑桩基,如无原位测试资料,可利用承载力经验参数估算。

桩基承台起着承上启下的重要作用,它将上部结构荷载安全传递并分配到各根桩上。承台平面尺寸是根据布桩情况与构造要求进行确定的。承台高度是由抗冲切、抗剪切验算确定的。

桩基础的设计复杂,需要考虑的因素很多,但包括桩身设计和承台设计两大部分:

(1)桩身设计时,桩身混凝土强度必须满足设计要求,而桩身的配筋一般按构造要求处理。

(2)承台设计,包括局部受压、抗冲切、抗剪及抗弯计算,同时应符合构造要求。设计时还应注意在单桩承载力计算时,用荷载效应标准组合值。

技能训练

一、基本理论思考

1. 深基础和浅基础的区别有哪些？

2. 什么是桩基础？桩有哪些类型？

3. 如何确定单桩承载力设计值？

4. 何谓群桩效应？

5. 布桩时需考虑哪些因素？

二、实战模拟训练

1. 一超过 100 m 高层建筑，经工程地质勘察，场地土层情况如下：第一层为中密状态人工填土，厚度 1.0 m；第二层为软塑粉质黏土，厚度 2.0 m，$I_L=0.85$；第三层为流塑粉质黏土，厚度 2.5 m，$I_L=1.1$；第四层为软塑粉质黏土，厚度 2.5 m，$I_L=0.8$；第五层为硬塑粉质黏土，厚度 2.0 m，$I_L=0.25$；第六层为中密状态粗砂，厚度 3.8 m；第七层为强风化岩石，厚度 1.7 m；第八层为微风化泥质页岩，厚度大于 25 m。因 8 m 处地基软弱，设计采用桩基础。桩外径 550 mm、内径 390 mm，钢筋混凝土预制桩，桩长 16 m，以第八层泥质页岩为桩端持力层，共计 314 根桩。计算单桩竖向承载力。

2. 已知一框架柱传至承台顶面的内力设计值，$F=1\ 180$ kN，$M=35$ kN·m，$V=10$ kN，第一层为耕土，0.4 m，第二层为粉质黏土，1.2 m，$f_{ak}=120$ kPa，$q_{sik}=24$ kPa；第三层为淤泥，6.0 m，$f_{ak}=60$ kPa，$q_{sik}=10$ kPa；第四层为淤泥质黏土，8.0 m，$f_{ak}=65$ kPa，$q_{sik}=14$ kPa；第五层为淤泥质粉质黏土，厚度大于 10 m，$f_{ak}=85$ kPa，$q_{sik}=18$ kPa，$q_{pk}=400$ kPa。设计混凝土灌注桩基础。

项目十　软弱地基处理

学习目标

1. 了解常用的地基处理方法。
2. 掌握不同软弱地基处理方法的加固机制及适用范围。
3. 针对不同的地基土选出最优方案，并能按照现行地基处理规范进行处理。

【项目导入】

岩土工程建设中，在较弱土地基上施工时，天然地基不能满足建筑物或构筑物的承载力和变形要求时，需要经过人工加固来提高其承载力、改善压缩性能，以满足建筑物或构筑物对地基的要求，保证其安全和正常使用。

本项目根据地基处理的作用机制分别对机械碾压法、强夯实、换填垫层法、预压法、深层挤密法和化学加固法进行简述。掌握常见的地基处理方法及适用范围等知识。

单元一　概　述

一、地基处理的目的和意义

(一)提高土的抗剪强度，加强地基的稳定性

当地基的抗剪强度不能满足上部荷载要求时，地基就会产生整体剪切破坏和局部剪切破坏，影响建筑物的安全使用，甚至造成重大工程地质问题。因此，需采取一定措施来提高地基土的抗剪强度。

(二)降低土的压缩性，减少建筑物的沉降和不均匀沉降

在上部荷载作用下，高压缩性土地基将会产生过大的沉降和不均匀沉降，发生上部结构倾斜、墙体开裂、基础断裂等工程事故，严重影响建筑物的安全使用。为此，通过地基处理减少地基土的压缩性是必要的。

(三)改善土的渗透特征，加快固结

地基的透水性主要表现在坝、堤等基础产生的渗漏；市政开挖工程中，在细砂、粉砂或粉土中易产生流砂及管涌等工程地质问题，影响施工安全，延迟施工进度。因此，需要进行地基处理改善土的透水性。

(四)改善土的动力特征，提高地基土的抗液化能力

在地震时，饱和状态的松散细砂、粉砂和粉土将会产生液化，使地基丧失承载力。因此，要进行地基处理防止地基土液化，改善其振动特性以提高地基的抗震性能。

在工程施工中，地基问题处理得是否恰当，直接关系到工程质量，因此当遇到上述问题时，必须进行地基处理，以保证工程的质量和工期。地基处理的意义已被越来越多的人所认识。

二、地基处理的对象

上部结构引起的附加应力随着深度的增加而减小，所以一定深度范围内的土层即为上部构筑物的主要受力层，地基的变形与稳定主要受该深度内土层的影响。地基处理的主要对象包括软弱地基和不良地基两类。

（一）软弱地基

软弱地基是指主要受力层由高压缩性的软弱土组成，包括软黏土、饱和粉细砂、杂填土和冲填土等。

【小贴士】 软弱地基土的工程特性表现为压缩性高、透水性强或含水率大、强度低等性质，很难满足地基承载力和变形的要求。

1. 软黏土

软黏土是第四纪后期形成的黏性土沉积物或河流冲积物，具有天然含水率高、孔隙比大、压缩性高、抗剪强度低和渗透系数小的特点。在上部荷载作用下，软黏土地基的承载力低、变形大，在较厚的软黏土地基上，地基的沉降往往持续数十年。

2. 饱和粉细砂

饱和粉细砂在静荷载作用下具有较高的强度，但在振动荷载作用下可能产生砂土液化或震陷变形，地基因此而丧失承载力。在考虑动荷载时，需要对其进行处理。

3. 杂填土

杂填土是指由人类活动所形成的不规则堆积物。多数情况下，杂填土分布不均匀且比较疏松。在同一场地的不同位置，其地基的压缩性和承载力也会有较大的差异。在地基处理时，厚度不大的杂填土层挖除后，即可修建基础；厚度很大的杂填土层则需人工处理后才能满足地基承载力和变形要求。

4. 冲填土

冲填土是由水动力冲填形成的，其性质与淤填时水动力条件及冲填泥沙的来源密切相关。含黏土颗粒多的冲填土往往是欠固结土，其强度和压缩性指标都比同类天然沉积土差。冲填土地基一般要经过人工处理才能作为建筑物地基。

（二）不良地基

不良地基是指对工程不利、性质特殊的土层组成的地基，主要包括湿陷性黄土地基、膨胀土地基、多年冻土地基、岩溶与土洞地基和山区地基等。

【小贴士】 不良地基是指地基土具有特殊的工程特性，如湿陷性、膨胀性、吸水性、冻胀性和溶水性等性质，很难满足地基承载力和变形的要求。

1. 湿陷性黄土地基

湿陷性黄土主要分布在我国西北和华北地区，由于特殊的生成环境和成因，黄土中含有大空隙和易溶盐类，在上覆压力作用下，受水浸湿后结构迅速破坏发生显著的附加下沉，导致工程事故发生。在工程施工中，应当进行人工处理，做好防水措施，消除湿陷性。

2. 膨胀土地基

膨胀土中含有大量的蒙脱石矿物，是一种吸水膨胀、失水收缩，且具有较大往复胀缩变形的高塑性黏土。建筑物地基有膨胀土层时，如果采取处理措施不当，会发生房屋开裂等工程事故。

3. 多年冻土地基

在高寒地区，含有固态水，且连续 3 年或 3 年以上保持冻结状态的土层称为多年冻土。多年冻土的强度和变形有许多特殊性。例如，冻土中因有冰和未冻水存在，在长期荷载作用下有强烈的流变性。

4. 岩溶和土洞地基

岩溶即喀斯特，是石灰岩、大理岩、石膏、岩盐等可溶性岩石长期被水溶蚀，形成的溶洞、溶沟和裂隙，以及由于溶洞的顶板塌落使地表产生陷穴、洼地等现象和作用的总称。土洞是岩溶地区上覆土层被地下水冲蚀或潜蚀所形成的洞穴。在此地区施工可能出现地基塌陷、地面变形、渗漏和涌水等事故。

5. 山区地基

山区的地形地质条件复杂，冲积、洪积地貌在此广泛分布。主要表现为地基的不均匀性和场地的稳定性。

三、地基处理方案的确定

(一)准备工作

(1)收集岩土工程勘察详勘资料和基础设计方案。

(2)论证地基处理的必要性。了解采用天然地基存在的主要问题，是否可用修改上部结构设计或其他简单方法进行解决。明确地基处理的目的、范围和处理后要求达到的各项技术经济指标。

(3)对于有特殊要求的工程，应了解当地地基处理经验和施工条件，同时应收集其他地区相似场地上同类工程的地基处理经验和使用情况。

(二)选择地基处理方案

选择地基处理方案时，应结合上部结构、基础和地基的共同作用，并进行技术、经济比较，选用处理地基或加强上部结构和处理地基相结合的方案。地基处理方法的选择一般按下列步骤进行：

(1)根据结构类型、荷载大小及使用要求，结合地形地貌、地层性质、地下水特征、环境情况和对邻近建筑物的影响等因素进行分析，选出几种较优的地基处理方案。

(2)对初步选出的几种地基处理方案，分别从加固原理、适用范围、预期处理效果、耗用材料、施工机械、工期要求和对环境的影响等方面进行技术、经济对比，选择最优的地基处理方案。

(3)对已选定的地基处理方案，应按场地复杂程度和地基基础设计等级，在有代表性的场地上进行现场试验，以检验设计参数和处理效果。不能满足需要时，应修改设计参数或调整地基处理方案。

四、发展情况

近年来，我国的建筑行业十分繁荣，大量的房屋、道路、堤坝、水利水电、港口码头等工程不断开工建设，同时复杂的工程地质情况，以及现代工程对地基要求的日益严格，给我们提出了一个又一个新的工程问题，在解决这些问题的过程中促进地基处理技术发展迅速，传统的方法得到改进，新的技术不断涌现，为解决复杂的地基问题提供了技术保证。

【知识链接】 新技术的涌现，主要表现在地基处理材料、理论计算、施工机械、施工工艺、检验与监测和新的地基处理技术研发等方面。

单元二　机械压实法

当软弱土层位于地基表层，厚度不大或上部结构荷载较小时，采用机械压实法可得到较好的处理效果。机械压实法可使疏松的土层的孔隙比减小、密实程度提高、抗剪强度增强，减少了土的透水性和压缩性，减弱了液化效应，增加了地基的承载力。

一、机械碾压法

（一）原理

机械碾压法是使用振动碾、平碾和压路机按计划、按次序在松散地基土上压实的一种方法。此方法适用于含水率小的大面积填土地基处理。分层压实的一般填土厚度为 20～30 cm，振动碾压时垫层厚度可达 60～130 cm。

（二）适用范围

机械碾压法主要适用于地下水位以上大面积填土地基处理，也可用于含水率小的素填土、杂填土地基压实。

（三）压实质量控制

地基土的压实效果取决于压实机械的压实能和压实土的性质。压实填土的质量控制见表 10-1。

表 10-1　压实填土的质量控制

结构类型	填土部位	压实系数 λ	控制含水率(%)
砌体承重结构和框架结构	在地基主要受力层范围内	≥0.97	$\omega_{op}\pm2$
	在地基主要受力层范围以下	≥0.95	
排架结构	在地基主要受力层范围内	≥0.96	
	在地基主要受力层范围以下	≥0.94	

压实系数 λ 由土的控制干密度 ρ_d 与最大干密度 ρ_{dmax} 的比值求得。当无击实试验资料时，填土的最大干密度 ρ_{dmax} 可按式(10-1)计算

$$\rho_{dmax} = \eta \frac{\rho_w G_s}{1 + 0.01\omega_{op} G_s} \tag{10-1}$$

式中　η ——经验系数，粉质黏土取 0.96，粉土取 0.97。

当压实填土为碎石或卵石时，最大干密度可取 2.0～2.2 t/m³。已知土的压实系数 λ 及最大干密度 ρ_{dmax}，可求得土的控制干密度 ρ_d

$$\rho_d = \lambda \rho_{dmax} \tag{10-2}$$

(四)地基承载力确定

可根据载荷试验、动力触探和静力触探等现场原位测试结果确定压实填土的地基承载力特征值。软弱下卧层顶面的承载力特征值应满足《建筑地基基础设计规范》(GB 50007—2011)的要求。

(五)填土质量要求

压实填土的质量应符合下列规定:

(1)级配良好的碎石土、砂土。

(2)以砾石、卵石或块石做填料时,分层压实的最大粒径不应大于200 mm,分层夯实的最大粒径不应大于400 mm。

(3)以粉质黏土、粉土做填料时,其含水率应为最优含水率。

(4)性能稳定的工业废料。

二、重锤夯实法

(一)原理

重锤夯实法是利用小型起重机,将15~32 kN的重锤提升至2.5~4.5 m高度后,让其在重力作用下自由下落,夯击地基6~10遍,达到降低压缩性、提高强度、满足承载要求的目的。

(二)适用范围

重锤夯实法适用于地下水埋深大于1.5 m,处于稍湿状态的素填土、杂填土、黏性土、粉土、砂土和湿陷性黄土地基;不适用于软黏土或地下水位以下的饱和黏性土,因在击实过程中这类土的结构容易受到破坏,反而增加土的压缩性,沉降量增加。

(三)夯实效果

重锤夯实法的有效深度小于1.5 m。夯实后地基土的强度增大,承载力明显提高。通常夯实杂填土地基后,承载力可达到150 kPa。

三、振动压实法

(一)原理

振动压实法是使用振动机械在地基土表面施加振动力把松散的土体振实。振动机产生的振动力为50~100 kN,振动频率为1 160~1 180 r/min,振幅为3.5 mm,对细粒土和建筑垃圾的振动压实时间分别为3~5 min和1 min。

(二)适用范围

振动压实法适用于黏粒含量较少及透水性较好的松散杂填土、砂土、建筑垃圾和工业废料地基。

(三)压实效果

压实效果主要取决于振动时间,振动时间越长,效果越好,超过一定时间后,振动效果趋于稳定,故在整体施工之前先进行试振,确定振动时间与下沉量的关系。振实标准以振动机原地振实不再下沉为合格。振动压实法的有效深度小于1.5 m,压实后的地基承载力为100~120 kPa。

单元三　强夯法

当软弱土层埋藏较深,采用机械压实法处理难以满足时,可以采用强夯法进行处理。强夯法是1969年法国技术公司首创的一种地基处理方法,具有设备简单、工艺方便、应用范围广、施工速度快、费用低的优点,但也有噪声大、对周围建筑物影响严重的缺点。

一、原理

(一)机械设备

1. 夯锤

我国常用锤重为80~250 kN,世界最大锤重为2 000 kN,锤重大小根据加固要求由计算与现场试验确定;夯锤因频繁重复使用,材料需坚固、耐久、不变形,理想材料为铸钢;夯锤底面形状宜采用圆形,并设置与顶面贯通的排气孔,以消除高空下落时的气垫,且便于从夯坑中起锤,孔径可取250~300 mm。

2. 起重机

西欧国家起重机大多采用履带式吊车,日本还采用轮胎式吊车。履带式起重机稳定性好,可在臂杆端部设置辅助门架,防止夯锤在高空自动脱钩时发生机架倾覆。吊车能力大于锤重。

3. 自动脱钩装置

当起重机将夯锤吊至设计高度时,要求夯锤自动脱钩,使夯锤自由下落,夯击地基。自动脱钩装置有两种:一种利用吊车副卷扬机的钢丝绳,吊起特制的锁卡焊合件,使锤脱钩下落;另一种采用定高度自动脱锤索,效果良好。

(二)强夯法加固机制

强夯法是将重锤提升到一定的高度自由落下,反复多次夯击对地基土进行夯实。强夯法对于加固地基有三种不同的加固机制。

1. 动力密实机制

动力密实机制为加固多孔隙、粗颗粒、非饱和土时,强大的冲击能强制压密地基,使土中气体体积减小。

2. 动力加固机制

动力加固机制为加固细粒饱和土时,强大的冲击能量在土中产生很大的冲击波,破坏土体的原有结构,使土体局部液化,并产生裂隙,形成排水通道,使孔隙水顺利流出,加速土体加固。

【小贴士】 动力固结过程主要表现为饱和土的压缩性、局部产生液化、渗透性变化和触变恢复。

3. 动力置换机制

动力置换机制为在强夯的同时,夯坑中加入碎石,强行挤走软土。动力置换可分为整式置换和桩式置换。整式置换是采用强夯将碎石整体挤入淤泥中。桩式置换是通过强夯将碎石等填筑到土体中,部分碎石间隔夯入软土中,形成桩式碎石墩。

【小贴士】 强夯置换法加固机制由强夯加密、碎石墩和特大直径排水井组成,墩间和墩下的粉土或黏性土通过排水与加密，其密度和状态可以改善，从而提高地基承载力，减少沉降。

(三)强夯法的施工工艺

为了保证强夯加固地基的预期效果，需要严格的、科学的施工技术与管理制度。

(1)夯前地基的详细勘察。查明建筑场地的土层分布、厚度与工程性质指标。

(2)现场试夯与测试。在建筑场地内，选具有代表性的小块面积进行试夯或试验性强夯施工。间隔一段时间后，测试加固效果，为强夯正式施工提供参数的依据。

(3)清理并平整场地。平整的范围应大于建筑物外围轮廓线，每边外伸设计处理深度的1/2 ~2/3，并不小于3 m。

(4)标明第一遍夯点位置。对每一夯击点，用石灰标出夯锤底面外围轮廓线，并测量场地高程。

(5)起重机就位，夯锤对准夯点位置，且位于石灰线内。测量夯前锤顶高程。

(6)将夯锤起吊到预定高度，自动脱钩，使夯锤自由下落夯击地基，放下吊钩，测量锤顶高。若因坑底倾斜造成夯锤歪斜，应及时整平坑底。

(7)重复步骤(6)，按设计规定的夯击次数及控制标准，完成一个夯点的夯击。

(8)重复步骤(5) ~ (7)，按设计强夯点的次序图，完成第一遍全部夯点的夯击。

(9)用推土机将夯坑填平，并测量场地高程。标出第二遍夯点位置。

(10)按规定的间隔时间，待前一遍强夯产生的土中孔隙水压力消散后，再按上述步骤，逐次完成全部夯击遍数，通常为3 ~5 遍。最后采用低能量满夯，将场地表层松土夯实，并测量场地夯击后的高程。

(11)强夯效果质量检测。全部夯击结束后，按砂土1 ~2 周、低饱和度粉土与黏性土2 ~4周的时间间隔，进行强夯效果质量检测。采用两种以上方法，检测点不少于3 处。对重要工程与复杂场地，应增加检测方法与检测点。检测的深度应不小于设计地基处理的深度。

二、加固深度

(一)公式计算

强夯法加固地基，其有效加固深度与强夯功能的大小有关。可按式(10-3)计算

$$H = \alpha\sqrt{\frac{Mh}{10}} \tag{10-3}$$

式中 H——强夯有效加固深度，m；

M——锤重，kN；

h——自由落锤的高度，m。

α——与土的性质和夯击能有关的系数，一般取0.5 ~0.9。

(二)经验统计值

有效加固深度也可按表10-2 预估。

(三)现场试验

按式(10-3)与表10-2，初步确定强夯的有效加固深度与夯击功能的关系，选用强夯的锤重与落距，以进行现场试夯为准。

表 10-2 强夯法有效加固深度

单击夯击能（kN·m）	碎石土、砂土等粗颗粒土（m）	粉土、黏性土、湿陷性黄土等细颗粒土（m）
1 000	5.0 ~ 6.0	4.0 ~ 5.0
2 000	6.0 ~ 7.0	5.0 ~ 6.0
3 000	7.0 ~ 8.0	6.0 ~ 7.0
4 000	8.0 ~ 9.0	7.0 ~ 8.0
5 000	9.0 ~ 9.5	8.0 ~ 8.5
6 000	9.5 ~ 10.0	8.5 ~ 9.0
8 000	10.0 ~ 10.5	9.0 ~ 9.5

三、使用范围

(一)适用的地基土质

强夯法大多数工程应用动力密实机制，适用于孔隙大而疏松的碎石土、砂土及建筑垃圾，也适用于低饱和度的粉土、黏性土、湿陷性黄土和素填土。对高饱和度的粉土与黏性土地基，尤其对软黏土地基，采用动力固结机制强夯法要慎重。

(二)强夯振动影响范围

强夯时 30 m 以外为相对安全区，15 m 以内为明显振动区，若必须在邻近建筑物处强夯，需采取相应防振措施。

四、强夯加固地基的效果

强夯加固地基可产生以下几种优良效果。

(一)提高地基承载力

强夯加固处理后，地基承载力通常可提高 1 ~ 5 倍。

(二)深层地基加固

强夯法可使深层地基得到加固，国内有效加固深度一般为 5 ~ 10 m。高能量强夯法加固深度可超过 10 m。

(三)消除液化

饱和松散粉细砂为可液化土，经强夯后可以消除液化。

(四)消除湿陷性

某厂区为湿陷性黄土，采用锤重 25 t、落距 25 m 进行加固后，消除黄土湿陷性深度达 12 m。

(五)减小地基沉降量

强夯加固地基，使土的密度增大，孔隙比减小，压缩系数降低，因此地基沉降量有时减小数倍，并可解除不均匀沉降的危害。

【案例 10-1】 强夯法工程。

1. 工程地质概况

某重要工程对地基承载力和变形等综合指标有特殊要求，需进行约23万m^2的液化地基强夯处理。

根据工程地质勘察报告，场地属于一级冲积阶地，地势较平坦，地面自然高程约为19.5 m。场地表层有约1 m厚的填土，以不均匀松散粉砂为主，局部含建筑物垃圾。其下②~⑥层约30 m深度范围内以第四纪冲积的粉土和砂土为主，其中第②层为粉砂风积而成，第③层为高压缩性粉质黏土，该层为仅在场区存在的夹层，第④~⑥层均为中等压缩性粉土和粉砂。场地底层7 m范围内，岩性变化比较复杂。

地下水埋深4.5 m左右，水位以下②、④、⑤和⑥层局部为可液化层，经8度地震烈度下的液化判断，土层深度8~10 m以内均为液化层，液化等级一般为中级，第2~5层不宜作为持力层，其承载力标准值小于110 kPa，且为均匀可液化层。如果简单采用桩基，打入第⑥层内，仅能作为端承桩，将会造成不必要的浪费。因此，首先采用强夯工艺消除地基液化，才是最合理的方案。

2. 施工结果检测综合分析

1）场区

本区域强夯面积约4.1万m^2，施工结束后，对强夯地区进行了全面的检测。静载荷试验$p \sim S$曲线如图10-1所示，标准贯入试验结果如图10-2所示，地基经强夯处理后效果显著，基本满足设计要求。

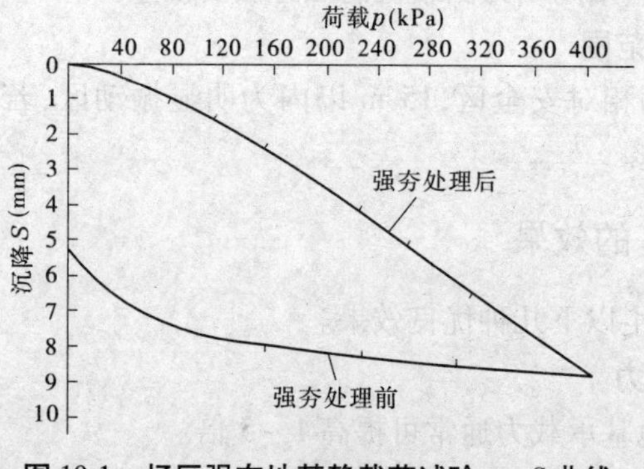

图10-1　场区强夯地基静载荷试验$p \sim S$曲线

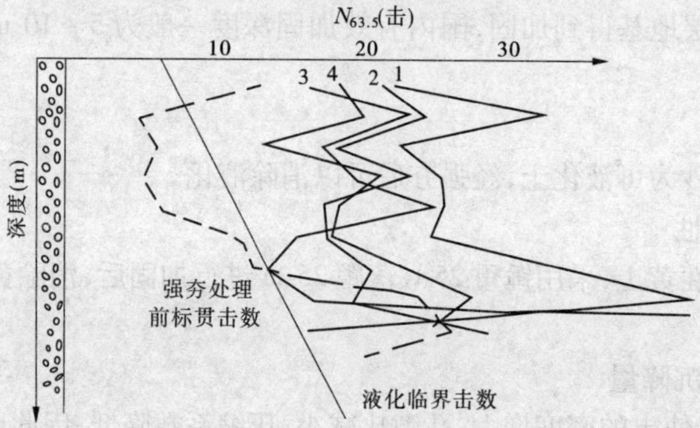

图10-2　场区强夯地基标贯击数与深度的关系

2)循环水场区

本区域强夯面积约7 000 m^2,施工结束后,本区地基加固效果明显,完全消除液化,承载力特征值f_{ak}提高,可满足设计要求。

3)罐区

本区域强夯面积约14.9万m^2。考虑到强液化区液化下限深达12 m,故夯击能量约采用3 400 kN·m。根据试验结果,本区域东侧地基经强夯处理后,上部仍软弱,不能满足设计要求。

对于东部地基较软的部分,设计采用了补夯1 000 kN·m两遍与油灌充水预压的方案。满夯后,又对地基进行了检测。

罐区场地面积大,地层条件复杂,经强夯处理后加固效果明显。

4)EO/EG装置区

本区域强夯面积约2.9万m^2,地基加固效果明显,完全消除液化,承载力标准值f_{ak}提高,可满足设计要求。

强夯法具有设备简单、施工便捷、适用范围广、节省材料、工期短等优点,本项工程实例证明,强夯法用于加固粉土和砂土地基可以取得很好的处理效果。本工程约23万m^2地基采用强夯处理,价格仅为24元/m^2,而采用其他方法处理最便宜也需200~300元/m^2,节省投资逾3 000万元,经济效益十分显著,并且可缩短施工周期。

单元四 换填垫层法

换填垫层法是针对浅层软弱地基及不均匀地基采用的一种处理方法,主要有提高地基持力层的承载力、减小基础的沉降量和加速地基的排水固结几个方面作用。此外,砂土和碎石垫层可以防止冻胀和消除膨胀土地基的胀缩作用,在季节性冻土地区,用砂垫层置换膨胀土,可以有效地避免土的胀缩。但砂垫层不宜用于处理湿陷性黄土地基,因为砂垫层的良好透水性反而容易引起黄土产生湿陷。

一、原理

换填垫层法就是将基础底面以下一定范围内的软弱土层挖去,然后充填质地坚硬、强度高、稳定性强,以及抗侵蚀性的砂、碎石、卵石、素土、灰土、粉煤灰、矿渣等材料,同时以人工或机械方法分层压、夯、振动,使地基土达到要求的密实度,成为良好的人工地基。

经过换填垫层法处理的人工地基或垫层,可以把上部荷载扩散传至下面的下卧层,以满足提高地基承载力和减少沉降量的要求。当垫层下有较软土层时,可以加速软弱土层的排水固结和强度的提高。

二、适用范围

换填垫层法适用于浅层地基处理,包括淤泥、淤泥质土、松散素填土、杂填土、已完成自重固结的冲填土等地基处理,以及暗塘、暗浜、暗沟等浅层处理和低洼区域的填筑,也适用于一些地域性特殊土的处理。

三、砂垫层设计要求

为了满足建筑物对地基承载力和沉降的要求。砂垫层应注意厚度和宽度的设计。

（一）砂垫层的厚度

砂垫层的厚度应满足在压力作用下地基不产生破坏，砂垫层底面的压力不超过软弱下卧层的承载力，即

$$p_z + p_{cz} \leqslant f_{az} \tag{10-4}$$

式中 p_z——砂垫层底面处的附加应力设计值，kPa；

p_{cz}——砂垫层底面处土的自重应力值，kPa；

f_{az}——砂垫层底面处经深度修正后的地基承载力特征值，kPa。

砂垫层底面处的附加应力设计值 p_z 可按压力扩散角 θ 进行简化计算：

条形基础
$$p_z = \frac{b(p_k - p_{cz})}{b + 2z\tan\theta} \tag{10-5}$$

矩形基础
$$p_z = \frac{bl(p_k - p_{cz})}{(b + 2z\tan\theta)(l + 2z\tan\theta)} \tag{10-6}$$

式中 b——条形基础或矩形基础底面宽度，m；

l——矩形基础底面的长度，m；

p_k——基础底面处的平均压力值，kPa；

p_{cz}——基础底面处土的自重应力值，kPa；

z——持力层的厚度，m；

θ——砂垫层的压力扩散角，可通过试验确定，当无试验资料时，可查表 10-3 确定。

表 10-3 砂垫层的压力扩散角 （°）

z/b	换填材料		
	碎石、砾砂、粗砂、石屑	粉质黏土和粉土	灰土
≥0.25	20	6	28
≥0.50	30	23	

注：1. 当 $z/b<0.25$，除灰土取 $\theta=28°$ 外，其余材料均取 $\theta=0$，也可由试验确定。

2. 当 $0.25<z/b<0.5$ 时，θ 值可内插求得。

砂垫层厚度通常取基础宽度（1 ~2 m）的 50% ~100%。当厚度小于 0.5 m 时，砂垫层不能满足工程要求；若厚度在 3 m 以上，则施工不方便（特别在地下水位较高时），所以砂垫层厚度应在 0.5 m 和 3 m 之间。

（二）砂垫层的宽度

砂垫层的宽度应满足应力扩散角的要求，同时要防止砂垫层向两侧挤动，使基础沉降增大。在实践中常采用扩散角法计算砂垫层宽度，砂垫层宽度确定后，再按挖土边坡施工要求适当加宽。

$$b' \geqslant b + 2z\tan\theta \tag{10-7}$$

式中 b'——砂垫层底面宽度，m；

θ——压力扩散角，（°），可按表 10-3 选取，当 $z/b<0.25$ 时，取 $z/b=0.25$。

【小贴士】 砂垫层宽度可以从砂垫层底面两侧向上，按基坑开挖期间保持边坡稳定的当地经验放坡确定。砂垫层顶面每边超出基础底边不宜小于 300 mm。

四、垫层承载力确定

可通过现场载荷试验确定垫层的承载力，同时应进行软弱下卧层承载力的验算。

五、垫层压实标准

对于工程量较大的换填垫层，应按施工机械、换填材料以及场地土的性质进行现场试验，确定垫层的压实标准，一般可按表10-4查取。

表10-4　各种垫层的压实标准

施工方法	换填材料类别	压实系数λ
夯实、振密或碾压	碎石、卵石	0.94~0.97
	砂夹石(其中碎石、卵石占全重的30%~50%)	
	土夹石(其中碎石、卵石占全重的30%~50%)	
	中砂、粗砂、砾砂、角砾、圆砾、石屑	
	粉质黏土	
	灰土	0.95
	粉煤灰	0.90~0.95

【案例10-2】　换填垫层法。

1.工程概况

某体育馆三层混合结构，建在冲填土的暗浜范围内，经砂垫层换土处理，建后40余年来，使用情况良好。

2.工程地质概况

建筑场地由于塘底淤泥未挖除，地下水位较高，致使冲填龄期达40余年的土仍不能充分固结，经勘察证实土质软弱且不均匀，见表10-5，并在基础平面外的灰色冲填土层上进行了两次载荷试验，荷载值为50 kPa及70 kPa，此值代表 $N_{63.5}>3$ 的较好地段，它比基础平面内的地基土承载力要大，故不宜作为天然地基持力层。

表10-5　地基土分层及主要物理力学性质指标

土层名称	土层厚度(m)	底层高程(m)	ω(%)	γ (kN/m^3)	I_P	e	c (kPa)	φ (°)	a_{1-2}	$N_{63.5}$	[R] (kPa)
褐黄色冲填土	1.0	3.38									
灰色冲填土	2.3	1.08	35.6	17.74	11.3	1.04	8.8	22.5	0.029	<2	
塘底淤泥	0.5	0.58	43.9	16.95	14.5	1.30	8.8	16	0.061	0	
淤泥质亚黏土	7	-6.42	34.2	18.23	11.3	1.00	8.8	21	0.043		98
淤泥质黏土	未穿		53	16.66	20	1.47	8.8	11.5	0.013		58.8

注：灰色冲填土及塘底淤泥在轻微振动下常产生触变液化现象，其数据一般偏好（土样运回实验室做试验）。灰色冲填土经颗分试验得知，黏粒（<0.005 mm）含量小于10%，粉粒（0.05~0.005 mm）加砂粒（0.01~0.05 mm）含量大于90%，属于粉性土。

3. 设计与施工概况

1）设计方案比较

（1）如果用深基础至淤泥质亚黏土层内，需挖土4 m，因地下水位高，且塘底淤泥渗透性差，采用井点降水效果不佳，施工困难。

（2）不挖土，打20 cm×20 cm的钢筋混凝土短桩，桩长5～8 m，单桩承载力只有50～80 kN。冲填土尚未完全固结，需做架空室内地板，增加了造价。

（3）如采用表面压实法处理，可使地下水位高的砂性冲填土发生液化。

（4）用砂垫层置换部分冲填土，辅以井点降水，并适当降低基底压力。

最后设计采用第（4）种方案，并控制基底压力为74 kPa。

2）施工情况

（1）砂垫层材料为中砂，用平板式振捣器分层捣实，控制土的干重度大于16 kN/m³。

（2）沿建筑物四周布置井点，井管滤头进入淤泥质亚黏土层内，但因塘底淤泥的渗透性差，降水效果不好，补打井点，将滤头提高至填土层底。

（3）吊装三层楼板时停止井点抽水。

4. 效果及评价

（1）建成20余年后，实测沉降量约20 cm，纵向相对弯曲值0.000 8，未超过当时执行的《建筑地基基础设计规范》规定的容许沉降量。

（2）由于十字条形基础和砂垫层处理都起到了均匀传递和扩散压力作用，还改善了暗塘（塘底淤泥未挖除）内冲填土的排水固结条件。冲填土和淤泥在承受上部结构荷载后，孔隙水压力增大，并通过砂垫层排水，同时将应力传递给土粒。当颗粒间应力大于土的抗剪强度时，土粒发生相对运动，土层逐渐固结，强度随之提高。

（3）塘底淤泥的存在，使降水点降水效果受到限制，影响冲填土的固结和天然地基承载力的提高，并给地基处理带来很多困难。

单元五　预压法

预压法又称排水固结法，是指预先在地基中设置竖向排水井，在荷载作用下，使土中的孔隙水被慢慢排出，孔隙比减小，地基发生固结变形，地基土的强度增长的处理方法。它适用于处理淤泥、淤泥质土和冲填土等饱和黏性土地基。按照使用目的的不同，预压法主要用于解决沉降问题和稳定问题。

一、原理

预压法包括堆载预压法和真空预压法。堆载预压法是建筑物施工前在场地上进行加载，对地基进行预压（见图10-3）。一般情况下预压荷载与建筑物荷载相等，当建筑物对沉降有严格要求时，应采用超载预压。真空预压法是在砂垫层上用不透气的塑料膜密封，然后用真空泵对砂垫层及砂井抽气，使土体排水固结（见图10-4）。

排水固结过程由排水系统和加压系统两部分组合而成（见图10-5）。它主要用于解决地基沉降和稳定问题。

排水系统主要由水平排水垫层和竖向排水井构成，用于改变地基排水条件，缩短排水距

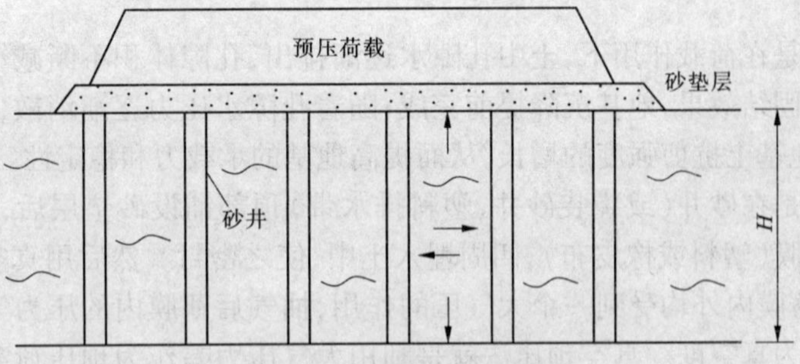

图 10-3　堆载预压示意图

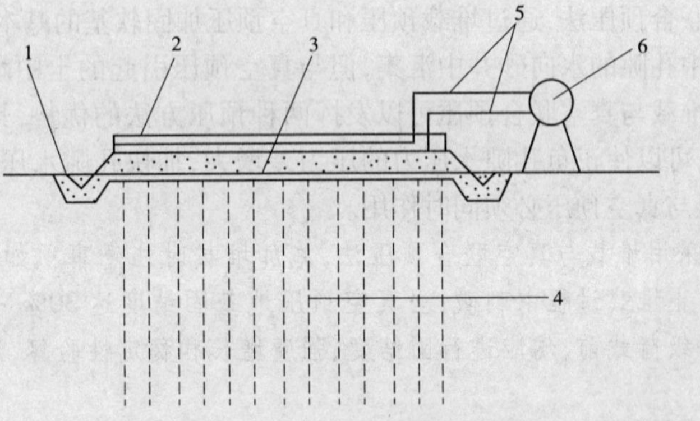

1—黏土密封;2—塑料膜;3—砂垫层;4—砂井;5—排水管;6—真空泵设备

图 10-4　真空预压示意图

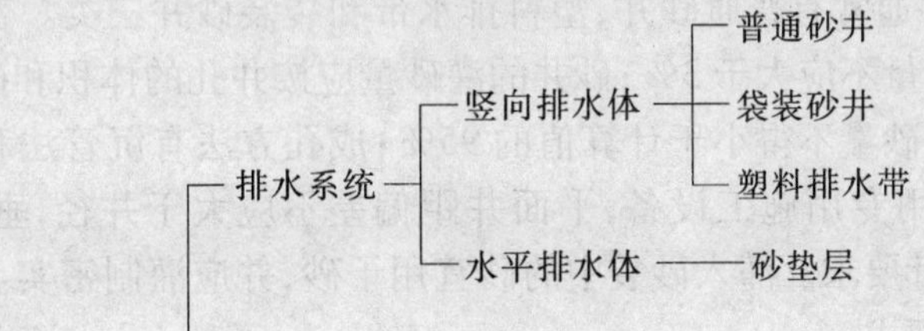

图 10-5　排水固结过程

离,增加孔隙水排出的途径。当土的渗透性较好或软土层较薄,施工期较长时,可仅在地面铺设一定厚度的砂垫层,然后施加荷载。当工程上遇到透水性很差的深厚软土层时,可在地基中铺设排水砂垫层和设置砂井等竖向排水体构成排水系统,加快土体固结。

加压系统是指通过堆载法、真空法、降低地下水位法、电渗法和联合法产生的压力对地基施行预压荷载。

堆载预压法是在荷载作用下,土中孔隙水逐渐排出,孔隙体积不断减小,使地基土在短期内得到较好的固结效果,地基沉降提前完成;随着孔隙水压力逐渐消散,土中有效应力逐渐增加,并加速地基土抗剪强度的增长,从而提高地基的承载力和稳定性。

真空预压法是在砂井(或袋装砂井、塑料排水带)顶部铺设砂垫层后,再在砂垫层上铺一层不透水的薄膜(塑料或橡皮布),四周埋入土中,使之密封。然后用真空泵、抽水泵抽气抽水,在抽气前薄膜内外均受到一个大气压的作用,抽气后薄膜内的压力下降,薄膜内外形成一个压力差称为真空度。真空预压法就是利用大气压力差作为预压荷载,使土体逐渐排水固结。真空预压法的优点是不需要大量的预压材料,并不会引起地基的失稳。

堆载与真空联合预压法,通过堆载预压和真空预压加固软基的基本原理可以看出,堆载预压虽然也使土中孔隙的水向砂井中汇集,但与真空预压引起的土中水渗流的基本原理却有本质的区别。堆载与真空联合预压可以发挥两种预压方法的优势,具有堆载预压与真空预压的双重效果,可以使正负孔隙水压力的压力差增大,加快孔隙水压力的消散,提高固结速度,但堆载预压与真空预压必须同时作用。

【小贴士】 采用堆载与真空联合预压法,施加堆载时注意事项如下:对真空密封膜上下应进行保护,防止堆载过程中刺破;当真空预压地基固结度达30%~50%后开始堆载效果比较好;施加每级荷载前,均应进行固结度、强度增长和稳定性验算,满足要求后方可施加下一级荷载。

二、施工要点

(1)竖向排水井通常有普通砂井、塑料排水带和袋装砂井三类。普通砂井的砂料应选用中粗砂,其黏粒含量不应大于3%;砂井的灌砂量应按井孔的体积和砂在中密状态时的干密度计算,其实际灌砂量不得小于计算值的95%;成孔方法有沉管法和水冲法等。袋装砂井和塑料排水带采用专用施工设备,平面井距偏差不应大于井径,垂直度偏差不应大于1.5%,深度符合设计要求。灌入砂袋中的砂宜用干砂,并应灌制密实。塑料排水带的性能指标必须符合设计要求。

(2)砂垫层的厚度不应小于500 mm,砂料宜用中粗砂(可有少量粒径小于50 mm的砾石),黏粒含量不应大于3%,干密度应大于1.5 g/cm^3,渗透系数宜大于1×10^{-2} cm/s。铺设时应注意与竖向排水井的连接,保证排水固结过程中排水流畅。

(3)对堆载预压工程,预压荷载的大小、范围、加载速率、卸载等均应符合设计规定。在加载过程中应进行竖向变形、边桩水平位移及孔隙水压力等项目的监测,并根据监测资料控制加载速率。对于竖井地基,最大竖向变形量每天不应超过15 mm;对于天然地基,最大竖向变形量每天不应超过10 mm;边桩水平位移每天不应超过5 mm,并应根据上述观测资料综合分析,判断地基的稳定性。

(4)真空预压法成功的关键在于能否形成负压区,因此真空管路的连接必须严格密封,密封膜应采用抗老化性能好、韧性好、抗穿刺性能强的不透气材料。密封膜宜铺设三层,膜周边可采用挖沟埋膜、平铺并用黏土覆盖压边、膜上覆水等方法进行密封。真空预压的抽气设备宜采用射流真空泵,空抽时必须达到95 kPa以上的真空吸力,其设置应根据预压面积的大小和形状、真空泵效率和工程经验确定,但每个预压区至少应设置两台。

三、质量检验

施工前应检查施工监测措施，沉降、孔隙水压力等原始数据，排水设施、砂井（包括袋装砂井）、塑料排水带等位置。塑料排水带必须在现场随机抽样送往实验室进行性能指标的测试。

施工过程中应检查堆载预压施工的堆载高度、沉降速率，真空预压施工的密封膜密封性能、真空表读数，以及施工记录、监测数据等。

施工结束后排水竖井处理深度范围内和竖井底面以下受压土层，经预压所完成的竖向变形和平均固结度应满足设计要求，并对预压的地基土进行原位十字板剪切试验和室内土工试验，必要时还应进行现场载荷试验，试验数量不应少于3点。

四、注意事项

（1）预压法处理地基前，应查明土层在水平方向和竖直方向的分布规律及渗透系数的变化规律，通过三轴压缩试验及原位十字板试验确定土的抗剪强度指标等。

（2）对于重要工程，应在现场选择试验区进行预压试验，并测得试验区地基竖向变形、侧向位移、孔隙水压力、地下水位等观测数据。根据试验区获得的监测资料对原设计进行修正，并指导全场的设计与施工。

（3）对于堆载预压工程，预压荷载应分级逐渐施加，确保每级荷载下地基的稳定性；而对真空预压工程，可一次连续抽真空至最大压力。

（4）对于以变形控制为主的建筑，当土层经预压所完成的变形量和平均固结度符合设计要求时，方可卸载。

（5）对于主要以地基承载力或抗滑稳定性控制的建筑，当地基土经预压而增长的强度满足建筑物地基承载力或稳定性要求时，方可卸载。

【案例10-3】　预压法工程。

1. 工程概况

某炼油厂位于沿海地区，厂区大小油罐共60余个，其中1万m^3的油罐10个，罐体采用钢制焊接固定拱顶的结构型式。油罐直径$D=31.28$ m，采用钢筋混凝土环形基础，环形基础高度取决于油罐沉降量大小和使用要求，本设计环基高$h=2.3$ m，其中填砂。

2. 工程地质情况

罐区地基土属第四纪滨海沉积相沉积软黏土，土质十分软弱，而油罐基底压力为191.4 kPa，所以油罐地基采用砂井并充水预压处理。

场地地基土自上而下分为：第一层为黄褐色粉质黏土硬壳层，厚度在1 m左右；第二层为淤泥质黏土，厚度约3.2 m；第三层为淤泥质粉质黏土，其中夹有薄层粉砂，平均厚度为4.0 m；第四层为淤泥质黏土，其中含有粉砂夹层，下部粉砂夹层逐渐增多而过渡到粉砂层，此层平均厚度为9.3 m；第五层为粉、细、中砂混合层，其中以细砂为主并混有黏土，平均厚度为8 m；第五层以下为黏土、亚黏土及淤泥质黏土层，距地面50 m左右为厚砂层，基岩在80 m以下。各土层的主要物理力学性质指标见表10-6。

从土工试验资料来看，主要持力层土含水率高，压缩性高，抗剪强度低。第三层、第四层由于含有薄粉砂夹层，其水平向渗透系数大于竖向渗透系数，这对加速土的排水固结是有利的。

表 10-6　各土层的主要物理力学性质指标

层序	土层名称	含水率（%）	相对密度（kN/m³）	孔隙比	液限（%）	塑限（%）	塑性指数	液性指数	压缩系数（MPa⁻¹）	固结系数（×10⁻³ cm²/s）		三轴固结快剪		十字板强度（kN/m²）
										竖向 C_u	径向 C_h	c'（kN/m²）	φ（°）	
1	黄褐色粉质黏土	31.3	19.1	0.87	34.7	19.3	15.4	0.78	0.36	1.57	1.82	—	—	
2	淤泥质黏土	46.7	17.7	1.28	40.4	21.3	19.1	1.33	0.64	1.12	0.91	0	26.1	17.5
3	淤泥质粉质黏土	39.1	18.1	1.07	33.1	19.0	14.1	1.42	0.66	3.40	4.81	11.4	28.9	24.8
4	淤泥质黏土	50.2	17.1	1.04	41.4	21.3	20.1	1.43	0.60	0.81	3.15	0	25.7	40.1
5	粉、细、中砂	30.1	18.4	0.90	24.5	16.3	8.2	1.91	0.23	—	—	—	—	—
6a	粉质黏土	32.3	18.4	0.90	29.0	17.9	11.1	1.29	0.38	3.82	6.28	—	—	—
6b	淤泥质黏土	41.2	17.6	1.20	41.0	21.3	19.7	1.01	0.61	—	—	—	—	—
7	黏土	44.4	17.3	1.28	46.7	26.3	20.4	0.89	0.45	—	—	—	—	—
8	粉质黏土	32.4	18.3	0.97	33.8	20.7	13.1	0.89	0.28	—	—	—	—	—

3. 方案设计

砂井直径40 cm、间距2.5 m,采用等边三角形布置。考虑到地面下17 m处有粉、细、中砂层,为便于排水,砂井长度为18 m,砂井的范围比构筑物基础稍大为好,本工程基础外设两排砂井以利于基础外地基土强度的提高,减小侧向变形。砂井平面布置及其剖面图见图10-6。

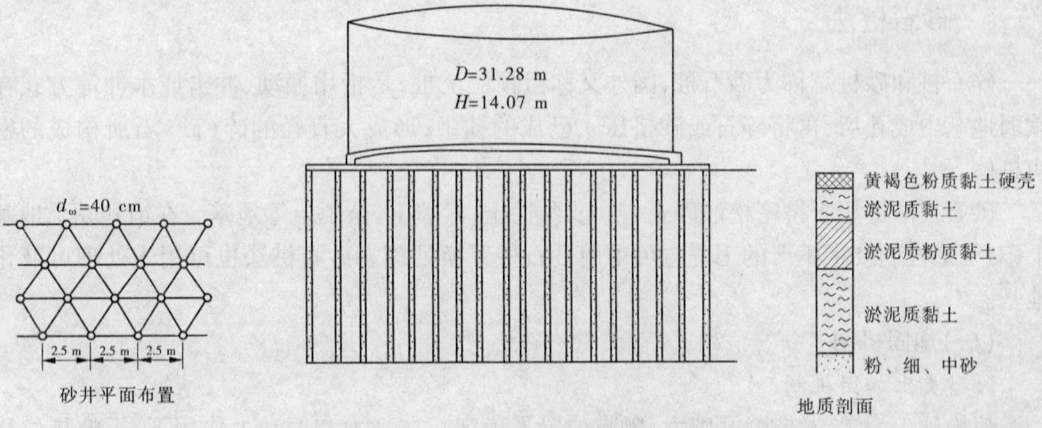

图10-6　砂井平面布置及其剖面图

4. 施工方法及其效果

本工程采用高压水冲法施工,即在普通钻机钻杆上接上喷水头,外面罩上一定直径的切土环刀,由高压水和切土环刀把泥浆泛出地面从排水沟排出,当孔内水含泥量较少时倒入砂而形成砂井。该法机具简单、成本低、对土的结构扰动小,缺点是砂井的含泥量较其他施工方法大,场地上泥浆多,在铺砂垫层前必须进行清理。

本工程进行了现场沉降观测和孔隙水压力观测,从稳定性方面看,在充水预压过程中,除个别测点外,孔隙水压力和沉降实测结果均未超过控制标准,罐外地面无隆起现象,说明在充水过程中地基是稳定的。从固结效果看,当充水高度达罐顶后30 d,孔隙水压力已基本消散。放水前实测沉降值已接近最终值,说明固结效果是显著的。因此,可认为该工程采用砂井充水预压在技术上达到了预定的效果。

单元六　深层挤密法

深层挤密法是将砂、石、土(灰土)、石灰等材料填入通过以振动、冲击或带套管等方法形成的钻孔中,加以振实而成为直径较大桩体的方法。按填入材料的不同,可分为砂桩、土(灰土)桩和石灰桩。挤密桩属于柔性桩,它主要靠桩管打入地基时对地基土的横向挤密作用,在一定的挤密功能作用下土粒彼此移动,小颗粒填入大颗粒的孔隙中,颗粒间彼此紧靠,孔隙减小,此时土的骨架作用随之增强,从而使土的压缩性降低和抗剪强度提高。由于桩基本身具有较高的承载力和较大的变形模量,且桩体断面较大,占松软土加固面积的20%~30%,故在黏性土地基加固时,桩体与桩周土组成复合地基,可共同承担建筑物的荷载。

水泥粉煤灰碎石桩简称CFG桩,是在碎石桩的基础上掺入适量的石屑、粉煤灰和少量的水泥加水拌和后制成的一种具有一定胶结强度的桩体,它是近几年发展起来的处理软弱地基的一种新方法。由于 CFG 桩在荷载作用下会产生鼓胀变形,当桩周土为强度较低的软黏土时,桩体易产生鼓胀破坏。为此,碎石桩加固软土地基仅可提高地基承载力 1 倍左右。而 CFG 桩是一种低强度混凝土桩,因而它可较大幅度地提高地基承载力。

深层挤密法是地基工程的重要处理方法,它可使较大深度范围内的地基土挤密。目前,我国技术较为成熟的深层挤密法可分为以下几种。

一、砂石桩法

碎石桩和砂桩总称为砂石桩,国外又称粗颗粒土桩,是指用振动、冲击或水冲等方式在软弱地基中成孔后,再将碎石或砂挤压入已成的孔中,形成大直径的碎(砂)石所构成的密实桩体。

砂石桩法适用于挤密松散砂土、粉土、黏性土、素填土、杂填土等地基。在饱和黏土地基上,对变形控制要求不严的工程也可采用砂石桩置换处理。砂石桩法也可用于处理可液化地基。

(一)加固机制

1. 砂类土加固机制

疏松砂土为单粒结构,孔隙大,颗粒位置不稳定。在静力和振动力作用下,土粒易位移至稳定位置,使孔隙减小,以达到压密加固的目的。

在成桩过程中,下入套管对周围砂层产生很大的横向挤压力,砂土被挤向桩管四周,使桩管周围的砂层孔隙比减小,密度增大。因而挤密砂桩的加固效果是:

(1)使原松砂地基挤密至临界孔隙比以下,以防止砂土振动液化。

(2)由于形成强度高的挤密砂石桩,提高了地基的抗剪强度和水平抵抗力。

(3)加固后的地基大大减少了固结沉降。

(4)由于施工的挤密作用,加固后的地基变得十分均匀。

2. 黏性土加固机制

砂石桩在黏性土地基中主要利用砂石桩本身的强度及其排水效果。其作用是:

(1)砂石桩置换。在黏性土中建成大直径密实砂石桩柱体,因此砂石桩与黏性土形成复合地基,共同承担上部荷载,提高了地基承载力和整体稳定性,防止地基产生滑动破坏。

(2)外部荷载产生向砂石桩的应力集中,使砂石桩周围黏性土承受的压力减小,因而减少了地基的固结沉降。实践证明,经砂石桩处理的淤泥质黏性土地基沉降量比不处理的沉降量减少 20% ~30% 。

(3)排水固结。由于密实砂石桩在黏性土地基中构成排水路径,起着排水砂井的作用,所以加速了固结速率。

(二)设计原则

1. 加固范围

加固范围应根据上部结构特征、基础尺寸大小、基础的形式、荷载条件和工程地质条件综合而定,通常都大于基底面积。由于基础传递的压力向基础以外扩散,外围 2 ~3 排桩的挤密效果较差,处理宽度在基础外缘应扩大 1 ~3 排;对可液化地基,在基础外缘扩大宽度不应小于可液化土层厚度的 1/2,并不应小于 5 m。

2. 桩位布置

砂石桩的间距应通过现场试验确定。对粉土和砂土地基，不宜大于砂石桩直径的4.5倍；对黏性土地基不宜大于砂石桩直径的3倍。对大面积满堂处理，桩位宜用等边三角形布置；对独立基础或条形基础，桩位宜用正方形、矩形或等腰三角形布置；对于圆形或环形基础（如油罐基础）宜用放射形布置。

3. 桩长

桩长应根据软弱土层的性能、厚度或工程要求按下列原则确定：

（1）当松软土层厚度不大时，砂石桩桩长宜穿过松软土层。

（2）当松软土层厚度较大时，对按稳定性控制的工程，桩长应大于最危险滑动面以下2 m的深度。

（3）对可液化地基，桩长应按要求的抗震处理深度确定。

（4）桩长不宜短于4 m。

4. 桩径

砂石桩的直径应根据地基土质情况和成桩设备等因素确定，一般直径为300～800 mm，对饱和黏性土地基宜选用较大的直径。

5. 材料

桩体材料可以就地取材，一般使用中、粗混合砂，碎石，卵石，砂砾石等，含泥量不大于5%，最大粒径不宜大于50 mm。

6. 垫层

砂石桩施工完毕后，基础底面应铺设30～50 cm厚度的碎（砂）石垫层，垫层应分层铺设，用平板振动器振实。在不能保证施工机械正常行驶和操作的软弱土层上，应铺设施工用临时性垫层。

7. 地基承载力特征值

砂石桩复合地基的承载力特征值，应通过现场复合地基载荷试验确定。

（三）施工

（1）砂石桩施工可采用振动沉管、锤击沉管或冲击成孔等成桩法。当用于消除粉细砂及粉土液化时，宜用振动沉管成桩法。

（2）施工前应进行成桩工艺和成桩挤密试验。当成桩质量不能满足设计要求时，应在调整设计与施工有关参数后，重新进行试验或改变设计。

（3）振动沉管成桩法施工应根据沉管和挤密情况，控制填砂石量、提升高度和速度、挤压次数和时间、电机的工作电流等。

（4）砂石桩的施工顺序：对于砂土地基宜从外围或两侧向中间进行，对于黏性土地基宜从中间向外围或隔排施工；在既有建筑物邻近施工时，应背离建筑物方向进行。

（5）施工时桩位水平偏差不应大于套管外径的30%，套管垂直度偏差不应大于1%。

（6）砂石桩施工后，应将基底标高下的松散层挖除或夯压密实，随后铺设并压实砂石垫层。

（四）质量检验

（1）应在施工期间及施工结束后，检查砂石桩的施工记录。对沉管法，还应检查套管往复挤压振动次数与时间、套管升降幅度和速度、每次填砂石料量等项施工记录。

(2)施工后应间隔一定时间方可进行质量检验。对于饱和黏性土地基,应待孔隙水压力消散后进行,间隔时间不宜少于 28 d;对粉土、砂土和杂填土地基,不宜少于 7 d。

(3)砂石桩的施工质量检验可采用单桩载荷试验,对桩体可采用动力触探试验检测,对桩间土可采用标准贯入、静力触探、动力触探或其他原位测试等方法进行检测。桩间土质量的检测位置应在等边三角形或正方形的中心。检测数量不应少于桩孔总数的 2%。

(4)砂石桩地基竣工验收时,承载力检验应采用复合地基载荷试验。

(5)复合地基载荷试验检测数量不应少于总桩数的 0.5%,且每个单体建筑不应少于 3 点。

二、土(或灰土)桩挤密法

(一)概述

土(或灰土)桩挤密法是利用打入钢套管(或振动沉管)在地基中成孔,通过"挤"压作用,使地基土得到加"密",然后在孔中分层填入素土(或灰土)后夯实而成土(或灰土)桩。土(或灰土)桩与桩间土共同组成复合地基。土(或灰土)桩挤密法与其他地基处理方法比较,有如下主要特征:

(1)土(或灰土)桩挤密法是横向挤密,但可同样达到所要求加密处理后的最大干密度的指标。

(2)与土垫层相比,无须开挖回填,因而节约了开挖和回填土方的工作量,比换填法缩短工期约 1/2。

(3)由于不受开挖和回填的限制,一般处理深度可达 12 ~ 15 m。

(4)由于填入桩孔的材料均属就地取材,因而比其他处理(湿陷性黄土和人工填土的方法)造价低,尤其利用粉煤灰可变废为宝,取得很好的社会效益。

土(或灰土)桩适用于处理深度为 5 ~15 m、地下水位以上、含水率为 14% ~23% 的湿陷性黄土、素填土、杂填土及其他非饱和黏性土、粉土等土层。当地基土的含水率大于 24%、饱和度大于 65% 时,不宜选用土(或灰土)桩挤密法。

当以消除地基的湿陷性为主要目的时,宜选用土桩;当以提高地基的承载力或水稳性为主要目的时,宜选用灰土桩。

(二)加固机制

1. 挤密作用

土(或灰土)桩挤压成孔时,桩孔位置处原有土体被强制侧向挤压,使桩周一定范围内的土层密实度提高。其挤密影响半径通常为(1.5 ~2.0)d(d 为桩径)。相邻桩孔间挤密效果试验表明,在相邻桩孔挤密区交界处挤密效果相互叠加,桩间土中心部位的密实度增大,且桩间土的密度变得均匀,桩距越近,叠加效果越显著。合理的相邻桩孔中心距为 2 ~2.5 倍桩孔直径。

土的天然含水率和干密度对挤密效果影响较大,当含水率接近最优含水率时,土呈塑性状态,挤密效果最佳。当含水率偏低,土呈坚硬状态时,有效挤密区变小。当含水率过高时,由于挤压引起超孔隙水压力,土体难以挤密,且孔壁附近土的强度因受扰动而降低,拔管时容易出现缩颈等情况。

土的天然干密度越大,有效挤密范围越大;反之,有效挤密区较小,挤密效果较差。土质均匀有效挤密范围大；土质不均匀，有效挤密范围小。

土体的天然孔隙比对挤密效果有较大影响，当 $e=0.90\sim1.20$ 时，挤密效果好，当 $e<0.80$ 时，一般情况下土的湿陷性已消除，没有必要采用挤密地基，故应持慎重态度。

2. 灰土性质作用

灰土桩是用石灰和土按一定体积比例（2:8或3:7）拌和，并在桩孔内夯实加密后形成的桩。这种材料在化学性能上具有气硬性和水硬性，由于石灰内带正电荷钙离子与带负电荷黏土颗粒相互吸附，形成胶体凝聚，并随灰土龄期增长，土体固化作用提高，使土体逐渐增加强度。在力学性能上，它可起到挤密地基效果、提高地基承载力、消除湿陷性、沉降均匀和减小沉降量的作用。

3. 桩体作用

在灰土桩挤密地基中，由于灰土桩的变形模量远大于桩间土的变形模量（灰土的变形模量 $E_0=29\sim36$ MPa，相当于夯实素土的2～10倍），荷载向桩上产生应力集中，从而降低了基础底面以下一定深度内土中的应力，消除了持力层内产生大量压缩变形和湿陷性变形的不利因素。此外，由于灰土桩对桩间土能起侧向约束作用，限制土的侧向移动，桩间土只产生竖向压密，使压力与沉降始终呈线性关系。

土桩挤密地基由桩间挤密土和分层填夯的素土桩组成，土桩桩体和桩间土均为被机械挤密的重塑土，两者均属同类土料，两者的物理力学指标无明显差异。因此，土桩挤密地基可视为厚度较大的素土垫层。

（三）设计计算

1. 桩孔布置原则和要求

（1）桩孔间距应以保证桩间土挤密后达到要求的密实度和消除湿陷性为原则。一般用成孔挤密后的平均挤密系数来表示。对于重要工程不宜小于0.93，对于一般工程不宜小于0.9。

（2）桩体夯实质量，用平均压实系数控制，一般均不应小于0.96。

2. 桩径

桩孔直径宜为300～450 mm，并可根据所选用的成孔设备或成孔方法确定。

3. 桩距和排距

桩孔宜按等边三角形布置（见图10-7），桩孔之间的中心距离，可为桩孔直径的2.0～2.5倍。

4. 处理范围

土（或灰土）桩处理地基的面积，应大于基础或建筑物底层平面的面积，并应符合下列规定：

（1）当采用局部处理时，超出基础底面的宽度：对于非自重湿陷性黄土、素填土和杂填土等地基，每边不应小于基底宽度的25%，并不应小于0.50 m；对于自重湿陷性黄土地基，每边不应小于基底宽度的75%，并不应小于1.00 m。

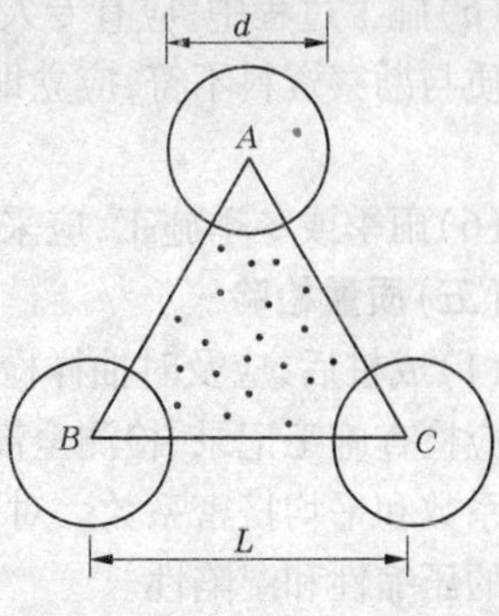

图10-7　桩距和桩排计算示意图

（2）当采用整片处理时，超出建筑物外墙基础底面外缘的宽度，每边不宜小于处理土层厚度的50%，并不应小于2 m。

(3)灰土挤密桩和土挤密桩处理地基的深度,应根据建筑场地的土质情况、工程要求和成孔及夯实设备等综合因素确定。对湿陷性黄土地基,应符合现行国家标准《湿陷性黄土地区建筑规范》(GB 50025—2004)的有关规定。

(4)桩顶标高以上应设置300~500 mm厚的2:8灰土垫层,其压实系数不应小于0.95。

5. 地基承载力特征值

土(或灰土)挤密桩复合地基承载力特征值,应通过现场单桩或多桩复合地基载荷试验确定。当初步设计无试验资料时,可按当地经验确定,但对于灰土挤密桩复合地基的承载力特征值,不宜大于处理前的2.0倍,并不宜大于250 kPa;对于土挤密桩复合地基的承载力特征值,不宜大于处理前的1.4倍,并不宜大于180 kPa。

(四)施工方法

土(或灰土)桩的施工应按设计要求和现场条件选用沉管(振动或锤击)、冲击等方法进行成孔,使土向孔的周围挤密。成孔和回填夯实施工应符合下列要求:

(1)桩顶设计标高以上的预留覆盖土层厚度宜符合下列要求:

①沉管(锤击、振动)成孔,宜为0.50~0.70 m。

②冲击成孔,宜为1.20~1.50 m。

(2)成孔时,地基土宜接近最优(或塑限)含水率,当土的含水率低于12%时,宜对拟处理范围内的土层进行增湿。

(3)成孔和孔内回填夯实应符合下列要求:

①成孔和孔内回填夯实的施工顺序,当整片处理时,宜从里(或中间)向外间隔1~2孔进行,对大型工程,可采用分段施工;当局部处理时,宜从外向里间隔1~2孔进行。

②向孔内填料前,孔底应夯实,并应抽样检查桩孔的直径、深度和垂直度。

③桩孔的垂直度偏差不宜大于1.5%。

④桩孔中心点的偏差不宜超过桩距设计值的5%。

⑤经检验合格后,应按设计要求,向孔内分层填入筛好的素土、灰土或其他填料,并应分层夯实至设计标高。

(4)铺设灰土垫层前,应按设计要求将桩顶标高以上的预留松动土层挖除或夯压密实。

(5)施工过程中,应有专人监理成孔及回填夯实的质量,并应做好施工记录。如发现地基土质与勘察资料不符,应立即停止施工,待查明情况或采取有效措施处理后,方可继续施工。

(6)雨季或冬季施工,应采取防雨或防冻措施,防止灰土和土料受雨水淋湿或冻结。

(五)质量检验

(1)成桩后,应及时抽样检验灰土挤密桩或土挤密桩处理地基的质量。对于一般工程,主要应检查施工记录、检测全部处理深度内桩体和桩间土的干密度,并将其分别换算为平均压实系数和平均挤密系数。对于重要工程,除检测上述内容外,还应测定全部处理深度内桩间土的压缩性和湿陷性。

(2)抽样检验的数量,对于一般工程,不应少于桩总数的1%;对于重要工程,不应少于总数的1.5%。

(3)灰土挤密桩和土挤密桩地基竣工验收时,承载力检验应采用复合地基载荷试验。

(4)检验数量不应少于桩总数的0.5%,且每项单体工程不应少于3点。

三、水泥粉煤灰碎石桩法

(一)概述

水泥粉煤灰碎石桩是在碎石桩基础上加入一些石屑、粉煤灰和少量水泥,加水拌和制成的一种具有一定黏结强度,且一般强度等级为 C5～C25 的桩。

与一般的水泥粉煤灰碎石桩相比,水泥粉煤灰碎石桩是散体材料桩,桩本身没有黏结强度,主要靠周围土的约束形成桩体强度,并和桩间土组成复合地基共同承担上部建筑的垂直荷载。土越软对桩的约束作用越差,桩体强度越小,传递垂直荷载的能力就越差。CFG 桩则不同于碎石桩,它具有一定黏结强度,在外荷载作用下,桩身不会像碎石桩那样出现鼓胀破坏,可全桩长发挥侧摩阻力,桩落在硬土层上具有明显的端承力。荷载通过桩周的摩阻力和桩端阻力传到深层地基中,其复合地基承载力可大幅度提高。

CFG 桩复合地基既适用于条形基础、独立基础,也适用于筏板基础和箱形基础。对于土性而言,适用于处理黏性土、粉土、砂土和已自重固结的素填土等地基。对于淤泥质土,应按地区经验或通过现场试验确定其适用性。CFG 桩既可用于挤密效果好的土,又可用于挤密效果差的土。当用于挤密效果好的土时,承载力的提高既有挤密作用,又有置换作用;当用于挤密效果差的土时,承载力的提高只与置换作用有关。对于一般黏性土、粉土或砂土,桩端具有好的持力层,经 CFG 桩处理后可作为高层或超高层建筑地基。

(二)加固机制

CFG 桩加固软弱地基,桩和桩间土一起通过褥垫层形成 CFG 桩复合地基,如图 10-8 所示。其加固软弱地基主要有三种作用:①桩体作用;②挤密作用;③褥垫层作用。

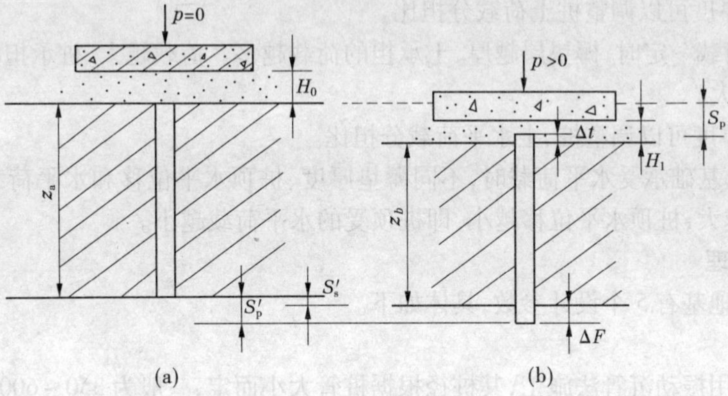

图 10-8　桩复合地基示意图

1. 桩体作用

CFG 桩不同于碎石桩,是具有一定黏结强度的混合料。在荷载作用下 CFG 桩的压缩性明显比其周围软土小,因此基础传给复合地基的附加应力随地基的变形逐渐集中到桩体上,出现应力集中现象,复合地基的 CFG 桩起到了桩体作用。

2. 挤密作用

CFG 桩采用振动沉管法施工,由于振动和挤压作用使桩间土得到挤密。

3. 褥垫层作用

褥垫层是指桩顶和基础垫层之间的散体材料垫层，由级配砂石、粗砂、碎石等材料组成，在复合地基中有如下几种作用：

(1)保证桩、土共同承担荷载。

褥垫层的设置为 CFG 桩复合地基在受荷后提供了桩上、下刺入的条件，即使桩端落在好土层上，至少可以提供上刺入的条件，以保证桩间土始终参与工作。

(2)减少基础底面的应力集中。

基础底面处桩顶应力 σ_p 与桩间土应力 σ_s 之比随褥垫层厚度的变化而变化（见图 10-9）。当褥垫层厚度大于 10 cm 时，桩对基础产生的应力集中已显著降低。当褥垫层的厚度为 30 cm时，σ_p/σ_s 只有 1.23。

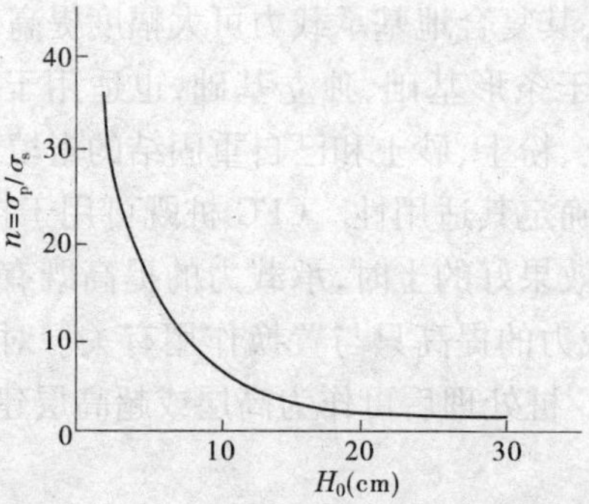

图 10-9　σ_p/σ_s 与褥垫层厚度关系曲线

(3)褥垫层厚度可以调整桩土荷载分担比。

由试验知，荷载一定时，褥垫层越厚，土承担的荷载越多。荷载越大，桩承担的荷载占总荷载的百分比越大。

(4)褥垫层厚度可以调整桩、土水平荷载分担比。

由试验可知，基础承受水平荷载时，不同褥垫厚度、桩顶水平位移和水平荷载的关系不同，褥垫层厚度越大，桩顶水平位移越小，即桩顶受的水平荷载越小。

(三)设计原理

CFG 桩复合地基有 5 个设计参数，具体如下。

1. 桩径

CFG 桩常采用振动沉管法施工，其桩径根据桩管大小而定，一般为 350 ~ 600 mm。

2. 桩距

桩距的选用需要考虑承载力提高幅度要能满足设计要求，综合考虑施工方便、桩作用的发挥、场地地质条件以及造价等因素，宜取 3 ~ 5 倍的桩径。

3. 桩长

桩长取决于建筑物对承载力和变形的要求、土质条件和设备能力等因素。设计时根据勘察报告分析土层，选择桩落在好的持力层上，并根据单桩承载力和复合地基承载力要求计算求得。

4. 褥垫层

桩顶和基础之间应设置褥垫层，褥垫层厚度宜取 150 ~ 300 mm，当桩径大或桩距大时褥垫层厚度宜取高值。褥垫层材料宜用中砂、粗砂、级配砂石或碎石等，最大粒径不宜大于 30 mm。

5. 地基承载力特征值

水泥粉煤灰碎石桩复合地基承载力特征值，应通过现场复合地基载荷试验确定。

(四)施工工艺

(1)施工时，桩顶标高宜高出设计桩顶标高不少于 0.5 m。

(2)成桩过程中，抽样做混合料试块，每台机械一天应做一组(3 块)试块(边长为 150 mm 的立方体)，标准养护，测定其立方体抗压强度。

(3)冬期施工时混合料入孔温度不得低于 5 ℃，对桩头和桩间土应采取保温措施。

(4)清土和截桩时，不得造成桩顶标高以下桩身断裂和扰动桩间土。

(5)褥垫层铺设宜采用静力压实法，当基础底面下桩间土的含水率较小时，也可采用动力夯实法，夯填度(夯实后的褥垫层厚度与虚铺厚度的比值)不得大于 0.9。

(6)施工垂直度偏差不应大于 1%；对于满堂布桩基础，桩位偏差不应大于 40% 的桩径；对于条形基础，桩位偏差不应大于 25% 的桩径；对于单排布桩基础，桩位偏差不应大于 60 mm。

(五)质量检验

(1)施工质量检验主要应检查施工记录、混合料坍落度、桩数、桩位偏差、褥垫层厚度、夯填度和桩体试块抗压强度等。

(2)水泥粉煤灰碎石桩地基竣工验收时，承载力检验应采用复合地基载荷试验。

(3)水泥粉煤灰碎石桩地基检验应在桩身强度满足试验荷载条件时，并宜在施工结束 28 d 后进行。试验数量宜为总桩数的 0.5% ~1%，且每个单体工程的试验数量不应少于 3 点。

(4)应抽取不少于总桩数 10% 的桩进行低应变动力试验，检测桩身完整性。

【案例 10-4】 挤密桩法工程。

1. 工程概况

某厂拟建一栋培训大楼，该楼平面呈“L”形布局，地上 16 层，地下 1 层(人防用)，高度为 58.2 m，建筑面积为 12 000 m^2，采用现浇钢筋混凝土剪力墙结构，柱距 7.0 m，箱形基础，底板埋深 6.2 m。室内地坪较自然地面高约 0.7 m。建筑场地为非自重湿陷性黄土，为消除地基土的湿陷性，并提高其承载力，经分析比较后采用灰土桩挤密法处理地基，取得了满意的技术经济效益。

2. 工程地质条件

建筑场地位于黄河Ⅱ级阶地上，地势平坦，地基土层是典型的二元结构，上部为冲洪积成因的黄土状粉质黏土及粉土，且自然地面以下 11.0 m 范围内地基土的结构强度较低，并具有湿陷性；下部卵石层埋深 22.5 ~23.0 m，厚度大于 6.0 m。地基土层分布稳定均匀，起伏较小。地下水稳定水位约 20.0 m。各土层的主要物理性质指标列入表 10-7 中。

表 10-7　地基土层主要物理力学性质指标

层序	含水率（%）	天然密度（g/cm³）	干密度（g/cm³）	孔隙比	饱和度（%）	液限（%）	压缩系数（MPa⁻¹）	压缩模量（MPa）	锥尖阻力（最大值）（kPa）	侧阻力（最大值）（kPa）	湿陷系数	层底埋深平均值（m）
②黄土状粉质黏土及粉土	24.2	1.57	1.28	1.120	76	27.5	0.52	4.5	1 200	40	0.024	4.0
③黄土状粉质黏土及粉土	20.7	1.73	1.43	0.884	69	28	0.19	9.1	2 600	100		5.0
④黄土状粉质黏土及粉土	21.3	1.64	1.36	1.005	67	28.9	0.38	5.6	1 800	70	0.036 3	10.7
⑤黄土状粉质黏土及粉土	20.5	1.79	1.48	0.827	79	30.5	0.14	14.4	1 600	110	0.009 6	16.1
⑥黄土状粉质黏土及粉土	23.9	1.91	1.54	0.774	86	34.8	0.12	13.8	3 500	120		18.3
⑦黄土状粉质黏土及粉土	22.1	1.90	1.55	0.731	81	26.2	0.14	11.9	4 000	140		19.8
⑧黄土状粉质黏土及粉土	27.1	1.93	1.51	0.816	95	31.9	0.18	10.5				21.3
⑨黄土状粉质黏土及粉土	26.2	1.96	1.57	0.719	92	29.1	0.11	15.1				22.7

基础下的主要持力层为④、⑤两土层。其中，第④层黄土状粉质黏土及粉土呈湿、稍湿、可塑状态。该层土具湿陷性，湿陷等级为Ⅰ级（轻微），非自重湿陷性黄土，承载力标准值 $f_k = 150$ kPa，不能满足建筑结构的要求，必须进行处理。

3. 设计计算

地基基础方案曾设想采用以卵石层为桩端持力层的大直径钻孔灌注桩基础、箱形基础加灌注桩基础（直径 400 mm，桩长 12.0 m）和箱基与灰土桩人工复合地基三种方案。经技术经济分析比较后，决定采用第三种方案。

箱形基础下地基承载力设计值不超过 300 kPa，采用灰土桩挤密法整片处理地基，要求处理后复合地基承载力标准值达到 220 kPa。设计桩径 $d = 0.4$ m，桩距按公式计算求得 $S = 0.90$ m，桩距系数 $S/d = 2.25$，按等边三角形布桩，排距位 0.78 m，灰土桩的面积置换率 $m =$

0.179。按面积加权平均法预计复合地基承载力标准值为 230 kPa。

按穿越全部湿陷性土层和软弱下卧层强度验算要求，同时参考施工机具条件与经验，确定桩长 $L=7.4$ m。处理平面范围超出基础外缘不小于 3.0 m。对于最外围二排桩，为使其能起到防水帷幕作用，其排距缩小 0.2 ~ 0.4 m，桩长增加到 8.5 m。预留表面扰动层厚度 0.5 m，灰土桩施工完成后，挖去扰动层，再在灰土桩复合地基上做 0.50 m 厚的 3∶7 灰土垫层。桩孔填料采用体积比 3∶7 灰土，夯填灰土的压实系数要求不小于 0.95。

4. 施工方法

成孔采用锤击沉管法挤密成孔，由波兰 15 t 履带吊车带动上海产的 2.5 t 导杆式柴油沉桩锤，桩架高 16.0 m。桩管为直径 377 mm 无缝钢管制成，在桩头处加箍至直径 440 mm，长度为 8.50 m，桩头带有活动桩尖，拔管时可透气。桩孔夯填采用夹杆式偏心轮夯实机，夯锤直径 0.28 m，锤重 0.11 t，落距 0.8 m，每分钟击夯次数约 45 击。

现场施工中应进行质量检查。对成孔的质量要求是：桩位误差不大于 5 cm；桩孔垂直度偏差小于 2%；桩孔深度误差不大于 10 cm；每 5 个孔做一次成孔施工记录。夯填质量的要求是：回填用土及石灰均过筛，筛网直径分别为 20 mm 和 5 mm，填料要求拌和均匀，含水率接近最优含水率，夯填灰土的压实系数又大于等于 0.95。

施工前，做了填料所用灰土的室内击实试验，求得其最大干密度（$\rho_{dmax}=1.51\sim1.54$ t/m^3）和最优含水率（$\omega_{op}=22\%\sim19.5\%$）。同时在现场专门做了夯填试验，确定施工回填工艺参数为一锤三击，其夯击功能为 628.6 kJ/m^3，高于室内击实试验的标准击实功能。

根据场地情况，成孔采用隔排跳打方式进行，在整体上采用先外后内的施工顺序，即先打最外围的两排加长桩，再进行内部桩的施工。对个别桩孔垂直度偏差较大或桩孔缩颈严重时，采用“复打”方式处理。施工后期由于“复打”缩孔现象较为严重，采用人工削孔并加大夯击能量方式进行处理。

桩孔夯填是施工的关键环节，土料加湿、灰土拌和及桩孔回填均由专人负责，及时检查监督，每个桩孔回填夯实都必须做好记录。本工程是施工地区首次在高层建筑中采用灰土桩挤密法处理地基，故施工中投入了较多的人力，对保证工程质量起了促进作用。

5. 质量检验

1）桩身土质量检验

施工过程中及时取出桩身灰土原状试样，测试其干密度，并计算出压实系数，取样桩孔数为施工桩数的 2%。试验结果表明，90% 试样的干密度在 1.45 t/m^3 以上，压实系数超过 0.96，满足了设计要求。此外，还做了桩身灰土的无侧限抗压强度试验，试验结果（见表 10-8）表明，桩身灰土 $f_{cuk}=500\sim1\,000$ kPa，平均值 86 kPa。

表 10-8 桩身无侧限抗压强度 f_{cuk}

试验桩号	1			2		3		
取样深度(m)	1.0	2.0	3.0	1.0	2.0	1.0	2.0	3.0
f_{cuk}(kPa)	1 000	1 330	500	580	1 123	1 090	530	930

2)桩间土挤密效果检验

在地基处理范围内控制性地布置了三个探井,开挖深度 8.0 m,每间隔 1.0 m 取一件原状桩间土样,做土工的常规试验。桩间土挤密前后主要物理力学性质指标的变化情况如表 10-9所示。

表 10-9　桩间土挤密前后主要物理力学性质指标

层号	指标	ω(%)	ρ(g/cm^3)	ρ_d(g/cm^3)	e	a_{1-2}(MPa^{-1})	E_{s1-2}(MPa)	δ_s
④	挤密前	21.30	1.640	1.363	1.005	0.385	5.6	0.036 3
	挤密后	18.64	1.854	1.564	0.731	0.130	13.4	0.001 6
	增减率(%)	-12.5	13.05	14.70	-27.3	-66.2	139.4	-95.6
⑤	挤密前	20.50	1.790	1.485	0.827	0.135	14.4	0.009 6
	挤密后	19.26	1.937	1.624	0.670	0.122	14.9	0.000 9
	增减率(%)	-6.05	8.21	9.40	-19.0	-9.6	3.4	-90.39

从表 10-9 中可看出,地基土经灰土桩挤密后,干密度提高了 9.4% ~14.8%,其中,第④层土挤密后的干密度达到 1.564 t/m^3;土的孔隙比减少了 19.0% ~27.2%;压缩系数降低了 9.6% ~66.2%;地基土的湿陷性已全部消除。基底下第④层的物理力学性质改善特别明显,挤密效果符合设计要求。

3)复合地基载荷试验

为确定灰土桩复合地基承载力,在现场进行了三组单桩复合地基载荷试验,压板面积为 0.702 m^2。试验方法按《建筑地基处理技术规范》(JGJ 79—2012)中附录一的有关规定进行。

根据载荷试验结果绘制的荷载压力 p 与沉降量 S 关系曲线,如图 10-10 所示。三组试验的结果分别为:第一组破坏荷载 440 kPa;第二组比例荷载为 260 kPa;第三组取极限荷载为 460 kPa。按《建筑地基处理技术规范》(JGJ 79—2012)确定复合地基承载力的特征值分别为:第一组 220 kPa;第二组 260 kPa,第三组 230 kPa。三组试验结果的极差未超过平均值的 30%,故可根据规范取三组试验的平均值为灰土桩复合地基承载力特征值,即 f_{spk} = 236.7 kPa。

另根据桩体及桩间土的试验结果取灰土桩体的承载力标准值 f_{pk} = 600 kPa,桩间挤密土的承载力特征值 f_{sk} = 150 kPa,灰土桩的面积置换率 m = 0.179,按面积加权平均原则计算复合地基承载力特征值 f_{spk} = 230.6 kPa,其结果与荷载试验结果基本一致。

6. 技术经济效果

该项目属甲类高层建筑,位于湿陷性黄土地区。采用灰土桩挤密法整片处理地基,不仅取消了黄土的湿限性,同时使第④层土的承载力提高了 1.54 倍,满足了设计要求,该地基处理是成功的。灰土挤密法处理地基比桩基处理费用可节约一半,且施工简便,缩短工期。

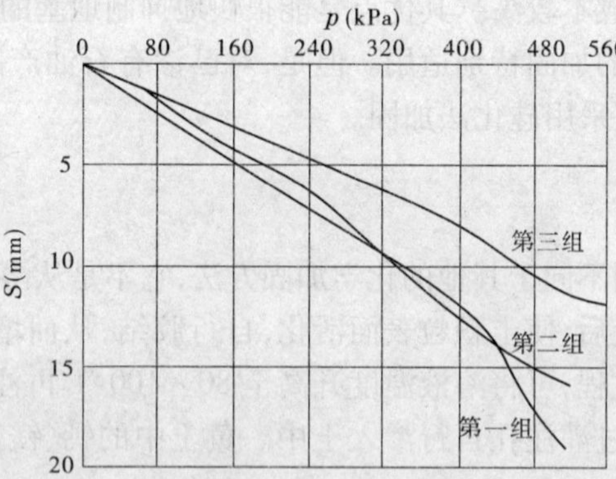

图 10-10　单桩复合地基承载力试验 $p \sim S$ 曲线

单元七　化学加固法

化学加固法多用于处理湿陷事故。利用动力设备把化学溶液注入地基土中，通过化学反应生成胶凝物质或使土颗粒表面活化，在接触处胶结固化，以增强土颗粒间的连结，提高土体的力学强度的方法称为化学加固法。常用的加固方法有硅化加固法、碱液加固法、电化学加固法、高分子化学加固法和灌浆法。

一、硅化加固法

硅化加固法指通过打入带孔的金属灌注管，在一定的压力下，将硅酸钠（又称水玻璃）溶液注入土中；或将硅酸钠及氯化钙两种溶液先后分别注入土中。前者称为单液硅化，后者称为双液硅化。

单液硅化适用于加固渗透系数为 0.1 ~ 2.0 m/d 的湿陷性黄土和渗透系数为 0.3 ~ 5.0 m/d 的粉砂。加固湿陷性黄土时，溶液由浓度为 10% ~ 15% 的硅酸钠溶液掺入 2.5% 氯化钠组成。溶液入土后，钠离子与土中水溶性盐类中的钙离子产生离子交换的化学反应，在土粒间及其表面形成硅酸凝胶，可以使黄土的无侧限极限抗压强度达到 0.6 ~ 0.8 MPa。加固粉砂时，在浓度较低的硅酸钠溶液内（相对密度为 1.18 ~ 1.20）加入一定数量相对密度为 1.02 的磷酸，搅拌均匀后注入，经化学反应后，其无侧限极限抗压强度可达 0.4 ~ 0.5 MPa。

双液硅化适用于加固渗透系数为 2 ~ 8 m/d 的砂性土；或用于防渗止水，形成不透水的帷幕。硅酸钠溶液的相对密度为 1.35 ~ 1.44，氯化钙溶液的相对密度为 1.26 ~ 1.28。两种溶液与土接触后，除产生一般化学反应外，主要产生胶质化学反应，生成硅胶和氢氧化钙。在附属反应中，其生成物也能增强土颗粒间的连结，并具有填充孔隙的作用。砂性土加固后的无侧限极限抗压强度可达 1.5 ~ 6.0 MPa。

硅化法可达到的加固半径与土的渗透系数、灌注压力、灌注时间和溶液的黏滞度等有关，一般为 0.4 ~ 0.7 m，可通过单孔灌注试验确定。各灌注孔在平面上宜按等边三角形的顶点布置，其孔距可采用加固土半径的 1.7 倍。加固深度可根据土质情况和建筑物的要求确定，一般为 4 ~ 5 m。

硅酸钠的模数值通常为 2.6 ~ 3.3，不溶于水的杂质含量不超过 2%。此法需耗用硅酸钠或氯化钙等工业原料,成本较高。其优点是能很快地抑制地基的变形,土的强度也有很大提高,对现有建筑物地基的加固特别适用。但是,对已渗有石油产品、塑胶和油类及地下水pH大于9的地基土,不宜采用硅化法加固。

二、碱液加固法

碱液对土的加固作用不同于其他的化学加固方法,它不是从溶液本身析出胶凝物质,而是碱液与土发生化学反应后,使土颗粒表面活化,自行胶结,从而增强土的力学强度及其水稳定性。为了促进反应过程,可将溶液温度升高至80~100 ℃再注入土中。加固湿陷性黄土地基时,一般使溶液通过灌注孔自行渗入土中。黄土中的钙、镁离子含量较高,采用单液即能获得较好的加固效果。

三、电化学加固法

在地基土中打入一定数量的金属电极杆,通过电极导入直流电流,使水分从阴极排走,从而使土固结。用电化学法加固地基时,主要发生三个过程:

(1)电渗,电渗后土大量脱水并固结。

(2)离子交换作用,交换时吸附的钠、钙被氢及铝代替。

(3)结构形成过程,由铝胶形成土粒结构,也可采用电流和化学溶液配合的方法使土加固,即化学溶液通过带孔的灌注管网注入土中,通电后溶液随着水的运动由阳极向阴极扩散,提高加固效果。

电化学法一般用于加固渗透系数小于0.1 m/d的淤泥质地基。但此法昂贵,需由专门的设备做试验,确认有效后才可采用。

四、高分子化学加固法

高分子化学加固法指将高分子化学溶液压入土中进行地基处理的一种方法。它适用于砂类土地基加固、帷幕灌浆,以及地下工程的止水堵漏;对坝基工程的泥化夹层与断层破碎带的加固亦有成效,如将氰凝灌入砂土后的抗压强度可达10.0 MPa。

用于地基加固的高分子材料品种较多,有脲醛树脂、丙烯酰胺类(也称丙凝)、聚氨酯类(也称聚氨基甲酸酯或氰凝)等,其中以聚氨酯类比较好。20世纪60年代末,日本首先研制的TACSS灌浆材料和我国在70年代初研制成的氰凝,都是以过量的异氰酸酯与聚醚反应而得,称为预聚体。预聚体含有一定量的游离异氰酸基(—NCO),能与水反应,当浆液灌入土中时,—NCO基遇水后在催化剂作用下,进一步聚合和交联,反应物的黏度逐渐增大而凝固,生成不溶于水的高分子聚合物,以达到加固地基的目的。

氰凝灌浆的特点是:遇水反应后,由于水是反应的组成部分,因此浆液被水冲淡或流失的可能性较小,而且在遇水反应过程中放出的二氧化碳气体使浆液发生膨胀,向四周渗透扩散,又扩大了加固范围。高分子材料价格昂贵,限制了它的使用,有剧毒,施工中应有防毒措施,并应考虑对环境污染的问题。

五、灌浆法

灌浆法指利用液压、气压或电化学原理,通过注浆管把浆液均匀地注入地层中,浆液通过填充、渗透和挤密等方式，赶走土体颗粒间或岩石裂隙中的水汽后占据其位置，硬化后形成一个结构新、强度大、防水性能高和化学稳定性良好的结石体。

灌浆法的分类如下所述。

（一）渗透灌浆

渗透灌浆是指在压力作用下，使浆液充填于土的孔隙和岩石裂隙中，将孔隙中存在的自由水和气体排挤出去，而基本上不改变原状土的结构和体积，所用灌浆压力相对较小。这类灌浆一般只适用于中砂以上的砂性土和有裂隙的岩石。对砂性土的灌浆处理大都属于这种机制。

（二）充填灌浆

充填灌浆是指用于地基土内的大孔隙、大空洞的灌浆。如卵石、碎石、卵砾层及隧道回填灌浆都属于这类灌浆。

（三）挤密灌浆

挤密灌浆是指用较高的压力灌入浓度较大的水泥浆或水泥砂浆，使黏性土体变形后在灌浆管端部附近形成"浆泡"，由浆泡挤压土体，并向上传递反压力，从而使地层上抬，硬化的浆液混合物是一个坚固的压缩性很小的球体。挤密灌浆法可用于非饱和土体和含有孔隙的松散土。

（四）劈裂灌浆

劈裂灌浆是指在压力作用下，浆液克服地层的初始应力和抗拉强度，引起岩石和土体结构的破坏和扰动，使地层中原有的裂隙和孔隙张开，形成新的裂隙和孔隙，促使浆液的可灌性和扩散距离增大，故所用灌浆压力较高。

（五）电动化学灌浆

电动化学灌浆是指在施工时将带孔的注浆管作为阳极，用滤水管作为阴极，将溶液由阳极压入土中，并通以直流电（两电极间电压梯度一般采用 0.3～1.0 V/cm），在电渗作用下，孔隙水由阳极流向阴极，促使通电区域中土的含水率降低，并形成渗浆通路，化学浆液也随之流入土的孔隙中，并在土中硬结。

项目小结

本项目对机械碾压法、强夯法、换填垫层法、预压法、深层挤密法和化学加固法等地基处理方法进行讲述。在学完本项目内容后能掌握常见的地基处理方法的原理、适用范围和施工工艺等知识。能够对杂填土地基、局部软土、暗沟、大面积地面堆载等地基问题进行处理，以满足建筑物的安全和正常使用。

技能训练

一、基本理论思考

1. 什么是软弱地基？各类软弱地基有哪些共同特点？又有何区别？
2. 地基基础容易出现哪几方面的问题？
3. 对软弱地基处理的目的是什么？

4. 换填垫层法的作用是什么？如何确定垫层的厚度与宽度？

5. 预压法适合处理哪类土？其方法和原理是什么？

6. 挤密法有哪几种？

二、实战模拟训练

某墙下采用条形基础，埋深 1.2 m，基础宽度 1.3 m，作用在基础顶面的轴心荷载 $F_k = 200$ kN/m，地基土表层为杂填土，厚度为 1.2 m，重度为 17 kN/m^3，地基承载力特征值 $f_{ak} = 70$ kPa。

试求：(1) 验算地基承载力是否满足要求。

(2) 若地基承载力不满足要求，采用砂垫层（砂垫层的承载力 $f_{ak} = 180$ kPa），试确定砂垫层的厚度和底面宽度。

项目十一　土工试验

学习目标

1. 了解液塑限联合测定仪、固结仪、剪力仪、击实仪、渗透仪等仪器的性能、操作规程、调试等。

2. 理解仪器说明书和试验指导书的相关内容，培养自己观察、动手操作，了解仪器的性能、特点的能力。

3. 掌握具体测定土样的试验操作方法，并分析试验指标是否正确，是否有相互矛盾的地方，最后根据以上指标求出地基承载力。

【项目导入】

试验教学是理论和实践的结合，是培养学生动手能力、独立工作能力和创造精神的重要环节。作为建筑类专业的学生，掌握基本的土工试验方法，努力成为技术技能型人才，是必不可少的技能。土力学理论和地基处理新技术的发展提出了越来越高的要求，这一切都离不开土工试验的基础数据支撑。土工试验应着重培养学生对勘测土样的观察辨别能力、动手操作仪器测定的能力和分析试验数据、整理试验报告的能力。

单元一　颗粒分析试验

一、概述

颗粒分析试验就是测定土中各种粒组所占该土总质量的百分数的试验方法，可分为筛析法和沉降分析法。其中沉降分析法又有密度计法和移液管法等。对于粒径大于 0.075 mm 的土粒可用筛析法来测定，而对于粒径小于 0.075 mm 的土粒则用沉降分析法来测定。

二、筛析法

筛析法就是将土样通过各种不同孔径的筛子，并按筛子孔径的大小将颗粒加以分组，然后称量并计算出各个粒组占该土总质量的百分数。筛析法是测定土的颗粒组成最简单的一种试验方法，适用于粒径不大于 60 mm 且大于 0.075 mm 的土。

(一)仪器设备

(1)分析筛：

圆孔粗筛，孔径为 60 mm、40 mm、20 mm、10 mm、5 mm 和 2 mm。

圆孔细筛，孔径为 2 mm、1 mm、0.5 mm、0.25 mm、0.075 mm。

(2)称量 1 000 g、最小分度值 0.1 g 的天平；称量 200 g、最小分度值 0.01 g 的天平。

（3）振筛机。

（4）烘箱、量筒、漏斗、研钵、瓷盘、不锈钢勺等。

（二）操作步骤

先用风干法制样，然后从风干松散的土样中，按表 11-1 称取有代表性的试样，称量精确至 0.1 g，当试样质量超过 500 g 时，称量应精确至 1 g。

表 11-1　筛析法取样质量

颗粒尺寸（mm）	取样质量（g）	颗粒尺寸（mm）	取样质量（g）
<2	100 ~ 300	<40	2 000 ~ 4 000
<10	300 ~ 1 000	<60	4 000 以上
<20	1 000 ~ 2 000		

1. 无黏性土

（1）将按表 11-1 称取的试样过孔径为 2 mm 的筛，分别称取留在筛上和已通过筛孔径的筛下的试样质量。当筛下的试样质量小于试样总质量的 10% 时，不做细筛分析；当筛上的试样质量小于试样总质量的 10% 时，不做粗筛分析。

（2）取 2 mm 筛上的试样倒入依次叠好的粗筛的最上层筛中，进行粗筛筛析，然后取 2 mm 筛下的试样倒入依次叠好的细筛的最上层筛中，进行细筛筛析。细筛宜置于振筛机上进行振筛，振筛时间一般为 10 ~ 15 min。

（3）按由最大孔径的筛开始，顺序将各筛取下，称留在各级筛上及底盘内试样的质量，精确至 0.1 g。

（4）筛后各级筛上及底盘内试样质量的总和与筛前试样总质量的差值，不得大于试样总质量的 1%。

2. 含有细粒土颗粒的砂土

（1）将按表 11-1 称取的代表性试样，置于盛有清水的容器中，用搅棒充分搅拌，使试样的粗细颗粒完全分离。

（2）将容器中的试样悬液通过 2 mm 的筛，取留在筛上的试样烘至恒量，并称烘干试样质量，精确至 0.1 g。

（3）将粒径大于 2 mm 的烘干试样倒入依次叠好的粗筛的最上层筛中，进行粗筛筛析。按由最大孔径的筛开始，顺序将各筛取下，称留在各级筛上及底盘内试样的质量，精确至 0.1 g。

（4）取通过 2 mm 筛下的试样悬液，用带橡皮头的研杆研磨，然后过 0.075 mm 筛，并将留在 0.075 mm 筛上的试样烘干至恒量，称烘干试样质量，精确至 0.1g。

（5）将粒径大于 0.075 mm 的烘干试样倒入依次叠好的细筛的最上层筛中，进行细筛筛析。细筛宜置于振筛机上进行振筛，振筛时间一般为 10 ~ 15 min。

（6）当粒径小于 0.075 mm 的试样质量大于试样总质量的 10% 时，应采用密度计法或移液管法测定粒径小于 0.075 mm 的颗粒组成。

（三）成果整理

（1）小于某粒径的试样质量占试样总质量的百分比可按式（11-1）计算

$$X = \frac{m_A}{m_B} d_x \tag{11-1}$$

式中　X——小于某粒径的试样质量占试样总质量的百分比(%)；

m_A——小于某粒径的试样质量，g；

m_B——当细筛分析时为所取的试样质量，当粗筛分析时为试样总质量，g；

d_x——粒径小于 2 mm 的试样质量占试样总质量的百分比(%)。

(2)制图。以小于某粒径的试样质量占试样总质量的百分比为纵坐标，以颗粒粒径为对数横坐标，在单对数坐标上绘制颗粒大小分布曲线。

(3)按式(11-2)计算不均匀系数

$$C_u = \frac{d_{60}}{d_{10}} \tag{11-2}$$

式中　C_u——不均匀系数；

d_{60}——限制粒径，在颗粒大小分布曲线上小于该粒径的土含量占土总质量 60% 的粒径；

d_{10}——有效粒径，在颗粒大小分布曲线上小于该粒径的土含量占土总质量 10% 的粒径。

(4)试验记录。

筛析法颗粒分析试验记录见表 11-2。

表 11-2　颗粒大小分析试验记录(筛析法)

工程名称＿＿＿＿＿＿　　试验者＿＿＿＿＿＿

工程编号＿＿＿＿＿＿　　计算者＿＿＿＿＿＿

试验日期＿＿＿＿＿＿　　校核者＿＿＿＿＿＿

风干土质量 =		g；粒径小于 0.075 mm 的土占总土质量百分数 =		%	
2 mm 筛上土质量 =		g；粒径小于 2 mm 的土占总土质量百分数 d_x =		%	
2 mm 筛下土质量 =		g；细筛分析时所取试样质量 =		g	
筛号	孔径 (mm)	累计留筛土 质量 (g)	小于该孔径的 土质量 (g)	小于该孔径的 土质量百分数 (%)	小于该孔径的 总土质量百分数 (%)
底盘总计					

单元二　密度试验

一、概述

土的密度是指土的单位体积质量，是土的基本物理性质指标之一，其单位为 g/cm^3。土的密度反映了土体结构的松紧程度，是计算土的自重应力、干密度、孔隙比、孔隙度等指标的重要依据，也是挡土墙压力计算、土坡稳定性验算、地基承载力和沉降量估算以及路基路面施工填土压实度控制的重要指标之一。

当用国际单位制计算土的重力时，由土的质量产生的单位体积的重力称为重力密度 γ，简称重度，其单位是 kN/m^3。重度由密度乘以重力加速度求得，即 $\gamma=\rho g$。

土的密度一般是指土的湿密度 ρ，相应的重度称为湿重度 γ，此外还有土的干密度 ρ_d、饱和密度 ρ_{sat} 和有效密度 ρ'，相应地有干重度 γ_d、饱和重度 γ_{sat} 和有效重度 γ'。

试验目的：测定土的密度。

二、试验方法及原理

密度试验方法有环刀法、蜡封法、灌水法和灌砂法等。对于细粒土，宜采用环刀法；对于易碎裂、难以切削的土，可用蜡封法；对于现场粗粒土，可用灌水法或灌砂法。下面介绍环刀法的试验方法及原理。

环刀法就是采用一定体积环刀切取土样并称土质量的方法，环刀内土的质量与环刀体积之比为土的密度。

环刀法操作简便且准确，在室内和野外均普遍采用，但环刀法只适用于测定不含砾石颗粒的细粒土的密度。

(一)仪器设备

(1)恒质量环刀，内径 6.18 cm(面积 30 cm^2)或内径 7.98 cm(面积 50 cm^2)，高 20 mm，壁厚 1.5 mm。

(2)称量 500 g、最小分度值 0.1 g 的天平。

(3)切土刀、钢丝锯、毛玻璃和圆玻璃片等。

(二)操作步骤

(1)按工程需要取原状土或人工制备所需要求的扰动土样，其直径和高度应大于环刀的尺寸，整平两端放在玻璃板上。

(2)在环刀内壁涂一薄层凡士林，将环刀的刀刃向下放在土样上面，然后用手将环刀垂直下压，边压边削，至土样上端伸出环刀；根据试样的软硬程度，采用钢丝锯或切土刀将两端余土削去修平，并及时在两端盖上圆玻璃片，以免水分蒸发。

(3)擦净环刀外壁，拿去圆玻璃片，然后称取环刀加土质量，精确至 0.1 g。

(三)成果整理

按式(11-3)或式(11-4)分别计算湿密度和干密度

$$\rho = \frac{m}{V} = \frac{m_2 - m_1}{V} \tag{11-3}$$

$$\rho_d = \frac{\rho}{1 + \omega} \tag{11-4}$$

式中 ρ——湿密度，g/cm³，精确至 0.01 g/cm³；

ρ_d——干密度，g/cm³，精确至 0.01 g/cm³；

m——湿土质量，g；

m_2——环刀加湿土质量，g；

m_1——环刀质量，g；

ω——含水率（%）；

V——环刀容积，cm³。

环刀法试验应进行两次平行测定，两次测定的密度差值不得大于 0.03 g/cm³，并取其两次测值的算术平均值。

环刀法的注意事项如下：

（1）制备原状土样时，环刀内壁涂一薄层凡士林，用环刀切取试样时，环刀应垂直均匀下压，以防环刀内试样的结构被扰动，同时用切土刀沿环刀外侧切削土样，用切土刀或钢丝锯整平环刀两端土样。

（2）夏季室温高时，应防止水分蒸发，可用玻璃片盖住环刀上、下面，但计算时应扣除玻璃片的质量。

（3）需进行平行测定，要求两次差值不大于 0.03 cm³，否则重做。结果取两次试验结果的平均值。

（四）成果整理

（1）写出试验过程。

（2）确定土的密度。

（五）试验记录

密度试验记录见表 11-3。

三、注意事项

（1）应严格按照试验步骤用环刀取土样，不得急于求成，用力过猛或图省事削成土柱，这样易使土样开裂扰动，结果事倍功半。

（2）对软土宜先用钢丝锯将土样锯成几段，然后用环刀切取。

表 11-3　密度试验记录(环刀法)

工程名称______________　　　　试验者______________

工程编号______________　　　　计算者______________

试验日期______________　　　　校核者______________

试样编号	土样类别	环刀号	环刀加湿土质量(g)	环刀质量(g)	湿土质量(g)	环刀容积(cm^3)	湿密度(g/cm^3)	平均湿密度(g/cm^3)	含水率(%)	干密度(g/cm^3)	平均干密度(g/cm^3)

单元三　界限含水率试验

一、概述

黏性土的状态随着含水率的变化而变化,当含水率不同时,黏性土可分别处于固态、半固态、可塑状态及流动状态。黏性土从一种状态转到另一种状态的分界含水率称为界限含水率。土从流动状态转到可塑状态的界限含水率称为液限 ω_L;土从可塑状态转到半固体状态的界限含水率称为塑限 ω_P;土由半固体状态不断蒸发水分,则体积逐渐缩小,直到体积不再缩小时的界限含水率称为缩限 ω_S。

土的塑性指数 I_P 是指液限与塑限的差值,由于塑性指数在一定程度上综合反映了影响黏性土特征的各种重要因素,因此黏性土常按塑性指数进行分类。

界限含水率试验要求土的颗粒粒径小于 0.5 mm,有机质含量不超过 5%,且宜采用天然含水率试样,但也可采用风干试样,当试样含有粒径大于 0.5 mm 的土粒或杂质时,应过 0.5 mm 的筛。

二、液限试验

液限是区分黏性土可塑状态和流动状态的界限含水率。测定土的液限主要有圆锥仪法、碟式仪法等试验方法,也可采用液塑限联合测定法测定土的液限。这里介绍圆锥仪液限试验。

圆锥仪液限试验就是将质量为 76 g 圆锥仪轻放在试样的表面,使其在自重作用下沉入土中,若圆锥体经过 5 s 恰好沉入土中 10 mm 深度,此时试样的含水率就是液限。

(一)仪器设备

(1)圆锥液限仪(见图11-1)主要有三个部分:

①质量为76 g且带有平衡装置的圆锥,锥角30°,高25 mm,距锥尖10 mm处有环状刻度;

②用金属材料或有机玻璃制成的试杯,直径不小于40 mm,高度不小于20 mm;

③硬木或金属制成的平稳底座。

(2)称量200 g、最小分度值0.01 g的天平。

(3)烘箱、干燥器。

(4)铝制称量盒、调土刀、小刀、毛玻璃板、滴管、吹风机、孔径为0.5 mm标准筛、研体等设备。

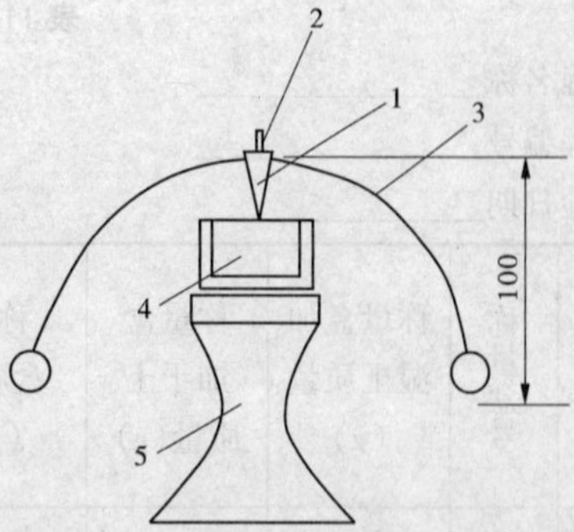

1—锥身;2—手柄;3—平衡装置;4—试杯;5—底座

图11-1 圆锥液限仪 (单位:mm)

(二)操作步骤

(1)选取具有代表性的天然含水率土样或风干土样,若土中含有较多粒径大于0.5 mm的颗粒或夹有多量的杂物,应将土样风干后用带橡皮头的研杵研碎或用木棒在橡皮板上压碎,然后过0.5 mm的筛。

(2)当采用天然含水率土样时,取代表性土样250 g,将试样放在橡皮板上用纯水将土样调成均匀膏状,然后放入调土皿中,盖上湿布,浸润过夜。

(3)将土样用调土刀充分调拌均匀后,分层装入试杯中,并注意土中不能留有空隙,装满试杯后刮去余土使土样与杯口齐平,并将试样放在底座上。

(4)将圆锥液限仪擦拭干净,并在锥尖上抹一薄层凡士林,两指捏住圆锥液限仪手柄,保持锥体垂直,当圆锥液限仪锥尖与试样表面正好接触时,轻轻松手让锥体自由沉入土中。

(5)放锥后约经5 s,锥体入土深度恰好为10 mm的圆锥环状刻度线处,此时土的含水率即为液限。

(6)若锥体入土深度超过或小于10 mm,表示试样的含水率高于或低于液限,应该用小刀挖去粘有凡士林的土,然后将试样全部取出,放在橡皮板或毛玻璃板上,根据试样的干湿情况,适当加纯水或边调边风干重新拌和,然后重复试验步骤(3)~(5)。

(7)取出锥体,用小刀挖去粘有凡士林的土,然后取锥孔附近土样10~15 g,放入称量盒内,测定其含水率。

(三)成果整理

按式(11-5)计算液限

$$\omega_L = \frac{m_2 - m_1}{m_1 - m_0} \times 100\% \tag{11-5}$$

式中 ω_L——液限(%),精确至0.1%;

m_1——干土加称量盒质量,g;

m_2——湿土加称量盒质量,g;

m_0——称量盒质量,g。

液限试验需进行两次平行测定,并取其算术平均值,其平行差值不得大于2%。

(四)试验记录

圆锥液限仪试验记录见表11-4。

表 11-4 圆锥液限仪试验记录

工程名称________________ 试验者________________

工程编号________________ 计算者________________

试验日期________________ 校核者________________

试样编号	称量盒号	称量盒加湿土质量（g）	称量盒加干土质量（g）	称量盒质量（g）	水质量（g）	干土质量（g）	液限（%）	液限平均值（%）	备注

三、塑限试验

塑限是区分黏性土可塑状态与半固体状态的界限含水率，测定土的塑限的试验方法主要是滚搓法。滚搓法塑限试验就是用手在毛玻璃板上滚搓土条，当土条直径达 3 mm 时产生裂缝并断裂，此时试样的含水率即为塑限。

（一）仪器设备

（1）200 mm×300 mm 的毛玻璃板。

（2）分度值 0.02 mm 的卡尺或直径 3 mm 的金属丝。

（3）称量 200 g、最小分度值 0.01 g 的天平。

（4）烘箱、干燥器。

（5）铝制称量盒、滴管、吹风机、孔径为 0.5 mm 的筛等。

（二）操作步骤

（1）取代表性天然含水率试样或过 0.5 mm 筛的代表性风干试样 100 g，放在盛土皿中加纯水拌匀，盖上湿布，湿润静止过夜。

（2）将制备好的试样在手中揉捏至不粘手，然后将试样捏扁，若出现裂缝，则表示其含水率已接近塑限。

(3)取接近塑限含水率的试样 8~10 g,先用手捏成手指大小的土团(椭圆形或球形),然后放在毛玻璃上用手掌轻轻滚搓,滚搓时应以手掌均匀施压于土条上,不得使土条在毛玻璃板上无力滚动,在任何情况下土条不得有空心现象,土条长度不宜大于手掌宽度,在滚搓时不得从手掌下任何一边脱出。

(4)当土条搓至 3 mm 直径时,表面产生许多裂缝,并开始断裂,此时试样的含水率即为塑限。若土条搓至 3 mm 直径仍未产生裂缝或断裂,表示试样的含水率高于塑限;或者土条直径在大于 3 mm 时已开始断裂,表示试样的含水率低于塑限,都应重新取样进行试验。

(5)取直径 3 mm 且有裂缝的土条 3~5 g,放入称量盒内,随即盖紧盒盖,测定土条的含水率。

(三)成果整理

按式(11-6)计算塑限

$$\omega_P = \frac{m_2 - m_1}{m_1 - m_0} \times 100\% \tag{11-6}$$

式中 ω_P——塑限(%),精确至 0.1%;

m_1——干土加称量盒质量,g;

m_2——湿土加称量盒质量,g;

m_0——称量盒质量,g。

塑限试验需进行两次平行测定,并取其算术平均值,其平行差值应≤2%。

(四)试验记录

滚搓法塑限试验记录见表 11-5。

表 11-5 滚搓法塑限试验记录

工程名称______________ 试验者______________

工程编号______________ 计算者______________

试验日期______________ 校核者______________

试样编号	称量盒号	称量盒加湿土质量(g)	称量盒加干土质量(g)	称量盒质量(g)	水质量(g)	干土质量(g)	塑限(%)	塑限平均值(%)	备注

四、液塑限联合测定法

液塑限联合测定法是根据圆锥液限仪的圆锥入土深度与其相应的含水率在双对数坐标上具有线性关系的特性来进行测定的。利用圆锥质量为 76 g 的液塑限联合测定仪(见图 11-2)测得土在不同含水率时的圆锥入土深度,并绘制其关系直线图,在图上查得圆锥下沉深度为 10 mm(或 17 mm)所对应的含水率即为液限,查得圆锥下沉深度为 2 mm 时所对应的含水率即塑限。

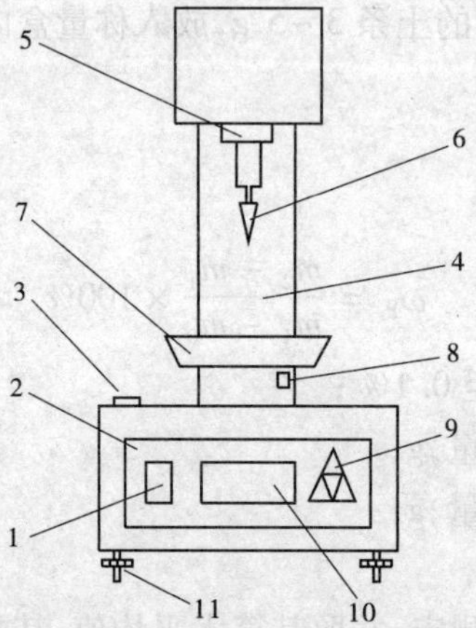

1—开关;2—PVC 膜;3—水平泡;4—机座;5—位移传感器;
6—试锥;7—托盘;8—拨杆;9—键盘;10—LCD 显示器;11—脚螺旋

图 11-2 液塑限联合测定仪

(一)仪器设备

(1)液塑限联合测定仪。

(2)分度值 0.02 mm 的卡尺。

(3)称量 200 g、最小分度值 0.01 g 的天平。

(4)烘箱。

(5)铝制称量盒、调土刀、孔径为 0.5 mm 的筛、滴管、吹风机、凡士林等。

(二)操作步骤

(1)取有代表性的天然含水率或风干土样进行试验。如土中含粒径大于 0.5 mm 的颗粒或夹杂物较多,可采用风干土样,用带橡皮头的研杵研碎或用木棒在橡皮板上压碎土块。试样必须反复研碎,过筛,直至将土块全部通过 0.5 mm 的筛。取筛下土样用三皿法或一皿法进行制样。

三皿法:用筛下土样 200 g 左右,分开放入三个盛土皿中,用吸管加入不同数量的蒸馏水或自来水,土样的含水率分别控制在液限、塑限以上和它们的中间状态附近。用调土刀调匀,盖上湿布,放置 18 h 以上。

一皿法:取筛下土样 100 g 左右,放入一个盛土皿中,按三皿法加水、调土、闷土,将土样的含水率控制在塑限以上,按步骤(2)~(4)进行第 1 点入土深度和含水率测定。然后依次加水,按上述方法进行第 2 点和第 3 点含水率和入土深度测定,该两点土样的含水率应分别控制在液限、塑限中间状态和液限附近,但加水后要充分搅拌均匀,闷土时间可适当缩短。

(2)将制备好的土样充分搅拌均匀,分层装入土样试杯,用力压密,使空气逸出。对于较干的土样,应先充分搓揉,用调土刀反复压实。试杯装满后,刮成与杯边齐平。

(3)接通电源,调平机身,打开开关,装上锥体。

(4)将装好土样的试杯放在升降座上,手推升降座上的拨杆,使试杯徐徐上升,土样表面和锥体刚好接触,蜂鸣器报警,停止转动拨杆,按检测键,传感器清零,同时锥体立刻自行下沉,5 s时液晶显示器上显示锥入深度,数据显示停留时间至少5 s,试验完毕,手拿锥体向上,锥体复位(锥体上端有螺纹,可与测杆上螺纹相配)。

(5)改变锥尖与土体接触位置(锥尖两次锥入位置距离不小于1 cm),重复步骤(4),测得锥深入试样深度值,允许误差为0.5 mm,否则,应重做。

(6)去掉锥尖入土处的凡士林,取10 g以上的土样两个,分别放入称量盒内,称重(精确至0.01 g),测定其含水率 ω_1、ω_2(精确至0.1%)。计算含水率平均值 ω。

(7)重复步骤(2)~(4),对其他两含水率土样进行试验,测其锥入深度和含水率。

(三)成果整理

(1)按式(11-7)计算含水率

$$\omega = \frac{m_1 - m_2}{m_2 - m_0} \times 100\% \tag{11-7}$$

式中 ω——含水率(%),精确至0.1%;

m_1——称量盒加湿土质量,g;

m_2——称量盒加干土质量,g;

m_0——称量盒质量,g。

(2)按式(11-8)计算塑性指数

$$I_P = \omega_L - \omega_P \tag{11-8}$$

式中 I_P——塑性指数,精确至0.01;

ω_L——液限(%);

ω_P——塑限(%)。

(3)按式(11-9)计算液性指数

$$I_L = \frac{\omega_0 - \omega_P}{I_P} \tag{11-9}$$

式中 I_L——液性指数,精确至0.01;

ω_0——天然含水率(%)。

(四)注意事项

(1)在试验中,锥连杆下落后,需要重新提起时,只需将测杆轻轻上推到位,便可自动锁住。

(2)试样杯放置到仪器工作平台上时,需轻轻平放,不与台面相互碰撞,更应避免其他金属等硬物与工作平台碰撞,有助于保持平台的平度。

(3)每次试验结束后,都应取下标准锥,用棉花或布擦干,存放干燥处。

(4)配重块要在标准锥上面螺纹上拧紧到位,尽可能间隙小。

(5)做试验前后,都应该保证测杆清洁。

(6)如果电源、电压不稳,出现"死机"现象,各功能键失去作用,请将电源关掉,过3 s后,再重新启动即可。

（五）试验记录

液塑限联合测定法试验记录见表 11-6。

表 11-6　液塑限联合测定法试验记录表

工程名称＿＿＿＿＿＿＿＿　　试验者＿＿＿＿＿＿＿＿

工程编号＿＿＿＿＿＿＿＿　　计算者＿＿＿＿＿＿＿＿

试验日期＿＿＿＿＿＿＿＿　　校核者＿＿＿＿＿＿＿＿

试样编号	圆锥下沉深度（mm）	称量盒号	称量盒加湿土质量（g）	称量盒加干土质量（g）	称量盒质量（g）	水质量（g）	干土质量（g）	含水率（%）	液限（%）	塑限（%）	塑性指数	液性指数

单元四　固结试验

一、概述

土的压缩性是指土在压力作用下体积缩小的性能。在工程中所遇到的压力（通常在 1 600 kPa 以内）作用下，土的压缩可以认为只是由于土中孔隙体积的缩小所致（此时孔隙中的水或气体将被部分排出)，至于土粒与水两者本身的压缩性则极微小，可不考虑。

压缩试验是为了测定土的压缩性，根据试验结果绘制出孔隙比与压力的关系曲线(压缩曲线)，由曲线确定土在指定荷载变化范围内的压缩系数和压缩模量。

二、仪器设备

(1)小型固结仪(见图11-3)，包括压缩容器和加压设备两部分，环刀(内径61.8 mm，高20 mm，面积30 cm^2)，单位面积最大压力400 kPa；杠杆比1:10。

(2)测微表：量程10 mm，精度0.01 mm。

(3)天平，最小分度值0.01 g及0.1 g各一架。

(4)毛玻璃板、滤纸、钢丝锯、秒表、烘箱、削土刀、凡士林、透水石等。

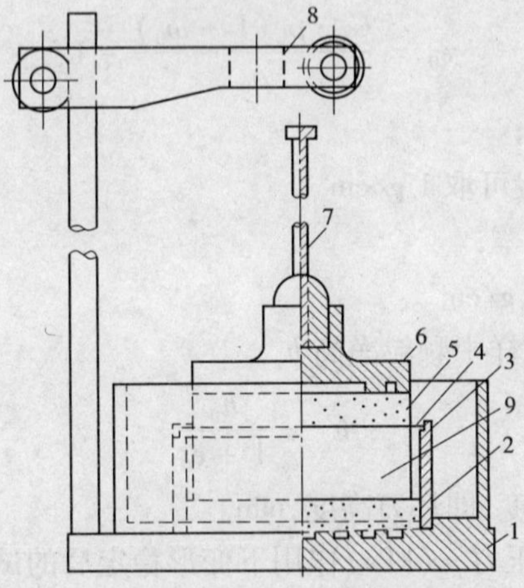

1—水槽；2—护环；3—环刀；4—导环；5—透水石；
6—加压上盖；7—位移计导杆；8—位移计架；9—试样

图11-3　固结仪示意图

三、操作步骤

(1)按工程需要选择面积为30 cm^2 的切土环刀，环刀内壁涂上一薄层凡士林，刀口应向下放在原状土或人工制备的扰动土上，切取原状土样时应与天然状态时垂直方向一致。

(2)小心边压边削，注意避免环刀偏心入土，应使整个土样进入环刀并凸出环刀为止，然后用钢丝锯或修土刀将两端余土削去修平，擦净环刀外壁。

(3)测定土样密度，并在余土中取代表性土样测定其含水率，然后用圆玻璃片将环刀两端盖上，防止水分蒸发。

(4)在固结仪的固结容器内装上带有试样的切土环刀(刀口向下)，在土样两端应贴上洁净而润湿的滤纸，放上透水石，然后放入加压导环和加压板以及定向钢球。

(5)检查各部分连接处是否转动灵活，然后平衡加压部分(此项工作由实验室代做)，即转动平衡锤，目测上杠杆水平时，将装有土样的压缩部件放到框架内上横梁下，直至压缩部件的球柱与上横梁压帽的圆弧中心微接触。

(6)横梁与球柱接触后，插入活塞杆，装上测微表，使测微表表脚接触活塞杆顶面，并调节表脚，使其上的短针正好对准6字，再将测微表上的长针调整到零，读测微表初读数 R_0。

(7)加载等级:按教学需要本次试验定为五级,即 50 kPa、100 kPa、200 kPa、300 kPa、400 kPa($1\ kPa = 0.001\ N/mm^2$)五级荷重系累计数值,如第一级荷载 50 kPa 需加砝码 1.5 kg,以后三级依次计算准确后加入砝码,加砝码时要注意安全,防止砝码放置不稳定而受伤。

(8)每级荷载经 10 min 记下测微表读数,读数精确到 0.01 mm,然后施加下一级荷载,以此类推直到第五级荷载施加完毕,记录测微表读数 R_1、R_2、R_3、R_4、R_5。

(9)试验结束后,必须先卸下测微表,然后卸掉砝码,升起加压框架,移出压缩仪器,取出试样后将仪器擦洗干净。

四、成果整理

(1)按式(11-10)计算试样的初始孔隙比 e_0

$$e_0 = \frac{G_s \cdot \rho_w (1 + \omega_0)}{\rho_0} - 1 \tag{11-10}$$

式中 G_s——土粒相对密度;

ρ_w——水的密度,一般可取 1 g/cm^3;

ω_0——试样初始含水率;

ρ_0——试样初始密度,g/cm^3。

(2)按式(11-11)计算试样中颗粒净高 h_s

$$h_s = \frac{h_0}{1 + e_0} \tag{11-11}$$

式中 h_0——试样的起始高度,即环刀高度,mm。

(3)计算试样在任一级压力 p_i(kPa)作用下变形稳定后的试样总变形量 S_i。

$$S_i = R_0 - R_i - S_{ie} \tag{11-12}$$

式中 R_0——试验前测微表初读数,mm;

R_i——试样在任一级荷载 p_i 作用下变形稳定后的测微表读数,mm;

S_{ie}——各级荷载下仪器变形量,mm,由实验室提供资料。

(4)计算各级荷载下的孔隙比 e_i。

$$e_i = e_0 - \frac{S_i}{h_0}(1 + e_0) \tag{11-13}$$

式中 e_0——试样初始孔隙比;

h_0——试样的起始高度(即环刀高度),mm;

S_i——第 i 级荷载作用下变形稳定后的试样总变形量,mm。

(5)绘制 $e \sim p$ 压缩曲线(见图 11-4)。以孔隙比 e 为纵坐标、压力 p 为横坐标,可以绘出 $e \sim p$ 关系曲线,此曲线称为压缩曲线。

(6)按式(11-14)计算某一压力范围内压缩系数

$$a_{1-2} = \frac{e_1 - e_2}{p_2 - p_1} \tag{11-14}$$

式中 $p_1 = 100$ kPa,$p_2 = 200$ kPa。

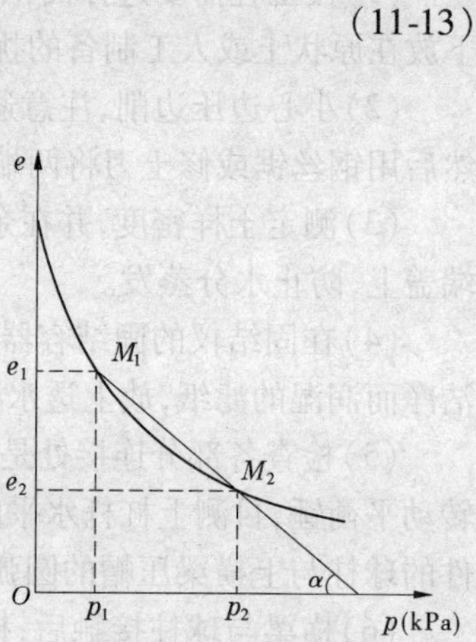

图 11-4 压缩曲线

采用 $p=100\sim200$ kPa 压力区间相对应的压缩系数 a_{1-2} 来评价土的压缩性。a 值是判断土的压缩性高低的一个重要指标。根据 a_{1-2} 的大小将地基土的压缩性分为以下三类：

当 $a_{1-2}\geq0.5\ \text{MPa}^{-1}$ 时，为高压缩性土；

当 $0.5\ \text{MPa}^{-1}>a_{1-2}\geq0.1\ \text{MPa}^{-1}$ 时，为中压缩性土；

当 $a_{1-2}<0.1\ \text{MPa}^{-1}$ 时，为低压缩性土。

(7) 计算某一荷载范围的压缩模量 E_s

$$E_s=\frac{1+e_i}{a} \tag{11-15}$$

式中 e_i——孔隙比；

a——压缩系数。

(8) 试验记录与计算，如表 11-7 ~ 表 11-9。

表 11-7 含水率试验记录

试样编号	土样说明	称量盒号	称量盒质量(g)	称量盒加湿土质量(g)	称量盒加干土质量(g)	湿土质量(g)	干土质量(g)	含水率(%)	平均含水率(%)	备注

表 11-8 密度试验记录

试样编号	土样类别	环刀号	环刀加湿土质量(g)	环刀质量(g)	湿土质量(g)	环刀容积(cm^3)	湿密度(g/cm^3)	平均湿密度(g/cm^3)	含水率(%)	干密度(g/cm^3)	平均干密度(g/cm^3)

表 11-9 固结试验记录

工程编号__________ 试样面积__________ 试验者__________
试样编号__________ 土粒相对密度 G_s __________ 计算者__________
仪器编号__________ 试验前试样高度 h_0 ______ mm 校核者__________
试验日期__________ 试验前孔隙比 e_0 ______

试验前 ρ = g/cm³	试验前 ω = %				
压力(kPa)	50	100	200	300	400
初读数 R_0	6.000	6.000	6.000	6.000	6.000
1 min					
2 min					
8 min					
10 min					
总变形量 $R_0 - R_i$(mm)					
仪器总变形量 S_{ie}(mm)					
试样总变形量(mm) $S_i = R_0 - R_i - S_{ie}$					
各级荷载作用下压缩稳定后试样的孔隙比 $e_i = e_0 - (S_i/h_0)(1+e_0)$					
$a_{1-2} = \frac{e_1 - e_2}{p_2 - p_1} =$ MPa^{-1} 该土为 压缩性土					

单元五 直接剪切试验

一、概述

直接剪切试验就是直接对试样进行剪切的试验，简称直剪试验，是测定土的抗剪强度的一种常用方法。通常采用 4 个试样，分别在不同的垂直压力 p 下，施加水平剪切力，测得试样破坏时的剪应力 τ，然后根据库仑定律确定土的抗剪强度参数内摩擦角 φ 和黏聚力 c。

二、仪器设备

(1)直剪仪。采用应变控制式直剪仪，如图 11-5 所示，由剪切盒、垂直加压设备、剪切传动装置、测力计以及位移量测系统等组成。加压设备采用杠杆传动。

(2)测力计。采用应变圈，量表为百分表。

(3)环刀。内径 6.18 cm，高 2.0 cm。

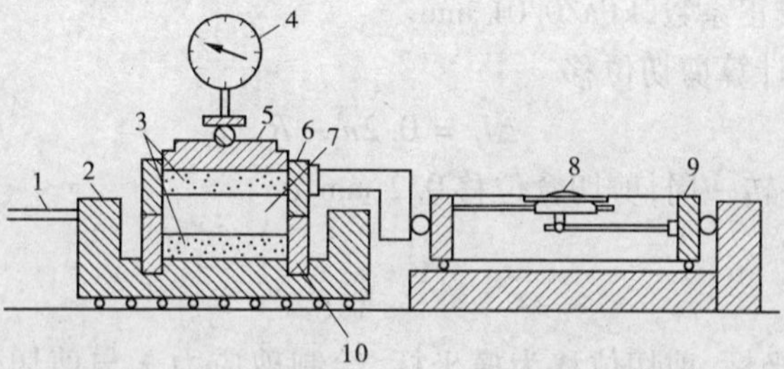

1—轮轴；2—底座；3—透水石；4—垂直变形百分表；5—活塞；
6—上盒；7—土样；8—测微表；9—量力环；10—下盒

图 11-5　应变控制式直剪仪

(4)其他。切土刀、钢丝锯、滤纸、毛玻璃板、凡士林等。

三、操作步骤

(1)将试样表面削平，用环刀切取试件，测密度，每组试验至少取四个试样，各级垂直荷载的大小根据工程实际和土的软硬程度而定，一般可按 100 kPa、200 kPa、300 kPa、400 kPa 施加。

(2)检查下盒底下两滑槽内钢珠是否分布均匀，在上下盒接触面上涂抹少许润滑油，对准剪切盒的上下盒，插入固定销钉，在下盒内顺次放洁净透水石一块及湿润滤纸一张。

(3)将盛有试样的环刀平口朝下，刀口朝上，在试样面放湿润滤纸一张及透水石一块，对准剪切盒的上盒，然后将试样通过透水石徐徐压入剪切盒底，移去环刀，并顺次加上传压板及加压框架。

(4)在量力环上安装水平测微表，装好后应检查测微表是否装反，表脚是否灵活和水平，然后按顺时针方向徐徐转动手轮，使上盒两端的钢珠恰好与量力环接触(量力环中测微表指针被触动)。

(5)顺次小心地加上传压板、钢珠，加压框架和相应质量的砝码(避免撞击和摇动)。

(6)施加垂直压力后应立即拔去固定销(此项工作切勿忘记)。开动秒表，同时以 4 ~ 12 r/min 的均匀速度转动手轮(学生可用 6 r/min)，转动过程不应中途停顿或时快时慢，使试样在 3 ~ 5 min 内剪破，手轮每转一圈应测记测微表读数一次，直至量力环中的测微表指针不再前进或有后退，即说明试样已经剪破，如测微表指针一直缓慢前进，说明不出现峰值和终值，则试验应进行至剪切变形达到 4 mm(手轮转 20 转)。

(7)剪切结束后，吸去剪切盒中积水，倒转手轮，尽快移去砝码、加压框架、传压板等，取出试样，测定剪切面附近土的剪后含水率。

(8)另装试样，重复以上步骤，测定其他三种垂直荷载(200 kPa、300 kPa、400 kPa)下的抗剪强度。

四、成果整理

(1)按式(11-16)计算抗剪强度

$$\tau = CR \tag{11-16}$$

式中　R——量力环中测微表最大读数，或位移 4 mm 时的读数，精确至 0.01 mm。

C——量力环校正系数,kPa/0.01 mm。

(2)按式(11-17)计算剪切位移

$$\Delta L = 0.2n - R \tag{11-17}$$

式中　0.2——手轮每转一周,剪切盒位移0.2 mm;

n——手轮转数。

(3)制图。

①以剪应力为纵坐标、剪切位移为横坐标,绘制剪应力 τ 与剪切位移 ΔL 的关系曲线,如图11-6所示。取曲线上剪应力的峰值为抗剪强度,无峰值时,取剪切位移4 mm所对应的剪应力为抗剪强度。

②以抗剪强度为纵坐标、垂直压力为横坐标,绘制抗剪强度与垂直压力关系曲线(见图11-7),直线的倾角为土的内摩擦角 φ,直线在纵坐标上的截距为土的黏聚力 c。

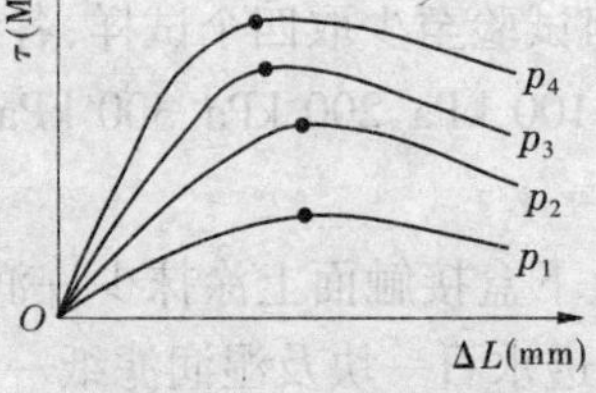

图11-6　$\tau \sim \Delta L$ 曲线

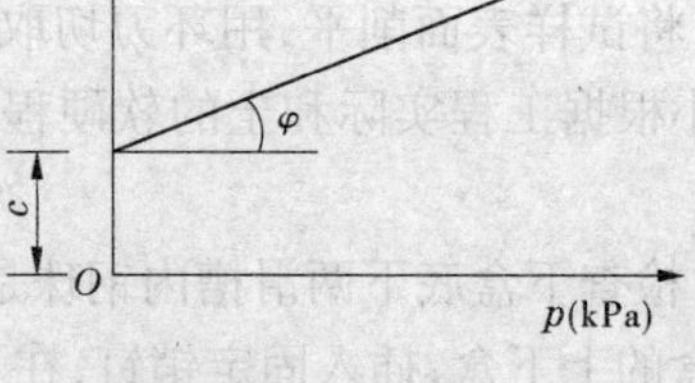

图11-7　$\tau \sim p$ 直线

(4)直接剪切试验记录如表11-10所示。

表11-10　直接剪切试验记录

工程名称＿＿＿＿＿＿＿＿　试验者＿＿＿＿＿＿＿＿

工程编号＿＿＿＿＿＿＿＿　计算者＿＿＿＿＿＿＿＿

试验日期＿＿＿＿＿＿＿＿　校核者＿＿＿＿＿＿＿＿

仪器编号				
试样面积(cm^2)				
垂直压力 p(kPa)	100	200	300	400
量力环最大变形 R (0.01 mm)				
量力环号数				
量力环系数 C (kPa/0.01 mm)				
抗剪强度 $\tau = CR$(kPa)				
抗剪强度指标	$c=$　　kPa , $\varphi=$　　°			

单元六　三轴压缩试验

三轴压缩试验是测定土体抗剪强度的一种方法，通常用3～4个圆柱形试样，分别在不同的恒定周围压力下（小主应力 σ_3）施加轴向压力（主应力差 $\sigma_1-\sigma_3$）进行剪切直至破坏，然后根据库仑定律，求得土的抗剪强度参数 c、φ 值。同时，试验过程中若测得了孔隙水压力还可以得到土体的有效抗剪强度指标 c'、φ' 和孔隙水压力系数等。

一、目的

（1）了解三轴压缩试验的基本原理。

（2）掌握三轴压缩试验的基本操作方法。

（3）了解三轴压缩试验不同排水条件的控制方法和孔隙水压力的测量原理。

（4）进一步巩固抗剪强度的基本理论。

二、试验原理

三轴压缩试验是用来测定试件在某一固定周围压力下的抗剪强度，然后根据三个以上试件，在不同周围压力下测得的抗剪强度，利用库仑破坏准则确定土的抗剪强度参数。

三轴压缩试验可分为不固结不排水试验（UU）、固结不排水试验（CU）以及固结排水压缩试验（CD）。

（一）不固结不排水试验

试件在周围压力和轴向压力下直至破坏的全过程中均不允许排水，土样从开始加载至试样剪坏，土中的含水率始终保持不变，可测得总抗剪强度指标 c_{UU} 和 φ_{UU}。

（二）固结不排水试验

试样先在周围压力下让土体排水固结，待固结稳定后，再在不排水条件下施加轴向压力直至破坏，可同时测定总抗剪强度指标 c_{CU} 和 φ_{CU} 或有效抗剪强度指标 c' 和 φ' 及孔隙水压力系数。

（三）固结排水试验

试样先在周围压力下排水固结，然后允许在充分排水的条件下增加轴向压力直至破坏，可测得有效抗剪强度指标 c_{CD} 和 φ_{CD}。

三、仪器设备

（一）三轴压缩仪

三轴压缩仪分为应力控制式和应变控制式两种。

应变控制式三轴压缩仪由以下几个组成部分（见图11-8）。

1. 三轴压力室

压力室是三轴仪的主要组成部分，它是由一个金属上盖、底座以及透明有机玻璃圆筒组成的密闭容器，压力室底座通常由3个小孔分别与周围压力系统以及体积变形和孔隙水压力测量系统相连。

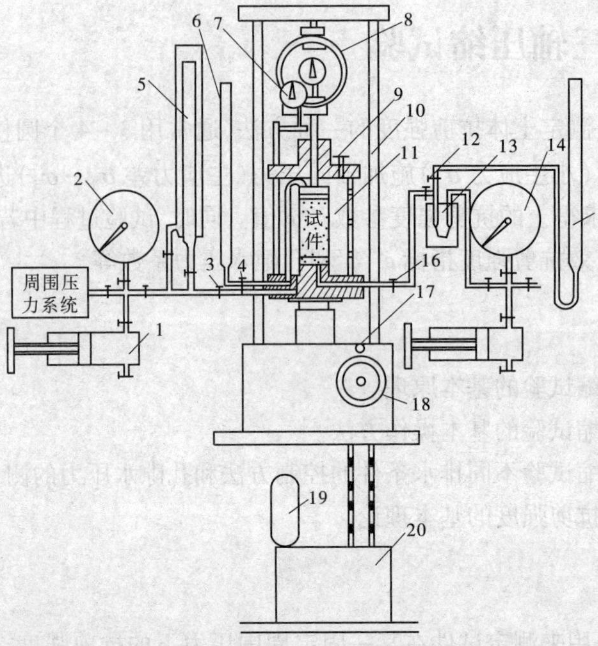

1—调压桶;2—周围压力表;3—周围压力阀;4—排水阀;5—体变管;6—排水管;
7—变形量表;8—测力环;9—排气孔;10—轴向加压设备;11—压力室;12—量管阀;
13—零位指标器;14—孔隙水压力表;15—量管;16—孔隙水压力阀;17—离合器;
18—手轮;19—马达;20—变速箱

图 11-8　应变控制式三轴压缩仪

2. 轴向加荷传动系统

采用电动机带动多级变速的齿轮箱,或者采用可控硅无级调速,根据土样性质及试验方法确定加荷速率,通过传动系统使土样压力室自下而上地移动,使试件承受轴向压力。

3. 轴向压力测量系统

通常的试验中,轴向压力由测力计(测力环或称应变圈等)来反映土体的轴向荷重,测力计由线性和重复性较好的金属弹性体组成,测力计的受压变形由百分表测读。轴向压力系统也可由荷重传感器来代替。

4. 周围压力系统

周围压力系统采用调压阀控制,调压阀当控制到某一固定压力后,它将压力室的压力进行自动补偿而达到周围压力的稳定。

5. 孔隙水压力测量系统

孔隙水压力由孔隙水压力传感器测得。

6. 轴向应变(位移)测量装置

轴向距离采用大量程百分表(0 ~ 30 mm 百分表)或位移传感器测得。

7. 反压力体变系统

反压力体变系统由体变管和反压力稳定控制系统组成,以模拟土体的实际应力状态或提高试件的饱和度以及测量试件的体积变化。

(二)附属设备

(1)击实器和饱和器。

(2)切土器和原状土分样器。

(3)砂样制备模筒和承模筒。

(4)托盘天平和游标卡尺。

(5)其他如乳胶薄膜、橡皮筋、透水石、滤纸、切土刀、钢丝锯、毛玻璃板、空气压缩机、真空抽气机、真空饱和抽水缸、称量盒和分析天平等。

四、试验前的检查和准备工作

(一)仪器性能检查

(1)周围压力和反压力控制系统的压力源。

(2)空气压缩机的稳定控制器(又称压力控制器)。

(3)调压阀的灵敏度及稳定性。

(4)精密压力表的精度和误差。

(5)稳压系统是否有漏气现象。

(6)管路系统的周围压力、孔隙水压力、反压力和体积变化装置以及试样上下端通道接头处是否存在漏气或阻塞现象。

(7)孔压及体变的管道系统内是否存在封闭气泡,若有封闭气泡,可用无气水进行循环排水。

(8)土样两端放置的透水石是否畅通和浸水饱和。

(9)乳胶薄膜套是否有漏气的小孔。

(10)轴向传压活塞是否存在摩擦阻力等。

(二)试验前的准备工作

(1)根据工程特点和土的性质确定试验方法和测定哪些参数。

(2)根据土样的制备方法和土样特性决定饱和方法和设备。

(3)根据试验方法和土的性质,确定剪切速率。

(4)根据取土深度和应力历史以及试验方法,确定周围压力的大小。

(5)根据土样的多少和均匀程度确定单个土样多级加荷还是多个土样分级加荷。

五、试样制备和饱和

(一)扰动土和砂土的试样

根据要求可按一定的干重度和含水率将扰动土拌匀,粉质土分 3 ~5 层,黏质土分 5 ~8 层,分层装入击实筒击实(控制一定密度),并在各层面上用切土刀刨毛以利于两层面之间结合。

对于砂土,应先在压力室底座上依次放上透水石、滤纸、乳胶薄膜和对开圆模筒,然后根据一定的密度要求,分三层装入圆模筒内击实。如果制备饱和砂样,可在圆模筒内通入纯水至 1/3 高,将预先煮沸的砂料填入,重复此步骤,使砂样达到预定高度,放上滤纸、透水石、顶帽,扎紧乳胶薄膜。为使试样能站立,应对试样内部施加 5 kPa 的负压力或用量水管降低 50 cm 水头即可,然后拆除对开圆模筒。

(二)原状试样

将原状土制备成略大于试样直径和高度的毛坯,置于切土器内用钢丝锯或切土刀边削边旋转,直到满足试件的直径,然后按要求的高度切除两端多余土样。

(三)试样饱和

1. 真空抽气饱和法

将制备好的土样装入饱和器内置于真空饱和缸,为提高真空度可在盖缝中涂上一层凡士林以防漏气。将真空抽气机与真空饱和缸接通,开动抽气机,当真空压力达到一个大气压力,微微开启管夹,使清水徐徐注入真空饱和缸的试样中,待水面超过土样饱和器后,使真空表压力保持一个大气压力不变,即可停止抽气。然后静置一段时间,粉性土大约 10 h,使试样充分吸水饱和。另一种抽气饱和的办法,是将试样装入饱和器后,先浸没在带有清水注入的真空饱和缸内,连续真空抽气 2 ~4 h(黏土),然后停止抽气,静置 10 h 左右即可。

2. 水头饱和法

将试样装入压力室内,施加 20 kPa 周围压力,使无气泡的水从试样底座进入,待上部溢出,水头高差一般在 1 m 左右,直至流入水量和溢出水量相等。

3. 反压力饱和法

试件在不固结不排水条件下,使土样顶部施加反压力,但试样周围应施加侧压力,反压力应低于侧压力的 5 kPa,当试样底部孔隙水压力达到稳定后关闭反压力阀,再施加侧压力,当增加的侧压力与增加的孔隙水压力的比值 $\Delta u/\Delta\sigma_3>0.95$ 时被认为是饱和,否则再增加反压力和侧压力使土体内气泡继续缩小,然后重复测定 $\Delta u/\Delta\sigma_3$ 是否大于 0.95,即相当于饱和度为大于 95%。

六、固结不排水试验法(CU)试验

(一)操作步骤

(1)将制备成大于试样直径和高度的毛坯,放在切土器内用钢丝锯和修土刀制备成所要求规格的试样,最后量其直径、高度,称其重量,并选择有代表性的土样测定含水率。

(2)安装试样前,事先应全面检查三轴压缩仪的各部分是否完好。

①打开试样底座的开关(孔隙水压力阀和量管阀),使量管里的水缓缓地流向底座,并依次放上透水石和滤纸,待气泡排除后,再放上试样,试样周围贴上滤纸条,关闭底座开关。

②把已检查过的橡皮薄膜套在承膜筒上,两端翻起,用吸球从气嘴中不断吸气,使橡皮薄膜紧贴于筒壁,小心将它套在土样外面,然后让气嘴放气,使橡皮膜紧贴试样周围,翻起橡皮两端,用橡皮紧圈将橡皮膜下端扎紧在底座上。

③打开试样底座开关,让量管中水(有时采用高量管所产生的水头差)从底座流入试样与橡皮薄膜之间,排除试样周围的气泡,关闭开关。

④打开与试样帽连通的排水阀,让量水管中的水流入试样帽,并连同透水石、滤纸放在试样的上端,排尽试样上端及量管系统的气泡后关闭开关,用橡皮圈将橡皮薄膜上端与试样帽扎紧。

⑤装上压力筒拧紧密封螺帽,并使传压活塞与土样帽接触。

(3)试样排水固结按下列步骤进行:

①向压力室施加试样的周围压力(水压力或气压力),周围压力的大小根据土样的覆盖压力而定,一般应等于和大于覆盖压力,但由于仪器本身限定,目前最大压力不宜超过 0.6 MPa(低压三轴压缩仪)和 2.0 MPa(高压三轴压缩仪)。

②同时测定土体内与周围压力相应的起始孔隙水压力，施加周围压力后，在不排水条件下静止 15 ~30 min，记下起始孔隙水压力读数。

③打开排水阀，固结完成后，关闭排水阀，测计孔隙水压力和排水管读数。

④转动细挡手轮，微调压力机升降台，使活塞与试样接触，此时轴向变形指示计的变化值为试样固结时的高度变化值。

(4)试样剪切按下列步骤进行：

①剪切速率：黏土宜为 0.05 ~0.1%/min，粉质土或轻亚黏土为 0.1 ~0.5%/min。

②将轴向变形的百分表、轴向压力测力环的百分表及孔隙水压力计读数均调至零点。

③启动电动机，合上离合器，开始剪切。试样每产生 0.3% ~0.4% 的轴向应变(或 0.2 mm 变形值)，测读一次测力计读数和轴向变形值。当轴向应变大于 3% 时，试样每产生 0.7% ~0.8% 的轴向应变(或 0.5 mm 变形值)，测读一次。当测力计读数出现峰值时，剪切应继续进行到轴向应变量为 15% ~20%。

④试验结束，关电动机及各阀门，脱开离合器，转动手轮，将压力室降下，打开排气孔，排除压力室内的水，拆卸压力室罩，取出试件，描绘试样破坏时形状并称其质量，测定土样含水率。

(二)成果整理

(1)按下式计算孔隙水压力系数：

$$B = \frac{\Delta u_i}{\Delta \sigma_3} \quad 或 \quad B = \frac{u_i}{\sigma_{3i}} \tag{11-18}$$

$$A = \frac{\Delta u_d}{B(\Delta \sigma_1 - \Delta \sigma_3)} \quad 或 \quad A = \frac{u_f - u_i}{B(\Delta \sigma_{1f} - \Delta \sigma_3)} \tag{11-19}$$

式中 B——各向等压作用下的孔隙水压力系数；

Δu_i——试样在周围压力增量下所出现孔隙水压力增量，kPa；

$\Delta \sigma_3$——周围压力的增量，kPa；

u_i——在周围压力下所产生的孔隙水压力，kPa；

σ_{3i}——周围压力，kPa；

A——偏压应力作用下的孔隙水压力系数；

$\Delta \sigma_1$——大主应力增量，kPa；

u_f——剪损时的孔隙水压力，kPa；

$\Delta \sigma_{1f}$——剪损时的大主应力增量，kPa；

Δu_d——试样在主应力差下所产生的孔隙水压力增量，kPa。

(2)按下式修正试样固结后的高度和面积

$$h_0' = h_0(1 - \varepsilon_0) = h_0\left(1 - \frac{\Delta V}{V_0}\right)^{1/3} \approx h_0\left(1 - \frac{\Delta V}{3V_0}\right) \tag{11-20}$$

$$A_0' = \frac{\pi}{4}d_0^2(1 - \varepsilon_0)^2 = \frac{\pi}{4}d_0^2\left(1 - \frac{\Delta V}{V_0}\right)^{2/3} \approx A_0\left(1 - \frac{2\Delta V}{3V_0}\right) \tag{11-21}$$

式中 V_0、h_0、d_0——固结前的体积、高度和直径；

ΔV——固结后体积的改变量；

A_0'、h_0'——固结后平均断面面积和高度；

ε_0——固结后轴向应变。

(3)按下式计算剪切过程中的平均断面面积和应变值

$$A_a = \frac{A'_0}{1-\varepsilon'_0} \qquad \varepsilon'_0 = \frac{\sum \Delta h}{h'_0} \tag{11-22}$$

式中 A_a——剪切过程中平均断面面积，cm^2；

ε'_0——剪切过程中轴向应变(%)；

$\sum \Delta h$——剪切时轴向变形，mm。

(4)按下式计算主应力差

$$\sigma_1 - \sigma_3 = \frac{CR}{A_a} = \frac{CR}{A'_0}(1-\varepsilon'_0) \tag{11-23}$$

式中 C——测力环校正系数，N/0.01 mm；

R——测力环百分表读数差，0.01 mm。

(5)按下式计算破坏时有效主应力

$$\overline{\sigma}_{3f} = \sigma_3 - u_f \tag{11-24}$$

$$\overline{\sigma}_{1f} = \sigma_{1f} - u_f = (\sigma_1 - \sigma_3)_f + \overline{\sigma}_{3f} \tag{11-25}$$

式中 $\overline{\sigma}_{1f}$、$\overline{\sigma}_{3f}$——破坏时有效大主应力和有效小主应力，kPa；

σ_1、σ_3——大主应力和小主应力，kPa；

u_f——破坏时孔隙水压力，kPa。

(6)主应力差($\sigma_1-\sigma_3$)与轴向应变 ε_1 关系曲线：以主应力差为纵坐标、轴向应变 ε_1 为横坐标，绘制关系曲线，取曲线上主应力差的峰值作为破坏点，无峰值时，取15%轴向应变时的主应力差值作为破坏点。

(7)有效应力比 $\frac{\sigma'_1}{\sigma'_3}$ 与轴向应变 ε_1 关系曲线：以有效应力比 $\frac{\sigma'_1}{\sigma'_3}$ 为纵坐标、轴向应变 ε_1 为横坐标，绘制关系曲线。

(8)孔隙水压力 u 与轴向应变 ε_1 关系曲线：以孔隙水压力 u 为纵坐标、轴向应变 ε_1 为横坐标，绘制关系曲线。

(9)固结不排水抗剪强度包线：以剪应力 τ 为纵坐标、法向应力 σ 为横坐标，在横坐标轴以破坏时的 $\frac{\sigma_{1f}+\sigma_{3f}}{2}$ 为圆心，以 $\frac{\sigma_{1f}-\sigma_{3f}}{2}$ 为半径，绘制破坏总莫尔圆，并绘制不同周围压力下破坏莫尔圆的包线，包线的倾角为内摩擦角 φ_{CU}，包线在纵轴上的截距为黏聚力 c_{CU}。对于有效内摩擦角 φ' 和有效黏聚力 c'，应以 $\frac{\sigma'_{1f}+\sigma'_{3f}}{2}$ 为圆心、以 $\frac{\sigma'_{1f}-\sigma'_{3f}}{2}$ 为半径绘制有效破坏莫尔圆确定。

(10)有效应力路径曲线：若各莫尔圆无规律，难以绘制各莫尔圆强度包线，可按应力路径取值，即以 $\frac{\sigma'_{1f}-\sigma'_{3f}}{2}$ 为纵坐标、以 $\frac{\sigma'_{1f}+\sigma'_{3f}}{2}$ 为横坐标，绘制有效应力路径曲线并按下式计算有效内摩擦角 φ' 和有效黏聚力 c'。

有效内摩擦角 φ'
$$\varphi' = \arcsin(\tan\alpha) \tag{11-26}$$

有效黏聚力 c'
$$c' = \frac{d}{\cos\varphi'} \tag{11-27}$$

式中　α——应力路径图上破坏点连线的倾角,(°);

　　d——应力路径图上破坏点连线在纵轴上的截距,kPa。

单元七　击实试验

一、概述

在工程建设中,经常会遇到填土或松软地基,为了改善这些土的工程性质,常采用压实的方法使土变得密实。击实试验就是模拟施工现场压实条件,采用锤击方法使土体密度增大、强度提高、沉降量变小的一种试验方法。土在一定的击实效应下,如果含水率不同,则所得的密度也不相同,击实试验的目的是测定试样在一定击实次数下或某种压实功能下的含水率与干密度之间的关系,从而确定土的最大干密度和最优含水率,为施工控制填土密度提供设计依据。

击实试验分轻型击实试验和重型击实试验两种方法。轻型击实试验适用于粒径小于5 mm的黏性土,其单位体积击实功约为592.2 kJ/m^3;重型击实试验适用于粒径不大于20 mm的土,其单位体积击实功约为2 684.9 kJ/m^3。

二、仪器设备

(1)击实仪,有轻型击实仪和重型击实仪两类,其击实筒、击锤和导筒等主要部件。

(2)称量200 g的天平,感量0.01 g。

(3)孔径为5 mm的标准筛。

(4)称量10 kg的台秤,感量1 g。

(5)其他,如喷雾器、盛土容器、修土刀及碎土设备等。

三、操作步骤

(1)将具有代表性的风干土样,对于轻型击实试验为20 kg,对于重型击实试验为50 kg。碾碎后过5 mm的筛,将筛下的土样拌匀,并测定土样的风干含水率。

(2)根据土的塑限预估最优含水率,加水湿润制备不少于5个含水率的试样,含水率依次相差为2%,且其中有2个含水率大于塑限,2个含水率小于塑限,1个含水率接近塑限。

按式(11-28)计算制备试样所需的加水量

$$m_w = \frac{m_0}{1+\omega_0} \times (\omega - \omega_0) \tag{11-28}$$

式中　m_w——所需的加水量,g;

　　ω_0——风干含水率(%);

　　m_0——风干含水率 ω_0 时土样的质量,g;

　　ω——要求达到的含水率(%)。

(3)将试样平铺于不吸水的平板上,按预定含水率用喷雾器喷洒所需的加水量,充分搅拌并分别装入塑料袋中静置24 h。

(4)将击实筒固定在底座上,装好护筒,并在击实筒内涂一薄层润滑油,将拌和的试样分层装入击实筒内。对于轻型击实试验,分三层,每层 25 击;对于重型击实试验,分五层,每层 56 击,两层接触土面应刨毛。击实完成后,超出击实筒顶的试样高度应小于 6 mm。

(5)取下导筒,用刀修平超出击实筒顶部和底部的试样,擦净击实筒外壁,称击实筒与试样的总质量,精确至 1 g,并计算试样的湿密度。

(6)用推土器将试样从击实筒中推出,从试样中心处取两份一定量土料(轻型击实试验为 15 ~ 30 g,重型击实试验为 50 ~ 100 g)测定土的含水率,两份土样的含水率的差值应不大于 1%。

四、成果整理

(1)按式(11-29)计算干密度

$$\rho_d = \frac{\rho}{1+\omega} \tag{11-29}$$

式中 ρ_d——干密度,g/cm³,精确至 0.01 g/cm³;

ρ——密度,g/cm³;

ω——含水率(%)。

(2)按式(11-30)计算饱和含水率

$$\omega_{sat} = \left(\frac{1}{\rho_d} - \frac{1}{G_s}\right) \times 100\% \tag{11-30}$$

式中 ω_{sat}——饱和含水率(%);

其余符号意义同前。

(3)以干密度为纵坐标、含水率为横坐标,绘制干密度与含水率的关系曲线及饱和曲线,干密度与含水率的关系曲线上峰点的坐标分别为土的最大密度与最优含水率,如连不成完整的曲线,应进行补点试验。

(4)轻型击实试验中,当试样中粒径大于 5 mm 的土质量小于或等于试样总质量的 30% 时,应对最大干密度和最优含水率进行校正。

①按式(11-31)计算校正后的最大干密度

$$\rho'_{dmax} = \frac{1}{\dfrac{1-P_5}{\rho_{dmax}} + \dfrac{P_5}{\rho_w G_{s2}}} \tag{11-31}$$

式中 ρ'_{dmax}——校正后试样的最大干密度,g/cm³;

P_5——粒径大于 5 mm 土粒的质量百分数(%);

G_{s2}——粒径大于 5 mm 土粒的饱和面干相对密度,饱和面干相对密度是指当土粒呈饱和面干状态时的土粒总质量与相当于土粒总体积的纯水 4 ℃ 时质量的比值。

②按式(11-32)计算校正后的最优含水率

$$\omega'_{op} = \omega_{op}(1-P_5) + P_5\omega_{ab} \tag{11-32}$$

式中 ω'_{op}——校正后试样的最优含水率(%);

ω_{op}——击实试样的最优含水率(%);

ω_{ab}——粒径大于 5 mm 土粒的吸着含水率(%)；

其余符号意义同前。

(5)试验记录。

击实试验记录见表 11-11。

表 11-11　击实试验记录

工程名称________________　　试验者________________

工程编号________________　　计算者________________

试验日期________________　　校核者________________

试验仪器：				土样类别：				每层击数：		
估计最优含水率：				风干含水率：				土粒相对密度：		
试验次数					1	2	3	4	5	6
干密度	加水量	g								
	筒加土重	g	(1)							
	筒　重	g	(2)							
	湿土重	g	(3)	(1) - (2)						
	筒体积	cm^3	(4)							
	密　度	g/cm^3	(5)	(3)/(4)						
	干密度	g/cm^3	(6)	$(5)/(1+\omega)$						
含水率	称量盒号									
	称量盒加湿土质量	g	(1)							
	称量盒加干土质量	g	(2)							
	称量盒质量	g	(3)							
	水质量	g	(4)	(1) - (2)						
	干土质量	g	(5)	(2) - (3)						
	含水率	%	(6)	(4)/(5)						
平均含水率		%								

[1] 陈希哲. 土力学地基基础[M]. 北京:清华大学出版社,2007.
[2] 江见鲸,陈希哲,崔京浩. 建筑工程事故处理与预防[M]. 北京:中国建材工业出版社,1995.
[3] 刘晓立. 土力学与地基基础[M]. 2版. 北京:科学出版社,2003.
[4] 杨小平. 土力学[M]. 广州:华南理工大学出版社,2001.
[5] 钱家欢. 土力学[M]. 2版. 南京:河海大学出版社,1995.
[6] 杨进良. 土力学[M]. 2版. 北京:中国水利水电出版社,2002.
[7] 邵政胜. 土力学与地基基础[M]. 哈尔滨:哈尔滨工业大学出版社,2014.
[8] 陈仲颐. 土力学[M]. 北京:清华大学出版社,1994.
[9] 赵明华. 土力学与基础工程[M]. 武汉:武汉大学出版社,2000.
[10] 高大钊. 土力学与基础工程[M]. 北京:中国建筑工业出版社,1998.
[11] 曾庆军,梁景章. 土力学与地基基础[M]. 北京:清华大学出版社,2006.
[12] 周东久. 土力学与地基基础[M]. 北京:人民交通出版社,2005.
[13] 刘映翀. 土力学与地基基础[M]. 北京:中国建筑工业出版社,2007.
[14] 丰培洁. 土力学与地基基础[M]. 北京:人民交通出版社,2008.
[15] 孔军. 土力学与地基基础[M]. 北京:中国电力出版社,2008.
[16] 王杰. 土力学与基础工程[M]. 北京:中国建筑工业出版社,2003.
[17] 何世玲. 土力学与地基基础[M]. 北京:化学工业出版社,2004.
[18] 高大钊,袁聚云. 土质学与土力学[M]. 北京:人民交通出版社,2001.
[19] 孟祥波,朱建德. 土质学与土力学[M]. 北京:人民交通出版社,2004.
[20] 中华人民共和国交通运输部. JTG B 01—2014 公路工程技术标准[S]. 北京:人民交通出版社,2014.
[21] 李谨亮. 地质与土质[M]. 北京:人民交通出版社,1995.
[22] 洪毓康. 土质学与土力学[M]. 北京:人民交通出版社,2002.
[23] 中华人民共和国住房和城乡建设部,中华人民共和国国家质量监督检验检疫总局. GB 50007—2011 建筑地基基础设计规范[S]. 北京:中国建筑工业出版社,2012.
[24] 中华人民共和国住房和城乡建设部. JGJ 94—2008 建筑桩基技术规范[S]. 北京:中国建筑工业出版社,2008.
[25] 陈希哲. 土力学地基基础[M]. 北京:清华大学出版社,2005.
[26] 熊晓云. 土力学与地基基础[M]. 北京:地质出版社,2010.
[27] 齐善忠,颜彩飞. 地基处理[M]. 武汉:武汉理工大学出版社,2013.
[28] 惠渊峰,田芳. 土力学与地基基础[M]. 武汉:武汉理工大学出版社,2012.
[29] 邵政胜. 地基与基础[M]. 武汉:武汉理工大学出版社,2011.
[30] 中华人民共和国建设部. JGJ 72—2004 高层建筑岩土工程勘察规程[S]. 北京:中国建筑工业出版社,2004.
[31] 熊晓云,等. 土力学与地基基础[M]. 北京:地质出版社,2008.
[32] 赵明华. 土力学与地基基础[M]. 武汉:武汉理工大学出版社,2003.
[33] 侯洪涛. 地基与基础[M]. 北京:机械工业出版社,2012.
[34] 陈兰云. 土力学与地基基础[M]. 北京:机械工业出版社,2015.